普通高等教育“十二五”规划教材

——风景园林系列

风景园林设计基础

华颖 主编

周向频 赵茸 许春霞 副主编

U0398194

化学工业出版社

·北京·

本书共分为7章，其中第1章风景园林概论，从概念入手，讲述了风景园林的历史、发展和目前的概况，认识东方园林与西方园林的异同；第2章风景园林建筑基础知识，讲述了园林中的建筑构成、建筑分类、建筑功能以及建筑制图的基本内容，第3章风景园林测绘，讲述了园林各组成要素的关系以及测绘方法；第4章风景园林设计程序，讲述了园林设计的过程，包括调研、总体设计内容、详细设计内容的步骤和方法；第5章风景园林设计方法，学习各个风景园林设计要素的设计方法，学习空间组合形式以及表现方法；第6章风景园林表现技法，详细介绍了水墨表现技法、色彩表现技法、钢笔表现技法、马克笔表现技法以及计算机制图；第7章风景园林设计类型与案例分析，通过实际案例让学生对风景园林设计有一个直观的感受，促进学生对风景园林专业内涵的了解。

本书可作为高等院校风景园林、园林、建筑学、城乡规划、环境艺术设计等专业师生的教材，也可作为相关专业领域的工程师、设计师、科研及管理人员的参考用书。

图书在版编目（CIP）数据

风景园林设计基础/华颖主编. —北京：化学工业出版社，2014.7（2015.2重印）

普通高等教育“十二五”规划教材·风景园林系列

ISBN 978-7-122-20661-9

Ⅰ.①风… Ⅱ.①华… Ⅲ.①园林设计-高等学校-教材 Ⅳ.①TU986.2

中国版本图书馆CIP数据核字（2014）第097155号

责任编辑：尤彩霞　　装帧设计：韩　飞

责任校对：陶燕华

出版发行：化学工业出版社（北京市东城区青年湖南街13号　邮政编码100011）

印　　装：大厂聚鑫印刷有限责任公司

787mm×1092mm　1/16　印张11½　字数299千字　2015年2月北京第1版第2次印刷

购书咨询：010-64518888（传真：010-64519686）　售后服务：010-64518899

网　　址：http://www.cip.com.cn

凡购买本书，如有缺损质量问题，本社销售中心负责调换。

定　　价：29.00元

版权所有　违者必究

本书编写人员名单

主　　　编：华　颖　　黑龙江科技大学

副　主　编：周向频　　同济大学

　　　　　　赵　茸　　安徽建筑大学

　　　　　　许春霞　　三峡大学

其他编写人员：顾　韩　　黑龙江科技大学

　　　　　　郑志颖　　黑龙江科技大学

　　　　　　程泊淞　　黑龙江科技大学

前　言

“风景园林设计基础”是风景园林专业一门重要的专业基础课，是低年级学生学习风景园林专业知识的入门课程，也是为以后风景园林专业课程的学习打下坚实基础的必修课程。本书包含四个方面的教学内容：一是对风景园林的认识，通过学习园林的概念、形式、设计理念等，建立对风景园林专业的初步认识；二是风景园林建筑设计基本知识，通过对风景园林建筑的认识，了解风景园林建筑的样式、功能、特点以及制图方法；三是对风景园林设计程序以及各项风景园林设计要素的认知和了解，初步培养学生设计的意识和能力；四是风景园林设计的表达方法，通过对设计图、手绘渲染图、计算机绘图能力的培养，使学生具有设计表达的基本能力。本书能够为低年级学生提供一个清晰的学习思路和正确的学习方法。

本书综合了编者多年来总结的教学内容，并吸收了有关专家、教师、社会工作者的意见和建议，力求做到涵盖面广、专业基础性强、实践内容丰富、案例介绍典型等特点，具有较高的实用价值。

本教材由黑龙江科技大学的华颖负责主编工作，同济大学的周向频、安徽建筑大学的赵茸和三峡大学的许春霞任副主编，黑龙江科技大学的顾韩、郑志颖、程泊淞共同参与编写。具体的编写情况如下：第2章第3节，第4章第1节、第2节和第5章、第6章部分内容由华颖编写；第3章由顾韩编写；第7章由周向频编写；第2章第1节、第2节、第4节由赵茸编写；第1章第2节、第3节，第4章第3节的第2小节、第3小节，第4节由许春霞编写；第1章第1节、第4节、第4章部分内容由郑志颖编写；第6章部分内容由程泊淞编写。

感谢黑龙江科技大学风景园林专业的顾韩老师和郑志颖老师的鼎力相助，感谢大连富景市政园林建设有限公司的张志富总经理、大连金州新区规划建设局技术总体处的张克礼副处长以及多位实践工作者的大力支持。感谢刘诗文、匡蓬勃、石强、吕佰昌、张洪宸、张冠峰等同学对于图片的整理和编制所付出的时间和精力。

限于编者水平有限，在编写过程中不乏有错误和疏漏之处，在此恳请读者给出批评和建议。

编者

2014年6月

目　录

第1章　风景园林概论

本章重点：认识风景园林，了解风景园林学的内容。

本章难点：风景园林与建筑的关系。

1.1　认识风景园林

1.1.1　风景园林相关概念

从中国风景园林学的发展考虑，学习风景园林需要理清相关的一些概念。在风景园林学一级学科正式成立之前，学界对学科的称谓经历了“园林”（即传统园林，也称“造园”）、“景观”和“风景园林”的发展演变。同时，中国的“风景园林”又与国际范围的学科专业名称 Landscape architecture 对应。这些概念之间有共性也有区别。

1.1.1.1　园林设计

园林设计是研究如何应用艺术和技术手段处理自然、建筑和人类活动之间的复杂关系，是反映社会意识形态的空间艺术。基本原则就是“经济、适用、美观”，目的是创造出和谐完美、生态良好、环境舒适、健康文明的人类户外生活境域。指在一定的地段范围内，利用并改造自然山水地貌或者人为地开辟山水地貌，结合植物和建筑的布置，从而构成一个供人们观赏、游憩、居住的适宜生态环境。具体地说，园林设计就是研究如何运用自然要素、社会要素来创建优美的、生态平衡的生活境域，创造一个人工环境与自然环境和谐共存、相互补充、面向可持续发展的理想生态环境。

1.1.1.2　景观

景观是指土地及土地上的空间和物体所构成的环境综合体。它是复杂的自然过程和人类活动在大地上的烙印。景观是多种功能的载体，包括对事物的审美过程、人类及动植物的生活空间和环境，具有系统结构、内外联系的生态系统；人类记载历史、文明，表达心中理想和希望的物质载体。美国景观设计师协会（ASLA）关于景观设计的定义：是一种包括自然及建成环境的分析、规划、设计、管理和维护的职业，包括公共空间、商业及居住用地场地规划、景观改造、城镇设计和历史保护等。

Landscape architecture：“Landscape”的内涵应指园林（Garden）、风景（Scenery）、景观（Landscape）及其集合，对应的称呼是风景园林。“Architecture”的内涵是“Landscape”广义的保护与营造，即风景园林的保护、保留、修复及其策划、规划、设计、施工和管理。

1.1.1.3　风景园林学

又称景观学，是关于土地和户外空间设计的科学和艺术，是一门建立在广泛的自然学科和人文艺术学科基础上的应用学科。它通过科学理性的分析、规划布局、设计改造、管理、保护和恢复的方法得以实践，其核心是协调人与自然的关系。它涉及气候、地理、水文等自然要素，同时也包含了人工构筑物、历史文化、传统风俗习惯、地方色彩等人文元素，是一个地域综合情况的反映。因此，风景园林学是一个涉及多学科的、多知识的相对复杂的应用科学。

以上的概念是说明中国的风景园林学具有双重基因，一是中国传统园林文化，二是作为现代性学科的“Landscape architecture”。我们应明确两个方面的问题：一是风景园林学的时代性，二是 Landscape architecture 的中国化。“时代性”解决的是古今关系，“中国化”针对的是中外关系。风景园林学既不是传统园林文化的机械生长，也不是“Landscape architecture”在中国的简单拷贝。中国的风景园林学应走出既具有“时代性”又具有“中国性”的学科之路。

1.1.2 风景园林学发展脉络

在中国，风景园林的概念、研究领域和实践范围是不断发展的，在国际上，Landscape architecture 也是在不断拓展的。作为一个专用术语和学科名称，Landscape architecture 只有百余年的历史，但 Landscape architecture（风景园林学）学科所涵盖的大部分工作，早已有人去从事，这门科学和艺术的存在已经有几千年的历史，这门学科的历史，就是人类造园的历史。

我们可以将风景园林实践分为 2 个大的阶段：造园阶段（gardening age）和风景园林学阶段（landscape achitecture age），它们分别对应人类文明的 2 个主要阶段——农业文明和工业文明。

造园贯穿于整个农业文明时期，“适应自然”是这一文明时期人地关系的主要特征。果木蔬圃产生于初级农业文明阶段，是最早的园林雏形。此时，园林的“生产性”特征十分明显。发达农业文明阶段先后产生了囿、苑、庄园等园林形态，功能包括狩猎、休闲和观赏等，这个时候，“生活型”已经超越了“生产性”成为园林的主要特征。由于农业文明时期，人类生产使用的能源，主要是人力、畜力、风力和水力等可再生能源，因此对自然的破坏和干扰是有限的。

从造园术到风景园林学的巨大转变，开始于 19 世纪的英国和美国。19 世纪是风景园林学的创立世纪，是从农业文明造园术革命性地转变为工业文明风景园林学的关键时期。

1828 年，《On the Landscape Architecture of the Great Painters of Italy》一书的出版使苏格兰人吉尔伯特·莱恩·梅森（Qilbert Laing Meason，1769-1832）成为创造英文词汇“Landscape Architecture”的第一人。1830 年，英国社会改革家罗伯特·欧文（Robert Owen）开始推动为底层百姓提供公共室外环境的运动。1840 年，另一位苏格兰人约翰·克劳迪乌斯·劳登（John Claudius Loudon，1782-1843）出版了《The Landscape Gardening and Landscape Achitecture of the Late Humphry Repton》一书，从而使“Landscape Architecture”扩展到艺术理论以外的景观规划和城市规划实践之中。由约瑟夫·帕克斯顿（Joseph Paxton，1803—1863）设计的具有里程碑意义的利物浦博肯海德公园于 1847 年向公众开放（图 1-1-1、图 1-1-2），城市公园的出现是从造园阶段转变为风景园林学阶段的标志性事件。

美国借鉴并进一步发展了从英国开始的风景园林近现代化运动。安德鲁·杰克逊·唐宁（Andrew Jackson Downing，1815—1852）倡导美国乡村景观的保护，推动美国城市公园的建设。老奥姆斯特德以其丰富的人生经历、充满睿智和前瞻性的思想，在城市公园、风景道、公园体系、国家公园等各种尺度上实践他的风景园林理想。1863 年 5 月 12 日，他与卡尔弗特·沃克斯（Calvert Vaux，1824—1895）一起在一封有关“纽约中央公园”（见本书第 7 章）建设的官方信件中落款“Landscape Architects”，被学者们认为是“风景园林职业（Profession of Landscape Architecture）”的诞生日。进入 20 世纪后的第一个年头，1900—

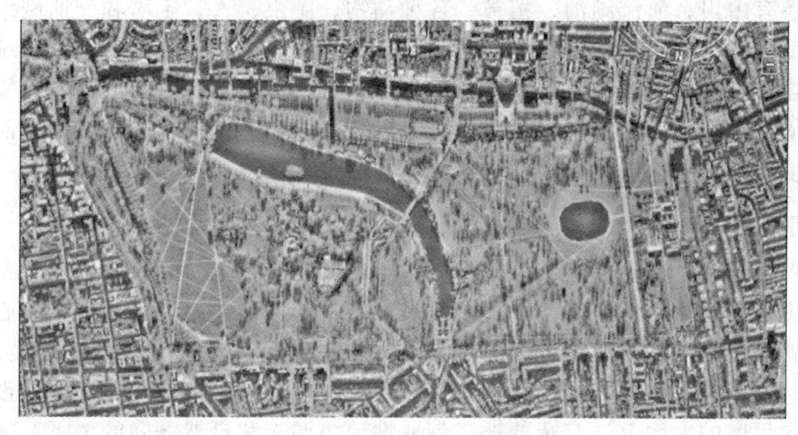

图 1-1-1　博肯海德公园平面图

1901 学年度哈佛大学设计“Landscape Architecture Program”则标志着作为严格意义上风景园林学“学科”和“教育”的开端。

此外，在欧美其他国家，风景园林学也经历了类似的发展历程。

在法国，景观设计的出现与社会发展息息相关，在第二次世界大战结束后，法国先后放弃了其殖民地统治，大量移民涌入法国，为法国提供了城市扩建的劳动力。可是，在迅速的城市扩建过程中，法国人发现了一些建筑师、城市规划师、园林师和艺术家工作领域的盲区，如：城市与乡村的边界设计，城市入口设计，新的生活方式等。是时代的需求使法国人酝酿着新的学科和新的行业，在 1968 年，法国正式确立景观设计学科。事实上，法国地理学家迪翁于 1934 年就撰写了《法国乡村景观的形成分析》一书，法国和德国的地理学家都认为：景观是地理学中可见部分的重要内容。

图 1-1-2　博肯海德公园鸟瞰图

在德国，1960 年代工业革命结束时，德国面临着工业城市向金融城市、文化城市和旅游城市转型的难题，景观设计承担了这个转型过程中的主要角色，成为社会改良的重要手段，是刺激和完善社会方方面面的发展与进步的媒介。

而在中国，景观设计是“空降的”。中国并没有给予景观设计诞生的土壤，很多人把景观设计看成是园林设计在这个时代的新名词。也有人把景观设计看成建筑设计的陪衬，为建筑装点绿色衣裳。还有人把景观设计看成是视觉造型艺术。“景观设计”在中国近年混乱的城市化建设中成为“形象工程”和“政绩工程”的代名词，中国在 2000 年前并没有真正意义上的认识景观设计。近年来，随着人地关系的矛盾日益增加以及生态建设的迫切需要，景观学从建筑学、城市规划学、园林学、环境艺术学等相近学科中逐渐分离，形成独立的学科体系，并于 2011 年 3 月独立为风景园林学，并与建筑学、城乡规划学并列为一级学科，这对中国风景园林事业的发展是一次重要的契机，中国正同全球 LA（Landscape Architecture）事业一起，朝着共同的目标“呵护我们的地球，让一切生命和谐共存”而努力。

总之，风景园林学研究土地上一切元素的和谐共存关系。建筑是土地上的一种构成元素，土地上还有山川、河流湖泊、植被、各种动物、昆虫、人、土壤和交通网络等。景观学从宏观的角度协调组构着人居环境和生态系统，建筑学需要积极地参与这个系统的完善和运作。在考虑建筑自身需求的同时，还要考虑总体景观环境中需要研究的其它元素，使建筑合理地介入环境之中，任何一种空间元素都应该以“介入”的形式与环境对话，而不是主观臆断地改变环境，更不应该以“人类中心论”的片面观点看待建筑和景观环境。

1.1.3 风景园林学的内涵

1.1.3.1 风景园林学研究内容

虽然历史上本行业和学科的含义不断发展，定义和称谓也不计其数，但核心内容基本没有变化，那就是风景园林学所要处理的是人类生活空间和自然的关系，是有关土地的分析、规划、设计、管理、保护和恢复的艺术和科学。其根本使命是以保护、规划、设计、管理等手段，在不同尺度的大地上，有智慧地、创造性地协调人和自然之间的关系，使人类的活动和需求与自然的活动和需求相适应。

风景园林设计内涵十分丰富。风景园林设计的环境属性，既包括社区和城镇的建筑环境，也要考虑自然环境的保护和管理，无论是森林、田园、河流还是海滨，从事风景园林设计的人们都在不遗余力地为提高人类和其他生物的生命质量而努力着。我们生活中到处都有景观设计师的贡献，新城镇、区域自然系统、城市公共空间、滨水区、写字楼环境、城市广场、公园以及绿色通道都表明景观设计师的重要角色。

随着人们环境意识的增强，景观设计生态保护的属性越来越强，面对未来生态保护中无限的机遇和挑战，景观设计师致力于解决复杂的环境问题，他们将成为未来环境保护与人居环境建设领域中的中坚力量。他们关注于乡村地区田园保护、小城镇活力恢复、景观保护以及能源保护等领域的工作，大到区域环境保护、局部地区的生态修复，小到社区生态环境营造；风景园林设计不仅服务于人，更关注生物的栖息环境，保护生物多样性，维持生态系统平衡，从根本保护环境。

1.1.3.2 风景园林学的研究方向

(1) 风景园林历史与理论

风景园林历史与理论是研究风景园林起源、演进、发展变迁及其成因，以及研究风景园林基本内涵、价值体系、应用性理论的基础性学科。风景园林历史方向的理论基础是历史学，通过记录、分析和评价，建构风景园林自身的史学体系。研究领域包括：中国古典园林史、外国古典园林史、中国近现代风景园林史、西方近现代风景园林史、风景园林学科史等。风景园林理论方向的理论基础是美学、伦理学、社会学、生态学、设计学、管理学等较为广泛的自然科学和人文艺术学科。研究领域包括：风景园林理论、风景园林美学、风景园林批评、风景园林使用后评价、风景园林自然系统理论、风景园林社会系统理论、风景园林政策法规与管理等。

(2) 风景园林规划与设计

风景园林规划与设计是营造中小尺度室外游憩空间的应用性学科。它以满足人们户外活动的各类空间与场所需求为目标，通过场地分析、功能整合以及相关的社会经济文化因素的研究，以整体性的设计，创建舒适优美的户外生活环境，并给予人们精神和审美上的愉悦。该学科历史悠久，是风景园林学科核心组成部分。研究和实践范围包括公园绿地、道路绿地、居住区绿地、公共设施附属绿地、庭园、屋顶花园、室内园林、纪念性园林与景观、城市广场、街道景观、滨水景观，以及风景园林建筑、景观构筑物等。

(3) 大地景观规划与生态修复

大地景观规划与生态修复是以维护人类居住和生态环境的健康与安全为目标，在生物圈、国土、区域、城镇与社区等尺度上进行多层次的研究和实践，主要工作领域包括区域景观规划、湿地生态修复、旅游区规划、绿色基础设施规划、城镇绿地系统规划、城镇绿线划定等。

（4）风景园林遗产保护

风景园林遗产保护是对具有遗产价值和重要生态服务功能的风景园林境域保护和管理的学科。实践对象不仅包括传统园林、自然遗产、自然及文化混合遗产、文化景观、乡土景观、风景名胜区、地质公园、遗址公园等遗产地区，也包括自然保护区、森林公园、河流廊道、动植物栖息地、荒野等具有重要生态服务功能的地区。主要研究传统园林保护和修复、遗产地价值识别和保护管理、保护地景观资源勘察和保护管理、遗产地和保护地网络化保护管理、生态服务功能区的保护管理、旅游区游客行为管理等。

（5）园林植物与应用

园林植物与应用是研究适用于城乡绿地、旅游疗养地、室内装饰应用、生态防护、水土保持、土地复垦等植物材料及其养护的应用性的学科。研究范围包括城市园林植物多样性与保护、城市园林树种规划、园林植物配置、园林植物资源收集与遗传育种、园林植物栽培与养护、风景园林植物生理与生态分析、古树名木保护、园艺疗法、受损场地植被恢复、水土保持种植工程、防护林带建设等。

（6）风景园林工程与技术

风景园林工程与技术是研究风景园林保护和利用的技术原理、材料生产、工程施工和养护管理的应用性学科，具有较强的综合性和交叉性。研究和实践范围包括风景园林建设和管理中的土方工程、建筑工程、给排水工程、照明工程、弱电工程、水景工程、种植技术、假山叠石工艺与技术、绿地养护、病虫害防治，以及特殊生境绿化、人工湿地构建及水环境生态修复和维护、土地复垦和生态恢复、绿地防灾避险、室外微气候营造、视觉环境影响评价等。

1.2 中西传统园林风格比较

1.2.1 中国传统园林特点

“中”指中国，即以创造自然山水格局为目标的设计形式；“西”指西方，即以创建规则性、表现图案美为目标的园林设计形式。由于文化背景以及世界观的不同，中国传统园林与西方传统园林可以说是彻底对立的，一个是自然式，以追寻自然、含蓄、意境为艺术精髓；一个是规则式，以体现秩序和理性为造园目的。

中国传统园林从造园要素来分析，具有以下特点。

① 地形地貌　平原地带，地形为自然起伏的和缓地形与人工堆置的若干自然起伏的土丘相结合，其断面为和缓的曲线。在山地和丘陵地，则利用自然地形地貌，除建筑和广场基地以外不作人工阶梯形的地形改造工作，原有破碎割切的地形地貌也加以人工整理，使其自然。

② 水体　其轮廓为自然的曲线，岸为各种自然曲线的倾斜坡度，如有驳岸也是自然山石驳岸，园林水景的类型以溪涧、河流、自然式瀑布、池沼、湖泊等为主。常以瀑布为水景主题。

③ 建筑　园林内个体建筑为对称或不对称均衡的布局，其建筑群和大规模建筑组群，多采取不对称均衡的布局。全园不以轴线控制，而以主要导游线构成的连续构图控制全园。

④ 道路广场　园林中的空旷地和广场的轮廓为自然形的封闭性的空旷草地和广场，以不对称的建筑群、土山、自然式的树丛和林带包围。道路平面和剖面为自然起伏曲折的平面线和竖曲线组成。

⑤ 种植设计　园林内种植不成行列式，以反映自然界植物群落自然之美，花卉布置以花丛、花群为主，不用模纹花坛。树木配植以孤立树、树丛、树林为主，不用规则修剪的绿篱，以自然的树丛、树群、树带来区划和组织园林空间。树木整形不作建筑鸟兽等体形模拟，而以模拟自然界苍老的大树为主。对花木的选择标准：一讲姿美；二讲色美；三讲体态美；四讲味香。

⑥ 园林其它景物　除建筑、自然山水、植物群落为主景以外，其余尚采用山石、假石、桩景、盆景、雕刻为主要景物，其中雕像的基座为自然式，雕像位置多配置于透视线集中的焦点（图 1-2-1）。

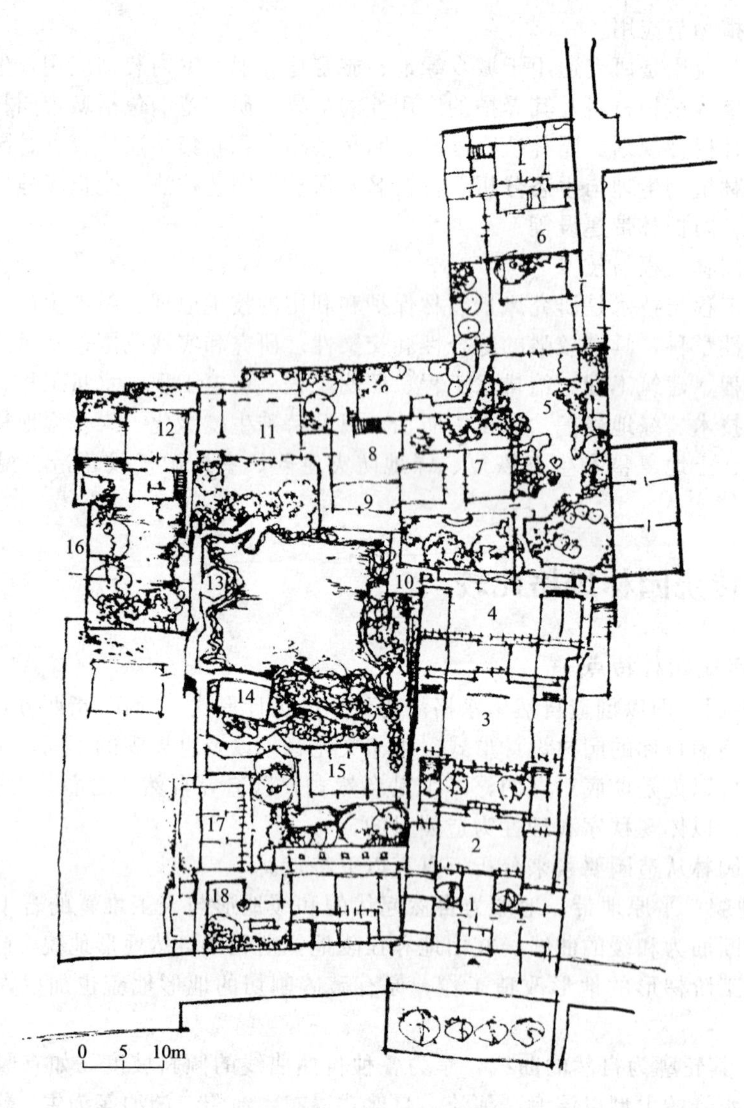

图 1-2-1　网师园平面图

1—大门；2—桥厅；3—万卷堂；4—撷秀楼；5—云窟；6—梯云室；7—五峰书屋；8　集虚斋；9—竹外一枝轩；10—射鸭廊；11—看松读画轩；12—殿春簃；13—月到风来亭；14—落缨水阁窟；15—小山丛桂轩；16—冷泉亭；17—蹈和馆；18—琴室

从整体特征来看，中国古典园林是写意式自然山水园，它追求自然、追求含蓄、追求意境。

追求自然是中国古典园林的基本特征。中国自然山水园的创作原则是中国古代“天人合一”的哲学观念，尤其是道家“道法自然”哲学观念与美学意识在园林艺术中的具体体现，即人类与自然共融的世界观的反映。中国园林的最高准则是“虽由人作，宛自天开”、“外师造化，中得心源”。主要表现在山水构架、自然布局、曲线特征上。没有哪一座中国古典园林不是山水园林，哪怕是人工的假山以及微小的盆池；在整体布局上一般采用自然的、没有整体中轴线的、不对称式均衡的布局形式，给人以真山实水的空间感；“如翚斯飞”的建筑、曲径通幽的小径、婉转绵延的水体、风韵自然的植物，处处显示着阴柔的曲线之美，与欧洲古典园林的几何图案美形成鲜明对比。

追求含蓄是中国古典园林的重要特征，如苏州拙政园（图 1-2-2）。尽者景之美可收眼底，不尽者景外有景；言不尽意，弦外有音，这就是含蓄美。中国古典园林是含蓄的艺术，是内敛的风景，表现在它是深藏不露的壶中天地，表现在欲扬先抑的造园手法，表现在含蓄深远的环境意向。中国古典园林具有壶中天地的特质，多是封闭的、内向的，高高的围墙、内向的布局是它的得力保障；园林多是在一定的有限的空间内经营景致，为了取得小中见大的艺术效果，常以欲扬先抑的手法组织空间序列，即在进入园内的主

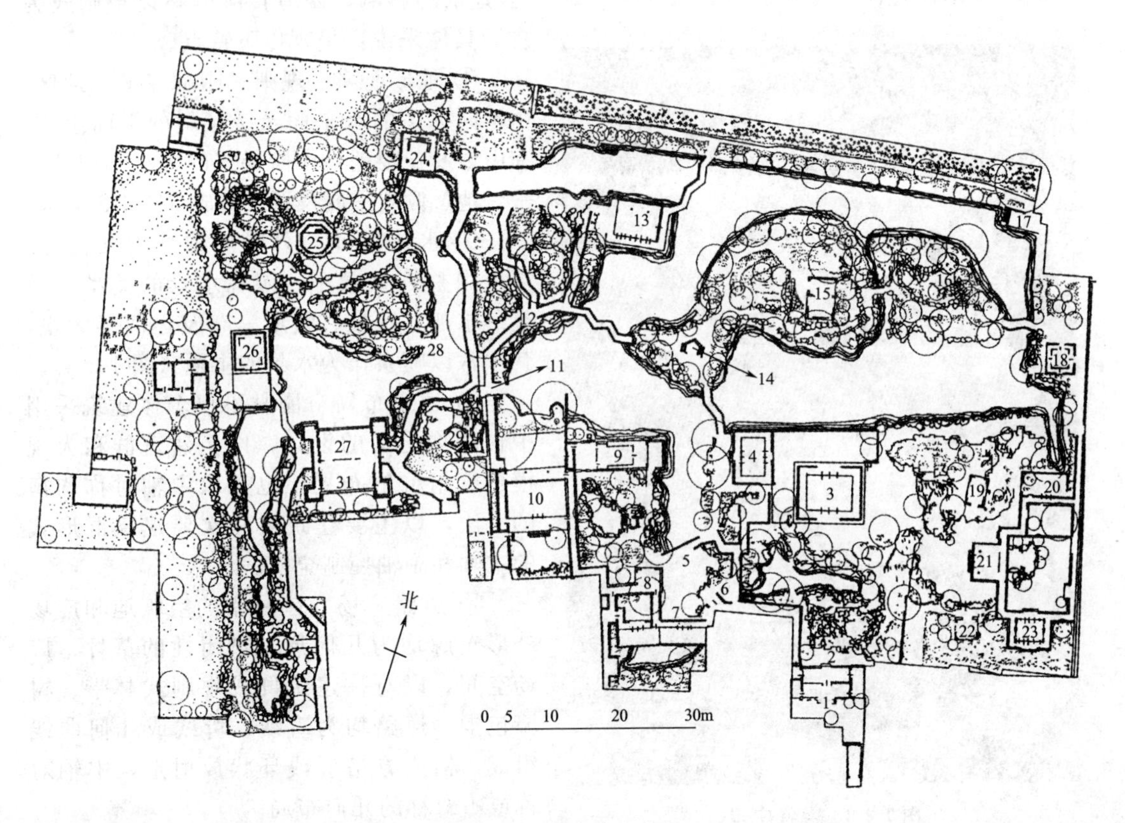

图 1-2-2　拙政园平面图

1—园门；2—腰门；3—远香堂；4—倚玉轩；5—小飞虹；6—松风亭；7—小沧浪；8—得真亭；9—香洲；10—玉兰堂；11—别有洞天；12—柳荫曲线；13—见山楼；14—荷风四面亭；15—雪香云蔚亭；16—北山亭；17—绿漪亭；18—梧竹幽居；19—绣绮亭；20—海棠春坞；21—玲珑馆；22—嘉宝亭；23—听雨轩；24—倒影楼；25—浮翠阁；26—留听阁；27—三十六鸳鸯馆；28—与谁同坐轩；29—宜两亭；30—塔影亭；31—十八曼陀曼花馆

要景区（空间）之前，有意识地安排若干的小空间，借对比效果，突出主要景区；园林的环境意向倾向于含蓄、隐晦的表达方法，使其引而不发、显而不露，人们常借花木的自然属性比喻人的社会属性、倾注花木以深沉的感情，成为精神寄托，所谓“一花一木见精神”，如松柏比喻坚强品格，荷花比喻纯洁无瑕，竹子显示高雅、虚心，这些植物被人为赋予各种象征和比拟，运用到园林中就能引起人们的无限联想，形成丰富的环境意向。

追求意境是中国古典园林的本质特征。所谓意境，是由审美对象的表象在审美主体的心中所唤起的一种广阔自由的想象、情感、理性等心理因素的综合。意境的基本特征是：以有形表现无形，以物质表现精神，以有限表现无限，以实境表现虚境，使有限的具体形象和想象中的无限丰富形象相统一。意境是评价园林审美价值的主要标志。中国古典园林常以园林布局、建筑、景物和装饰来写意。如秦汉时开创的“一池三山”的造园手法，通过山水布局营建神仙氛围，是中国园林最初的朦胧的写意。舫以狭长的内部空间或支撑窗来勾起人们对船舱的联想。借助山石理水营造“一拳则太华千寻，一勺则江湖万顷”的意境。以蝙蝠装饰寓意“福气”等。

1.2.2 西方传统园林特点

由于受到社会背景与和谐说、人文主义等哲学背景的影响，西方传统园林以规则式为主。具体来说，呈现以下特点。

图 1-2-3 兰特庄园

① 地形地貌 规则式园林在平原地区，由不同标高的水平面及缓倾斜的平面组成；在山地及丘陵地，由阶梯式的大小不同的水平台地、倾斜平面及石级组成（图 1-2-3）。

② 水体设计 外形轮廓均为几何形；多采用整齐式驳岸，园林水景的类型以及整形水池、壁泉、整形瀑布及运河等为主，其中常以喷泉作为水景的主题（图 1-2-4）。

③ 建筑布局 园林不仅个体建筑采用中轴对称均衡的设计，以至建筑群和大规模建筑组群的布局，也采取中轴对称均衡的手法，以主要建筑群和次要建筑群形式的主轴和副轴控制全园。

④ 道路广场 园林中的空旷地和广场外形轮廓均为几何形。封闭性的草坪、广场空间，以对称建筑群或规则式林带、树墙包围。道路均为直线、折线或几何曲线组成，构成方格形或环状放射形，中轴对称或不对称的几何布局。

⑤ 种植设计 园内花卉布置用以图案为主题的模纹花坛和花境为主，有时布置成大规模的花坛群，树木配置以行列式和对称式为主，并运用大量的绿篱、绿墙以区划和组织空间。树木整形修剪以模拟建筑体形和动物形态为主，如绿柱、绿塔、绿门、绿亭和用常绿树修剪而成的鸟兽等（图 1-2-5、图 1-2-6）。

图 1-2-4　凡尔赛中轴水景

图 1-2-5　凡尔赛宫苑剪型篱

图 1-2-6　凡尔赛宫苑剪型草坪

⑥ 园林其它景物　除建筑、花坛群、规则式水景和大量喷泉为主景以外，其余常采用盆树、盆花、瓶饰、雕像为主要景物。雕像的基座为规则式，雕像位置多配置于轴线的起点、终点或交点上。

规则式园林给人的感觉是雄伟、整齐、庄严（图 1-2-7）。

图 1-2-7　凡尔赛宫苑平面图

1.2.3　中西传统园林风格比较

中国古典园林是抒情的、出尘的，追求的是一方与世无争的“壶中天地”。在中国，一般是前宅后园，大多数园林与主人所居的住宅之间有一个明确的分隔。所以，在独立的、自成格局的园林中，建筑构图并不统率园林布局，而是园林的自然式的构图规则支配着建筑，使建筑尽量地“自然化”，无论建筑的形体、组合还是选址，“宜亭斯亭，宜榭斯榭”，并且向自然开敞。自然本身也能随着湖石、竹树、流水等渗透到建筑中去。造园以自由、变化、曲折为特点。在园林中，人们不但欣赏花草树木本身的自然美，还更欣赏它们所蕴藏的人文美。在中国的园子里，从园林的命名到建筑物的联额都是一种风雅至极的事，是一种文学与造园相结合的艺术（图 1-2-8）。

图 1-2-8　留园中部景区

法国规则式园林是西方园林的杰出代表，其造园风格对西欧其他国家有着巨大的影响，所以这里以法国园林作为西方规则式园林的代表。在法国，古典主义的造园艺术是理性的、入世的，追求的是均衡、比例、节奏，图解着法国古典主义时期的绝对君权。居住建筑处于花园的中心，建筑统率着一切，也就意味着秩序、理性统率着一切。不但建筑在总体布局里占主导地位，而且它迫使园林服从建筑的构图原则，沿用主体建筑的中轴线，使它彻底的“建筑化”彻底地纳入到严格的几何制约关系中。甚至连林园都理性化了，道路、水池和小建筑把几何格律带进了林园。建筑物是封闭的，它无需与园林互相渗透。在花园里，花草树木不过是有着各种颜色和质地的材料，只是用来铺砌各种平面的图案，或者被修剪成圆锥形、椭圆形等各种绿色的几何体，其本身的自然美并不被欣赏，更谈不上有什么人文美。花园的美，是一种几何形的图案美，只有借人工的水法来给它一股生气，一丝活力，还有许多的雕刻也将古代的神话带进了园林，由此可见，古典主义园林带给人的主要是感官的享受。至于园景的题名、对联的撰写等中国古典园林中的头等风雅趣事，法国古典主义园林中几乎是没有的。可见，法国古典主义园林在布局上是一览无余的，意境也相对较直白、简单（图 1-2-9）。

图 1-2-9　凡尔赛中轴景观

园林是人们理想中的天堂，建造园林就是在大地上建造人间的天堂。如果我们按自然状况的不同，将自然划分为不同的类型：第一自然为原始状态的大自然，第二自然为农业生产状况下的自然……，那么就很容易理解中西园林的不同。中国山川秀美、人杰地灵、土地富庶，理想中的王国是这些秀美的山川湖泽。园林的起源是从模仿第一类自然开始的，这使得中国园林沿着自然式的形式发展了几千年。外国的园林文化传统，可以一直追溯到古埃及，那里的自然环境相对较差，雨水稀少，没有大片森林，更无秀美的山川，人们理想中的天堂自然是适合农业生产的富庶的土地，于是园林就是在模仿第二自然开始的，这是经过人类耕种、改造后的自然，是几何式的自然，因而西方园林就是沿着几何式的道路开始发展的。

1.3　风景园林学与传统园林学

Landscape architecture 一词出现于 19 世纪下半叶，现在成为世界普遍公认的这个行业的名称。18 世纪欧洲爆发的工业革命，是人类社会从手工业时代进入工业文明的开端。蒸汽机的发明，火车的出现，电能的使用，内燃机、汽车、飞机以及其他许许多多的发明创造，以前所未有的速度，推动着资本主义社会向前发展。工业革命也带来了技术、社会和文化方面的巨大变化。作为文化的重要组成部分的艺术，终于在19世纪末、20世纪初产生了一场深刻的变革——“现代运动”（Modern movement）。这一运动涉及绘画、雕塑、建筑等领域，其结果，是在20世纪初形成了现代绘画、现代雕塑、现代建筑。比起这三者激动人心的史诗般的变革和无数才华横溢的先驱们来说，这一时期景观的变革要显得平淡一些，但是，它所表现的新的设计思想和设计语言，同样表达了工业社会人们新的生活方式和审美标准。因此，许多西方学者把经历了“现代运动”之后，伴随着现代绘画、现代雕塑和现代建筑而产生的新型景观称为“现代景观”（Modern landscape architecture）。

20世纪90年代，中国的景观行业开始了一个转型的时期，经济的繁荣和环境意识的提高使景观行业获得了前所未有的迅速发展，景观的内容和形式发生了巨大的变化。随着对外交往的增加，各种信息频繁地出现在国内景观设计的领域，西方的一些设计作品也逐渐地被介绍到国内，引起人们很大的兴趣。因而中国的“现代景观”，即风景园林学很快发展起来。

风景园林学是从卓越的中国传统园林中生长出来，并将继续从中汲取营养。但我们也应清醒地认识到，现代风景园林学的实践领域大大超越了传统园林的围墙，理论和实践中的生态因素、社会因素、经济因素及其复杂程度也是传统园林所未见的。因此可以说风景园林学与中国传统园林同根同祖而不同架构，其知识结构、服务对象、尺度已经发生了根本性质变。具体表现在以下几个方面。

1.3.1 内涵的区别

传统园林概念是在一定的地域范围内利用、改造天然山水地貌，或者人为地开辟山水地貌（如筑山、理水、叠石），结合植物的栽植、建筑的营造、园路的布置等途径，从而构成一个以追求视觉景观之美为主的赏心悦目、畅情抒怀的游憩、居住的环境。

风景园林学除了包括传统园林、城市绿化的内涵外，还包括更大范围的区域性甚至国土性的景观、生态、土地利用的规划与经营，是一门综合性的环境科学。

1.3.2 服务对象的区别

不论在东方还是西方，传统园林的服务对象主要是社会上层。他们或者是皇帝国王，或者是乡绅贵族，或者是宗教团体，或者是文人商科，是那些在政治、经济、文化上盘踞高位的少数人群。而19世纪开始的风景园林学，最伟大也是最醒目的变革之一，就是服务对象扩展到中产阶级和劳工阶层，从此这个学科迈上造福整个人类、自然系统、社会、城市和乡村的道路。

1.3.3 价值取向的区别

传统园林的主要价值取向为“生活性”，多数情况下，是精英阶层为了自己的精致生活所营造的精致园林，形式美的要素成为审美的主要对象。现代风景园林学，尤其是20世纪60年代麦克哈格之后的景观学，其价值取向已经超越局限的生活性，提倡生态性。它更注重生态多样性和完整性，注重为人类提供健康、安全和可持续的风景园林服务。

1.3.4 实践尺度的区别

实践尺度方面，传统园林的实践尺度是中微观尺度，景观学拓展为大至全球小至庭院景观的全尺度。传统造园阶段园林呈现为点状、岛屿状分布，从宏观尺度上看是分散的、破碎的、不连续的。现代风景园林学的研究和实践对象丰富多样，它呈一种点、线、面结合的网络状分布态势，强调连续性和整体性。

1.3.5 方法论的区别

从方法论的角度来看，我们可以说传统园林实践主要采用“艺术”方法，而现代风景园林实践则需综合采用“科学”和“艺术”这两种方法，风景园林学研究则主要采用“科学”的方法。

1.4　风景园林建筑

园林建筑是一种独具特点的建筑，它既要满足建筑的使用功能要求，又要满足园林景观的造景要求，并与园林环境密切结合，与自然融成一体。因此，在各种情况下，都应将功能与园林景观要求恰当地、巧妙地结合起来，统一构思，以体现不同园林环境中各具特色的园林建筑。

1.4.1　风景园林建筑的功能

园林是改善、美化人们生活环境的设施，也是供人们休息、游览和文化娱乐的场所，由于人们在园林中各种游憩、娱乐活动的需要，就要求在园林中设置有关的建筑。随着人们在园林中活动内容日益丰富，园林现代化设施水平的提高以及园林类型的增加，势必在园林中出现多种多样的建筑类型，满足与日俱增的各种活动的需要。不仅要有茶室、餐厅，还要有展览馆、演出厅，以及体育建筑、科技建筑、各种活动中心等，以满足使用功能上的需要。

（1）点景

点景即点缀风景。园林建筑要与自然风景融汇结合，相生成景，建筑常成为园林的构图中心。有的隐蔽，成为宜于近观的局部小景；有的则耸立在高山之巅，成为全园主景，以控制全园景物的布局。因此，建筑在园林构图中，常具有“画龙点睛”的作用，以优美的园林建筑形象，为园林景观增色生辉。

（2）赏景

赏景即观赏风景。以建筑作为观赏园内或园外景物的场所，一幢单体建筑，往往为静观园景画面的一个欣赏点；而一组建筑常与游廊连接，往往成为动观园景全貌的一条观赏线。因此，建筑的朝向、门窗的位置和大小等都要考虑到赏景的要求，如视野范围、视线距离，以及群体建筑布局中建筑与景物的围、透关系等。

（3）引导游览路线

在园林游览路线中具有起承转合作用的往往是园林建筑。当人们视线触及某处优美的建筑形象时，游览路线就自然地顺视线而延伸，建筑常成为视线引导的主要目标。人们常说“步移景异”就是一种视线引导的表现。

（4）组织园林空间

园林设计中空间组合和布局是重要内容。以建筑构成的各种形状的庭院及游廊、门洞等，恰是组织空间、划分空间的最好手段。

1.4.2　园林建筑的特点

（1）布局

园林建筑布局上，要因地制宜，巧于因借。建筑规划选址除考虑功能要求外，要善于利用地形，结合自然环境，与山石、水体和植物，互相配合，互相渗透。园林建筑应借助地形、环境上的特点，与自然融合一体，建筑位置与朝向要与周围景物构成巧妙的借、对的关系。

（2）情景交融

园林建筑应情景结合，抒发情趣，尤其在古典园林建筑中，建筑常与诗、画结合。诗、画对园林意境的描绘加强了建筑的感染力，达到情景交融、触景生情的境界，这是园林建筑的意境所在。

(3) 空间处理

在园林建筑空间处理上，尽量避免空间对称、整形布局，而力求曲折变化、参差错落，空间布局要灵活，忌呆板、追求空间流动，虚实穿插，互相渗透，并通过空间的划分，形成大小空间的对比，增加空间层次，扩大空间感。

(4) 造型

园林建筑在造型上，更重视美观的要求，建筑形体、轮廓要有表现力，要能增加景观画面的美，建筑体量的大小，建筑体态或轻巧，或持重，都应与整体景观协调统一。建筑造型要表现园林特色、环境特色及地方特色。一般而言，园林建筑在造型上，体量宜轻巧，形式宜活泼，力求简洁、明快，在室内与室外的交融中，宜通透有度，既便于与自然环境浑然一体，又取得功能与园林的有机统一。

第2章　风景园林建筑基础知识

本章重点：认识风景园林中建筑的相关知识，了解园林建筑设计的过程。

本章难点：制图规范与制图相关知识。

2.1　风景园林中的建筑

园林景观形式风格、规模大小千差万别，但或多或少有人工建筑物参与其中，与自然山水和植物等共同组景，并成为景观视觉焦点，它是园林景观的重要组成部分，风景园林设计从立意、规划构思、节点设计到工程设计都涉及园林景观建筑设计。因此，不论古典园林还是现代公共景观开放空间，风景园林建筑都有其重要作用和独特的意义。

2.1.1　风景园林建筑分类

风景园林建筑造型、大小差异很大，传统与现代风格并存。中国古典园林按形态分有亭、廊、榭、轩、舫、厅、堂、馆、斋、台、楼、塔、阁等。

按使用功能分：有游憩类建筑、服务类建筑、公共市政类建筑、生产管理类建筑。

(1) 游憩类建筑

此类风景园林建筑主要供游人休闲、游玩及观赏之用，除遮阳避雨外，有的尚有相应的使用功能，由于此类建筑参与并组织园林景观，因此要求具有与周边景致相得益彰的优美的外部造型。

① 游赏建筑　游赏建筑是园林景观中较为常见的风景园林建筑，如亭、廊、榭、舫等，其规模、体量一般不宜过大，尺度亲切，主要功能就是方便人们游玩观景，同时又是被观赏的景物，或是景观画面的焦点。

② 文化娱乐建筑　在园林景观中供开展各类文化娱乐活动的建筑，包括露天剧场、游乐场、休闲健身场、游泳池、划船码头、各类展览厅、俱乐部、鸟类观察站等，与文化娱乐类公共建筑不同，这类建筑只是园林景观的一个组成部分，也具有游憩特征，其外部造型也应与园林景观相融合。

③ 游憩性建筑小品　在园林景观中分布广泛，且种类繁多，一般具有简单的使用功能，其外形注重装饰性、艺术性，材料选择和造型风格也应与周边环境协调，主要有园凳、园椅、景墙、栏杆、展牌等。

(2) 服务类建筑

此类风景园林建筑主要为游人提供必要的生活服务，包括餐厅、茶室、小卖部、宾馆、接待室等。这类建筑都有与人们生活密切相关的功能，并兼有游赏和构景功能，因而，要求其高度、体量、色彩、造型要与周边园林景观相协调。

① 餐饮服务建筑　主要有餐厅、饮品店、小吃部等，一般在中、大规模的园林景观中

设置，由于涉及客源人流、货物运送、垃圾清运、市政管线驳接等，这类建筑在选址、定位、规模、造型、观景等方面需考虑园林景观的要求。

② 商业服务建筑　主要有商店、小卖部等，提供游人临时需要购买的商品和特色旅游纪念品、工艺品、土特产等，规模不宜过大，有的集中成特色街，除满足商业活动外，其布局造型也应有利于营造优美的景观空间。

③ 住宿接待建筑　一般在风景区或大型公园设有接待处，甚至设置宾馆等，主要接待到访的贵宾和团队，或者为多日游的人们提供住宿。由于所处的位置，其用地选址、规模大小、高度、色彩、造型风格都要符合风景区或公园的要求，并且把对环境的影响程度降到最低水平。

（3）公共市政类建筑

在园林景观中与城市市政相匹配的交通、供电与照明、给水与排水、通信、广播、垃圾清运等基础设施，主要管线一般暗埋，直接面向游人或为游人服务的此类建筑除满足必要的安全卫生距离外，外形也要园林化、景观化，符合环境的要求，其它的地面设备和工作用房应尽量遮蔽或隐藏。由于市政工程的特殊性，需要相关的专业工种设计完成，和风景园林设计关系密切的主要有景观照明、人工水景和园林景观中的交通设施、厕所等。

① 交通设施　主要有各类交通指示牌、路牌等，与城市接驳的停车场、存车处、换乘中心等，和城市中标准化不同，园林景观中的路牌、指示牌要求个性化，反映园林景观特色，有的导游图甚至起到画龙点睛的作用，停车场等也生态化，减少对园区的影响。

② 景观照明　园林景观中除正常照明外还有许多夜间以灯光置景，平添动感、神秘、斑斓的梦幻色彩，因此园林景观的夜景灯光设计要求较高，设计者在园林景观设计的全过程中，始终要把握好夜景设计，灯具的选择和设计要注意昼夜对其造型的需要。供电及照明的露天设备还有工作用房都会有一定的安全隐患，在方便检修条件下应远离游人视野，万不得已也应景观化隔离。

③ 人工水景　水景是园林景观中最灵动的部分，人工水景往往是焦点，多和景观照明配合组景，主要是人工喷泉、跌水、瀑布等，水景设计要符合水自身的特质，注重其形、色、声、味、触，涉及取水、补水、水循环、排水、净水等设备和设施，大多数可就近置于地下，由于用电驱动，也要注意安全。

④ 厕所、垃圾站　一定规模的园林景观要设置公共厕所和垃圾站，满足人们的生理需求和园区清洁的需要。厕所具有特殊的功能，应布置人群相对集中的区域，满足一定的服务半径，既要有良好的通风、排污能力，又要有优美的外形，既要方便人们快速找到，又不宜过于醒目。垃圾站一般在园区的边缘，和城市支路相接，要方便园内清洁，又要隐蔽隔绝。

（4）生产管理类建筑

较大规模的园林景观中一般设有管理用房，甚至有小型的生产仓储基地，主要考虑园林植物的生长特性，并且方便日常园区的维护和建设。此类风景园林建筑面向游人或对游人开放的也应园林化。

① 园区管理设施　主要有大门、围墙、办公室、广播站、医护中心、治安室等，大门直接面对游人，其造型要求醒目、别致，方便人群疏导管理，其它的管理用房服务游人频率很低，可设在园区偏僻之处。

② 生产仓储设施　主要有小型苗圃、盆景园、仓库等，目的是为园区的维护建设生产、培育、加工、制作、修理、储备各类园林景观植物、材料、构件、展品等，有的花圃、盆景园、工艺品制作间等甚至设计具有生产、销售、展览、游憩等复合功能，互动和参与增加游玩的趣味性。

2.1.2 风景园林建筑功能

由于园林景观自身的特殊性，其中的建筑因而与城市中的一般民用建筑功能上有所差异，满足游憩要求尤为突出。

（1）满足使用要求

由于园林景观是供人们游憩的公共空间，满足游人休闲、娱乐、健身等各项活动的需要，因而必然要设置相应的建筑，即使最简单的亭也具有遮阳、避雨、休息、观景等使用功能。随着社会的发展，园林景观的形式、类型和内容也越来越丰富，园林景观中势必涌现出更多的建筑类型，以满足使用功能上的要求。

（2）园林景观要求

风景园林中的建筑必须符合园林景观的整体需要，且在其中起着关键的作用。通过精心安排建筑布局组合，达到步移景异的视觉效果，形成起承转合的心理感受。

① 点景　即点缀风景，往往是风景画面构图中的点睛之所，并阐示园林景观的风格。由于建筑趋于规整，人工斧琢明显，与自然的山石、水体、植被等对比强烈，相得益彰，近赏远眺都不失为优美的风景画轴。

② 观景　即观赏风景，就是营造最佳看景的点和场所。所谓佳者显之、拙者隐之，利用风景园林建筑或封闭、或开敞、或台升、或下降，引导人们的视线，以获得最好的景观视觉感受。

③ 组织园林景观空间　即利用建筑、景墙、山石、花木等围合或分割出多丛景致的院落空间，以丰富园林景观空间的层次和趣味性。中国古典园林中较能体现。

④ 引导游览路线　在园林景观中由于人们心理上常常把建筑作为游赏的目标，因而风景园林建筑通过人们视线的转折，成为园区路线组织的关键，远寻、近觅、引转、诱进、阻隔等手法以丰富园林景观空间的层次和趣味性，尤其在中国古典园林中有较多体现。一些中小型园林景观甚至直接用游步廊围合分隔景观院落空间，廊道成为最佳的游览路线。

2.1.3　风景园林建筑特点

建筑一般遵循适用、坚固、美观的原则，相较其它建筑，风景园林建筑具有显著的特点。

（1）看与被看，注重游憩

园林景观中的面向游人的建筑虽然各自具有使用功能，但都要景观化，满足游憩活动的要求，因而在选址、布局、造型上必须确保游人身处其间有景可观可游，自身也能构成优美的风景画面。

（2）巧于因借，自然融合

风景园林建筑强调充分利用原有自然条件，随高就势，因地制宜，内外空间点缀花木水石，远看山水林深，近有鸟语花香，与自然景观相映成趣，融为一体。

（3）格局灵活，步移景异

风景园林建筑布局灵活，形式多样，目的就是增强建筑的游憩性和观赏性，注重空间序列和游览视线的组织，丰富动态景观，力求步移景异。

（4）情景交融，诗画意境

风景园林建筑应打造文化品质，强化建筑造型的艺术感染力，利用诗词、书画、匾额、楹联等文学手段，配合自然景观环境，共同营造诗情画意的氛围，使游人达到触景生情的意境。

（5）精而合宜，巧而得体

风景园林建筑以开展休闲、观赏活动为特色，因而其比例尺度精巧宜人，强调细部装饰效果，不求奢华，追求朴素、精致，以增加建筑的观赏性和趣味性。

2.2 建筑中的园林景观

由于人们对自然园林景观的喜好，往往注重园林景观与建筑紧密融合一体，特别在东方自古以来就有建筑组合成院落空间，院落中置景布园的传统，所谓纳景入户。现代公共建筑甚至把园林景观引入室内，形成赏心悦目、趣味盎然的室内空间。

2.2.1 建筑室内的园林景观

随着建筑科学技术的进步，建筑与园林景观的关系提升到一个新境界，园林景观室内化，建立人工与自然景观相融合的建筑室内共享空间，这种形式在现代中、大型公共建筑中广泛运用。共享空间的产生是为了适应各种频繁的社交和丰富多彩的休闲生活的需要，是一种综合性、多用途的内庭空间。如宾馆或商场的中庭，空间大中有小，小中见大，内外相互穿插、渗透。大厅内引入光线，把自然景物、水景、音乐等都置入室内，使室内环境室外化，再加上人的参与，使空间极富动感，真正体现空间“共享”的特性。

(1) 景观内庭空间分类

建筑的内庭空间形式多样，布局灵活，其空间形态取决于建筑的整体造型和使用要求，以及结构、构造等技术限制。按内庭在建筑内部所处位置分：

① 单侧式　内庭在建筑一侧，其它几面多为玻璃围合。这种形式的内庭相对独立，与外部环境联系紧密，阳光充足，可强力打造以植物为主的园林景观。

② L形围合式　内庭位于L形建筑功能区弯部，与建筑联系较紧密，有选择地与外部环境交流融合，园林景观往往设计成室外景观在室内的延续，采光较好，可增加植物造景。

③ 三边围合式　内庭位于建筑内部，有一侧与外部相邻。这种形式的内庭与建筑功能区联系紧密，空间聚合性、公共性、共享性较强，与外部环境有流通，但方向感较强，园林景观往往独立成景，外部环境多为借景。

④ 居中式　内庭位于建筑内部，不与外部相邻，一般顶部覆盖采光顶棚。这种形式的内庭往往是建筑内部联系的核心，兼有多重功能，多以硬质景观为主，强调满足人与人的交往需求。

⑤ 内街式　是一种线形内庭，具有极强的方向性和运动感，顶部采光或侧高窗采光。带有明显的交通功能，因而，园林景观有条状流动和点状休息双重形态，过街天桥、楼梯、扶梯、观光电梯等也成为景观的重要组成部分。

⑥ 整体穿插式　建筑室内整体设计为园林景观，建筑的使用功能部分穿插布置在园林景观中，如近来兴起的生态酒店等，由于建筑如同巨大的温室，园林景观不再受地域气候条件的限制，主题的设定和材料、植物的选择更加灵活。

⑦ 叠层式　在建筑室内竖向上，设置多层园林景观，或每隔数层设景观内庭，使更多的楼层共享园林景观。

⑧ 组合式　随着建筑体量越来越巨大，功能越来越复杂，建筑的景观内庭采用上述几类形式的组合，以满足营造不同氛围的要求。

(2) 围合内庭景观的建筑界面

建筑内庭的围合界面不外乎地面、墙面、顶棚。

① 顶棚　由于内庭有园林景观植物，生长需要日照，景观内庭大多采用透光顶棚，跨度较小的根据建筑结构形式，可采用钢筋混凝土上设轻钢结构采光顶棚，跨度大、透光面大的要采用钢结构。但不同于温室，内庭要保持舒适的人工环境，因而，有的内庭顶棚带有活

动遮阳设施，并有可开启的顶窗通气透风，可充分利用自然条件有效改善内庭的光照质量，并调控内庭的气候。

② 墙面　墙面是人们视线主要交汇区域，和人们的活动紧密联系，因而，也是内庭构景的重要环节，和外部环境相隔的墙面大多采用大面积的玻璃幕或窗，争取良好的日照采光，确保内外空间流动、渗透、交融，所谓纳景入户，延展人们的景观视线。由于内庭绝大多数都是建筑的公共共享空间，和建筑内部相邻空间分割的墙面常常布置公共走廊、楼梯、电梯、集散大厅、休息平台等，使人们可多角度、动态地观赏内庭园林景观，有的墙面则减少开窗开洞，结合植物、水石、雕塑小品，烘托景观的某种主题，犹如自然的山水画。

③ 地面　地面是人们直接接触的界面，其质感、图案、色彩和竖向变化也直接影响人们的景观空间感受，如象征性地虚拟分割空间；加强地面图案的导向性，暗示疏导人流；把地面作为观赏面，通过图案、色彩、材料的变化，体现内庭景观的主题。

(3) 建筑景观内庭的功能和特点

建筑景观内庭是建筑的重要组成部分，都具有观赏功能，大多数是建筑立面造型构图的焦点，还具有建筑赋予的实用功能，如交通、休息、交往、娱乐、购物、接待等，园林景观不仅要赏心悦目，还要满足建筑的功能要求。

以交通功能为主的内庭景观要结合楼梯、台阶、电梯、自动扶梯、大门、走道、人行天桥等建筑室内交通设施共同构景，景观除具有观赏性外，还应有明确的导向性，有助于疏导人流，指引方向，平面构图一般以几何形为多，空间相对开敞，流动性强。

以休息功能为主的内庭景观意在营造舒适、安静、宜人的休息场所，兼有等候、接待、交往、休闲等活动，如短暂休息的银行等候、医院候诊、车站候车等，一般要求景观简洁、疏朗，便于观察和进出；可供长时间休息的宾馆、办公楼中庭等，一般景观结合饮品吧、书报吧等满足休闲交往活动的需要，景观环境形式多样，要求宁静、温馨和相对独立的气氛。

多重功能的内庭应用广泛，是建筑内部的公共开放空间，往往融交通、休闲、娱乐、购物、展示等于一体，一般空间较大，园林景观布局较复杂，甚至是大型主题园林景观和建筑的商业、餐饮文化娱乐等有机相连，往往有多个功能区以适应不同活动的需要，有的空间有多功能特点，不同时段开展不同的活动。

特殊功能的内庭指的是整体式内庭，如景观化的生态酒店、室内主题游乐园等，与建筑中庭不同，其占据了建筑的大部分空间，成为建筑的主体，其中的园林景观必然规模庞大，主题鲜明，往往表现异域风采，园林景观是空间塑造的主要手段，空间变化丰富，比例尺度宜人，不再有冰冷、压抑的墙体、顶棚。

(4) 内庭景观的构成

建筑内庭的园林景观一般也是由水石植物和小品建筑构成，受室内条件的限制，景观要求宜人、精致、细腻，便于日常管理。

① 内庭的植物景观　植物景观是建筑内庭构景必不可少的要素，有助于在室内创造特异的室外化景观，或花钵树池几何布景，或垂蔓群植林木森森，绿意盎然，生机勃勃。

植物景观在内庭中的作用：一是组织亲切宜人的空间。建筑内庭空间巨大，往往给人一种压迫感，使人无所适从，植物具有宜人尺度，还可塑造林下空间，用植物分割、引导、组织空间可不着痕迹地把内庭转化为舒适、温馨的人性化空间，消隐内庭空旷之感。二是软化整合建筑内部空间。植物有生命生长的特征和有机体的形态，景观植物的运用很好地消除、减弱了建筑内庭墙面、梁柱、地面、顶棚等界面的生冷之感，也使整合空间变得简单，一些低矮、狭窄、无用途的消极空间如楼梯起步下方、墙角等填充植物，使内庭空间更趋完整。三是凸显内庭的园林景观主题。内庭是人工环境，受温度、天气等因素影响较少，植物的选择面也更广，园林植物具有明显的地域特征，还有寄情喻志的象征特色，这为打造风格化的主题园林景观成为可能。

内庭景观的植物选择：不同于室外自然条件，内庭的日照强度较弱，光照时间较短，光质较差，室内选择阴性植物，或部分耐阴植物；内庭的温度相比室外变化小，且可受人工调控，室内大多选择适应人体需要的舒适温度、源自热带和亚热带植物；考虑建筑结构荷载安全，室内应该选择浅根系植物，植物选择还要考虑建筑内部卫生管理的要求，以及干燥、湿度低的特点。选择的植物除能在建筑室内良好生长外，还应满足内庭园林景观美学要求，注意植物的形态、气味、色彩和季相的组合变化，以符合内庭的景观构景。因此，阴性、能耐干燥的观叶植物是室内主导植物，局部点缀观花植物、水生植物和藤蔓植物等。

内庭植物景观的构景：一是成为主景，就是打造成为内庭的核心景观，有丛植、单株、组合盆栽、花坛等多种形式；二是成为背景，植物可布置在室内大多数区域，可选用观叶植物营造内庭活动空间的绿色基调背景，重塑宜人的景观空间。

② 内庭的水景观　空间因水而活，内庭设水景观正是满足人们喜水、乐水、近水、亲水的需要。考虑荷载安全和防水要求，一般浅水为主，依据水体的形态和水的声、光、色、质等组景。

内庭景观水体的形态：

a. 静水，水本身无具体的形，形态取决于水的容器，静水主要靠水池形状和池壁形式取胜，池底的材质、色彩、图案以及观赏鱼经水的折射和反射，产生宁静、虚幻之感，常常水中叠石，或立雕塑，或有葱翠浮岛，或植水生植物，以增加景物层次。

b. 流水，往往呈带状线形布局，竖向有起伏，保证水体流动、循环，大致形成源、流、聚的景观形态，间有桥、汀步、洞、石等点缀其上。

c. 叠水，一般是落差不大的落水景观，如壁泉、流水台阶、溢水池等，景观特色和出水口及出水量、落差有关系，是有声的动感景观。

d. 瀑布，是水量较大、落差较高的落水景观，模拟自然的瀑布要有山石、水池、植物配合，体量较大，一般是景观的核心，还有水帘式瀑布，出水口水平，形成水幕，适合多样的景观空间，可内视外观，还可改善局部空气湿度，此外，还有贴壁水幕等。

e. 喷泉，从自然界演化来的装饰性水景，主要有雕塑喷泉、组合喷泉、旱喷泉等，一般结合声、光、水的控制技术，点缀小型雕塑，组成富有活力的景观，各具特色的喷泉水姿是依靠各种喷头的组合。

内庭水景观的声、光、色：建筑室内相对隔音，水独特的流动性使水声成为景观塑造的手段之一，大致有滴落（线落）、流水、瀑落、喷泉等，或清幽空灵，或潺潺不绝，或气势磅礴，或叮咚悦耳。水是无色透明不发光的，但可对投射光、环境光产生微妙的变化，使景观更加流光溢彩，主要通过水的镜面倒影、水波水花的动态反射、水中灯具的投射折射等方法创作梦幻般的水景观，建筑室内采用人工灯光照明，且安装管理方便，内庭的水景观都强化景观照明，以获得绚丽多彩的景象。

③ 内庭的山石景观及硬质景观　山石景观在建筑内庭中也常常应用，以石喻山，以山寄情，内庭空间大的可堆垒假山，空间小的可点缀置石，常用的山石品种有湖石、房石、英石、黄石、青石、石笋、斧劈石、鹅卵石、浮石、黄蜡石、花岗岩等，由于荷载的限制，大型假山石采用人工合成的做法。

建筑内庭的山石景观类型：

a. 假山，延续中国古典园林的做法，摹写自然，抽象表现山景，如坡、阜、岗、谷、壑、峰、崖、壁、洞、岫等，体量较大，造型复杂，一般是内庭主景。

b. 置石，在园林景观中零星布置的石景，体量相对较小，注重石块的形态和组合布局，表达一种不着痕迹的古拙情绪。有特置、散置、器设之分，特置就是单独陈设的立石，可孤石可组石，往往是空间中的视线中心；散置就是石块按照构图美学原则精心散点布置，有散有聚，有疏有密，有大有小，有卧有立，追求自然的野趣，现代建筑内庭也有选用规整形态的置石按平面整体构图规则排放；器设就是设置的石块不仅构景，而且具有某些实用功能，如石凳、石桌、石钵等。

c. 石壁，即贴壁假山，贴嵌景石于建筑内墙面，形成峰壑峦岭，配以水池和植物，犹如一副优美的风景画轴。

内庭的硬质景观主要是指小型的园林景观建构筑物，主要有亭、廊、桥、汀步、雕塑、植物容器、水池等，和室外园林景观做法一致，只是造型体量更精巧，材料做工更精细，更注重装饰效果。

（5）实例解析

① 美国旧金山海特摄政旅馆中庭　由波特曼设计的美国旧金山海特摄政旅馆中庭像巨大的直角三角形金字塔，以大型镂空球形雕塑为主景，配合地面的涌泉、空中的吊灯、层层的廊道花池垂挂和上上下下的观光电梯，构成趣味盎然的共享空间（图 2-2-1）。

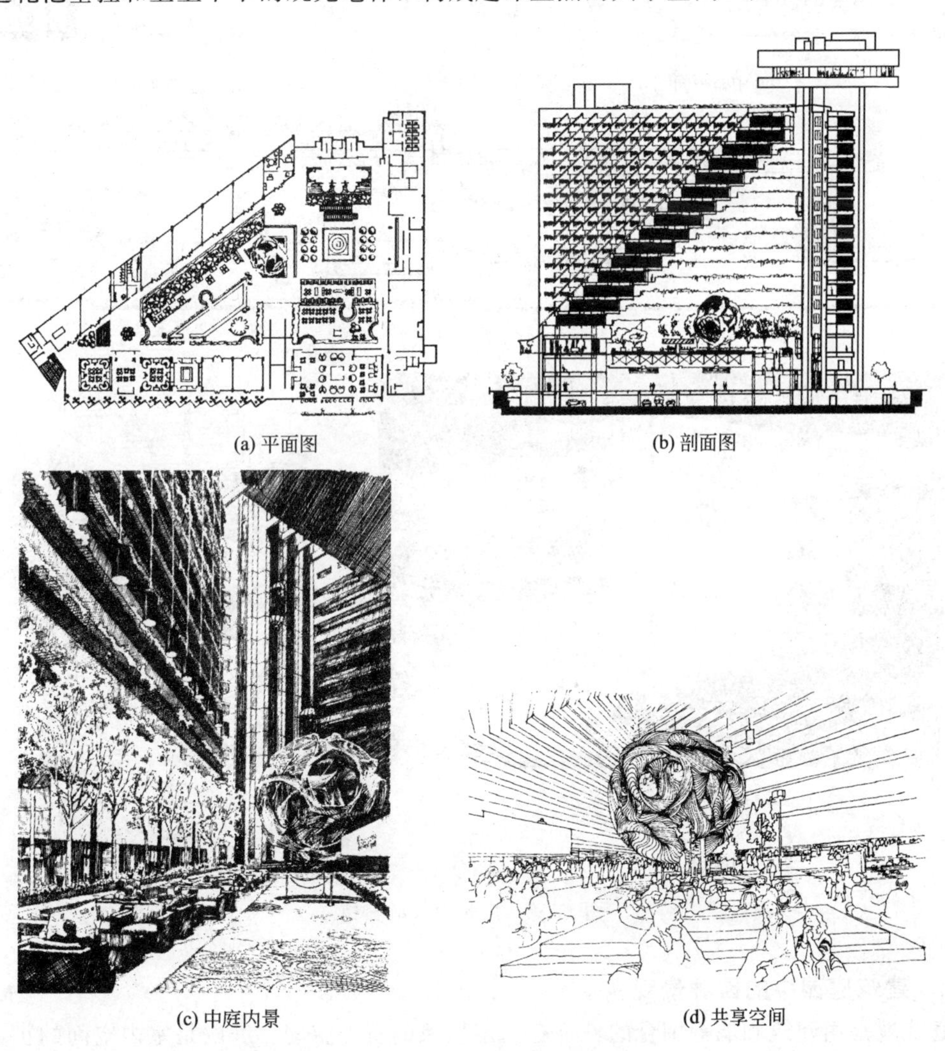

(a) 平面图　(b) 剖面图

(c) 中庭内景　(d) 共享空间

图 2-2-1　美国旧金山海特摄政旅馆

②广州白天鹅宾馆中庭　广州白天鹅宾馆位于沙面南侧，中庭是其公共活动核心，长宽 40m×13.5m，高 4 层，以故乡水为主题，分别设有假山、亭子、瀑布、喷泉、涌泉、曲桥、回廊，大型水池和绿化盆景在五彩灯光映衬下交相生辉，西端的假山瀑布故乡水和富有岭南特色的亭子构成空间的主景，气势磅礴（图 2-2-2）。

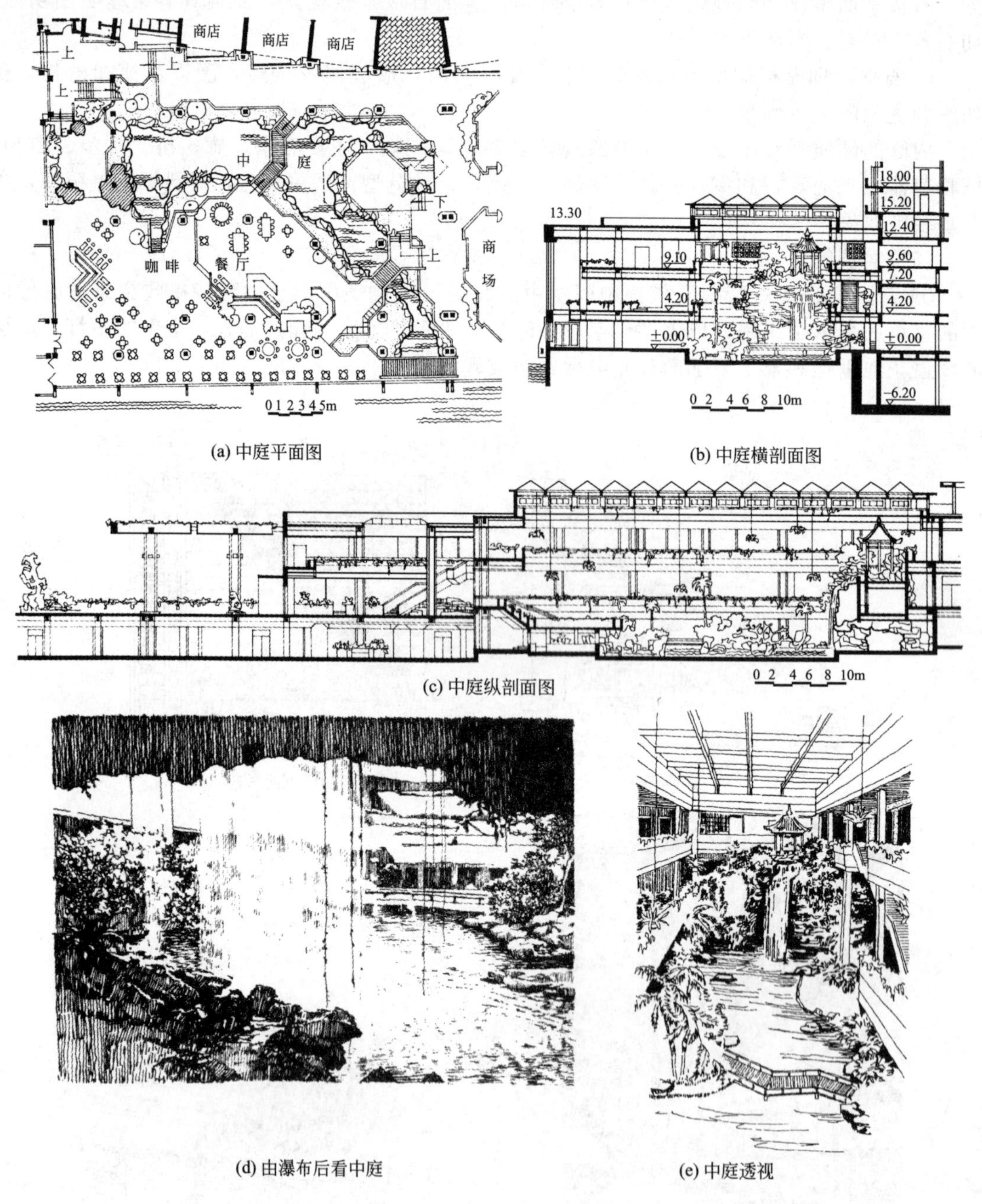

(a) 中庭平面图　(b) 中庭横剖面图

(c) 中庭纵剖面图

(d) 由瀑布后看中庭　(e) 中庭透视

图 2-2-2　广州白天鹅宾馆

2.2.2　建筑庭园中的园林景观

庭院就是由建筑和墙等围合的，具有一定景象的室外空间。庭院是室内空间的扩展和延伸，是人与自然的中介和过渡，一般和建筑的室内空间融为一体，二者有机地穿插、渗透、交流、结合，丰富了建筑的空间序列和层次。

2.2.2.1 建筑庭院的类别

庭院组合式建筑自古就有，庭院园林也是传统古典园林的典型特征，东西方建筑和园林发展史上都有例证，特别是在古代东方，从住宅到寺庙，从府衙到皇宫，都是由庭院串联成一体。庭院的形式、大小、功能多样，布局灵活，按照庭院在建筑中所处的位置分：

（1）前庭院

前庭院一般位于主入口处，或主体建筑之前，是建筑与外部城市道路相连的缓冲空间。这种庭院要求方便内外交通联系，隔绝外部环境的干扰，并帮助渲染主体建筑的某种氛围。

（2）内庭院

内庭院是指多院落建筑中的主庭院，一般是建筑组群中心，可以开展起居、休息、游赏、展示、交流等公共、半公共的活动，以近赏为主。

（3）后庭院

后庭院位于屋后，就是相对建筑主面的背面处，环境幽静。

（4）侧庭院

侧庭院在古时多属书斋院落，相对简洁清雅。

（5）小院

小院一般起到庭院组景和建筑空间的陪衬、点缀作用，并可改善局部环境，空间小的，又称为天井，景物要求精致，多为陈设，或盆景化。

按庭院景观地形环境分类：

① 山庭　依一定的山势作庭，围合庭院的建筑物也要适应竖向高差的变化，如建筑上下错层，廊为爬山廊或叠廊，园路改为蹬道等。

② 水庭　以水景取胜的庭院，一般水体面积比例较大，宜浅不宜深。

③ 水石庭　水景中用石多而显的庭院，或以水为主，或以石为主，或水石兼胜，形态灵活多样，景象丰富。

④ 平庭　地形平坦的庭院，可利用景墙、廊架、植物、假山等分割空间，丰富景观层次。

按庭院平面形式分类：

① 对称式庭院　有单院落和多院落之分。一般依据建筑轴线展开，对称布局，烘托建筑庄重、肃穆、宁静、平和的气氛。

② 自由式庭院　也有单院落和多院落之分。构图手法灵活自如，不拘一格，显得轻巧而富于空间变化。

2.2.2.2 建筑庭院的构景

庭院是建筑的有机组成部分，其布局构景要和建筑融为一体，具体手法如下。

（1）封闭与隔断

庭院一般意在创造独立于外部环境的园林景观空间，具有内向性特点，将庭院围合成封闭程度高的空间，是庭院构景的常用方法，往往根据建筑的功能需要，调整分割界面的封闭度，以达到不同的景观感受。围合封闭的方式主要有建筑与建筑组合围闭、墙垣与建筑围闭、山石崖壁等与建筑围闭。

（2）渗透与延伸

庭院空间相对狭小局促，若外部环境景物较好，或相邻空间有景可赏，就可在分割空间的界面上开景窗、景门等洞口，通过借景、透景、框景、对景等手段，冲破庭院空间的局限，使园林景观与其它相邻的环境景观交流、渗透、延展，以获得扩大空间、拓展视野、增加景观层次、丰富景观画面的效果。具体手法有：一是利用廊架为景观空间流动的媒介，二是利用景窗有选择地引入外部景观，三是利用门洞引伸导向性、穿透性景观。

2.2.2.3 实例分析

（1）苏州网师园

网师园为苏州四大名园之一，现面积约 10 亩（1 亩＝666.67 平方米）（包括原住宅），其中园林部分占地约 8 余亩，内花园占地 5 亩，其中水池 447m^2。网师园东宅西园，有序结合，园内有园，景外有景，布局严谨，主次分明又富于变化，小中见大，精巧幽深。中部为主园，以池水为中心，水面聚而不分，使池面有水广波延和源头不尽之意，暗合渔隐主题。建筑虽多却不见拥塞，山池虽小，却不觉局促，全园清新而有韵味，因此被认为是苏州古典园林中以少胜多的典范（图 2-2-3）。

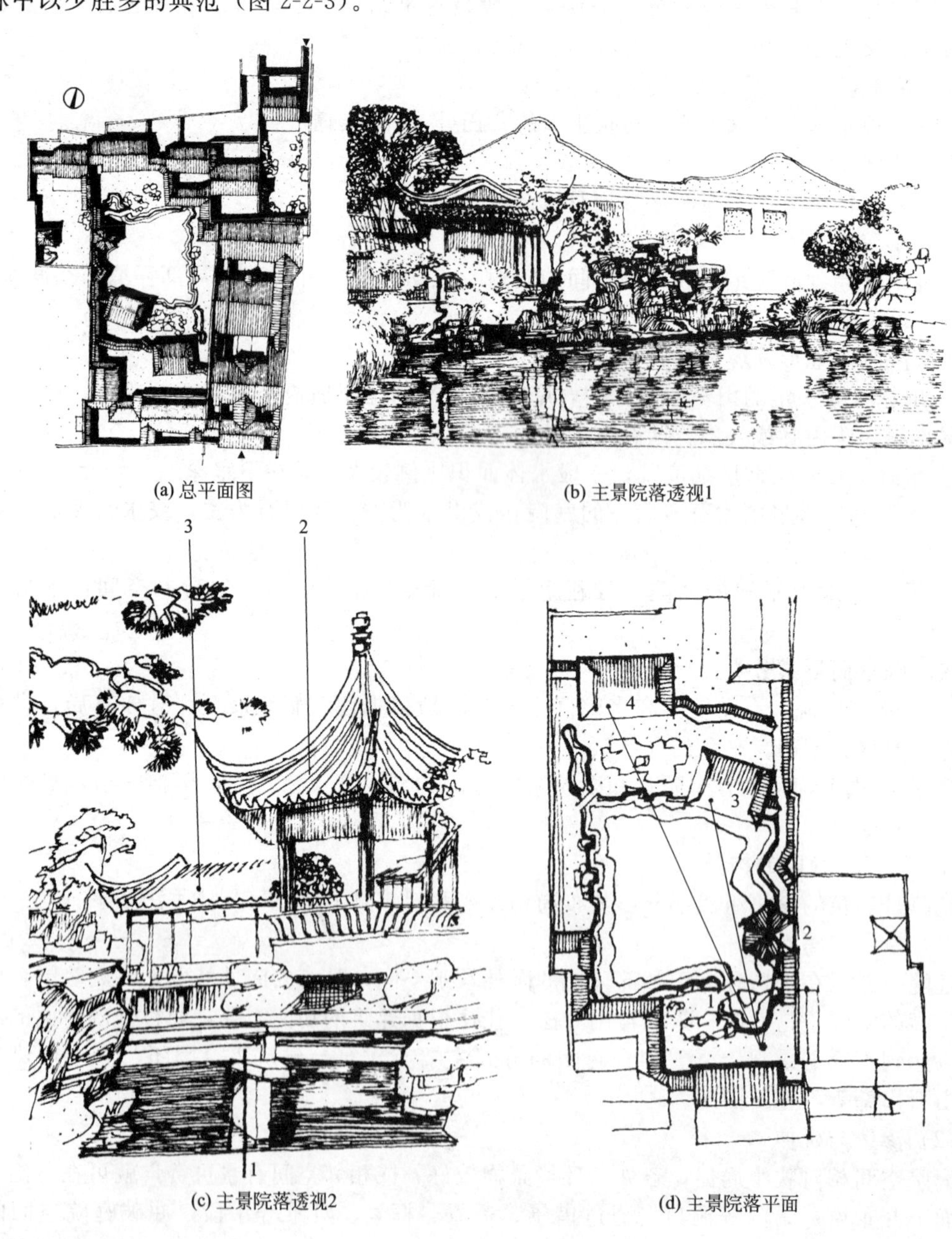

图 2-2-3 苏州网师园

（2）北京香山饭店

香山饭店由著名建筑设计师贝聿铭先生主持设计，坐落北京西山香山公园内，自然环境得天独厚，为了保留珍贵的古树和呼应周边的自然环境，整体建筑依凭山势，蜿蜒曲折，院落相间。香山饭店有大小数十个庭院，后花园是主要庭院，巧置有“曲水流觞”等景，三面被建筑所包围，朝南的一面敞开，远山近水，叠石小径，林木青青，既有江南园林精巧的特点，又有北方园林开阔的空间。整个香山饭店无论室内室外，都十分统一，和谐高雅，富有传统建筑、园林韵味（图 2-2-4）。

(a) 总平面图　　(b) 四季厅

图 2-2-4　北京香山饭店

2.3　风景园林建筑制图基本规范

2.3.1　风景园林建筑制图的基本认知

2.3.1.1　建筑制图的任务

① 研究正投影的基本理论；

② 培养绘制和阅读工程图的能力；

③ 研究常用的图解方法，培养图解能力；

④ 通过绘图、读图和图解的实践，培养空间想象能力；

⑤ 培养用图形软件绘制图样的初步能力；

⑥ 培养认真、细致、一丝不苟的工作作风。

2.3.1.2　建筑施工图

（1）概念

建筑施工图：简称建施。主要用来表示房屋的规划位置、外部造型、内部布置、内外装修、细部构造、固定设施及施工要求等。它包括施工图首页、总平面图、平面图、立面图、剖面图和详图。

建筑施工图是根据正投影原理和有关的专业知识绘制的一种工程图样，其主要任务是表示建筑的内外形状、平面布置、楼层层高以及建筑构造与装饰做法等，是指导土木建筑施工的重要依据之一。

（2）分类

① 设计说明　是整个设计的思想、内容、构造、材料、样式、颜色等的介绍。

② 图纸目录　图纸目录主要说明该套图纸有几类，各类图纸有几张，每张图纸的图号、图名、图幅大小；如采用标准图，应写出所使用标准图的名称、所在的标准图集和图号或页次。编制图纸目录的目的是为了便于查找图纸。

③ 总平面图　是指拟建工程附近一定范围内的建筑物、构筑物及其自然状况，用水平投影方法和相应的图例画出的图样。反映原有与新建房屋的平面形状、所在位置、朝向、标高、占地面积和临界情况等内容，是新建房屋定位、施工放线、土方施工及施工总平面图设计和其它工程管线设置的依据。

总平面图由于所要表示的区域范围较大，图例一般为 1∶500、1∶1000、1∶2000 等，一律以米（m）为单位。

④ 建筑平面图　简称平面图，将建筑物或构筑物的墙、门窗、楼梯、地面及内部功能布局等建筑情况，用水平投影的方法和相应的图例表现出来，是假想在房屋的窗台位置作水平剖切后，移去上面部分作剩余部分的正投影而得到的水平剖面图。它表示建筑的平面形式、大小尺寸、房间布置、建筑入口、门厅及楼梯布置的情况，标明墙、柱的位置、厚度和所用材料以及门窗的类型、位置等情况。

⑤ 建筑立面图　是指在与房屋立面相平行的投影面上所做的正投影图，简称立面图。其中反映主要出入口或比较显著地反映出房屋外貌特征的那一面立面图，称为正立面图。其余的立面图相应称为背立面图、侧立面图。通常也可按房屋朝向来命名，如南北立面图、东西立面图。

⑥ 建筑剖面图　简称剖面图，是用一个或多个垂直于外墙轴线的铅垂剖切面，将房屋剖开所得的投影图。用以表示房屋内部的结构或构造形式、分层情况和各部位的联系、材料及其高度等，是与平、立面图相互配合的不可缺少的重要图样之一。

⑦ 建筑详图　建筑详图是建筑细部的施工图，是建筑平面图、立面图、剖面图的补充。如楼梯详图等。

2.3.1.3　注意事项

建筑施工图是建筑施工的重要依据，往往由于图纸上一条线的疏忽或一个数字的差错，结果造成严重的返工浪费。所以应从初学制图开始，就要做到严格要求自己，在逐步提高绘图速度、达到又快又好的同时，养成认真负责、一丝不苟和力求符合国家标准的工作态度。

2.3.2　建筑制图规格与工具使用方法

目前，虽然计算机绘图技术正在逐渐步入设计、生产和科研等各个领域，但工程技术人员手工绘图的基本技能还是要具备的。

手工绘制工程图样通常是先在绘图纸上用绘图铅笔按规定方法和绘制图稿，再在半透明的描图纸上用描图笔将图稿描正，或直接画图稿并描正。描好的图样称为底图。用晒图机或复印机将底图上的图样翻晒或复印在图纸上，就得到了一般常见的工程图纸（也称蓝图）。

下面简单介绍制图工具和制图仪器的用法。

① 图板　板面要求光滑平整，四周工作边要平直（图 2-3-1）。

② 丁字尺　丁字尺主要用于绘制水平线。使用方法是绘图前用左手握尺头并让尺头紧靠图板左侧。使用时由上到下滑动以绘制水平线条、线条从左至右进行绘制。

注意：尺头不能靠图板的其它边缘滑动画线。丁字尺不用时应挂起来，以免尺身翘起变形（图 2-3-2）。

③ 三角板　由两块直角形三角板组成一幅，其中一块的两个锐角都为 45°，另一块两个锐角分别为 30°和 60°。用三角板和丁字尺配合，可画出 15°倍角的斜线，与另外三角板配合可画出平行线（图 2-3-3）。

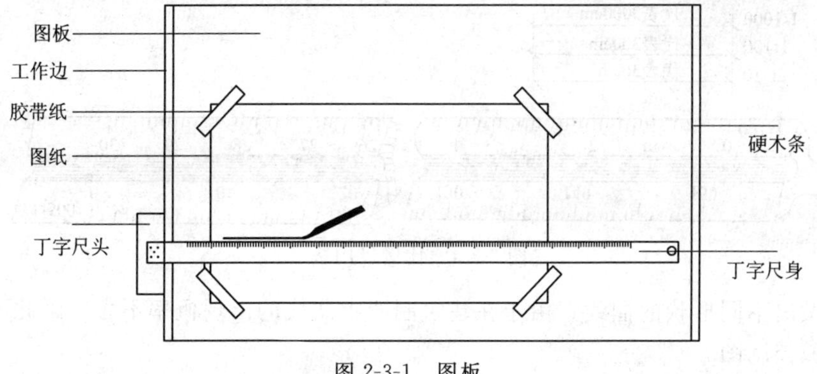

图 2-3-1　图板

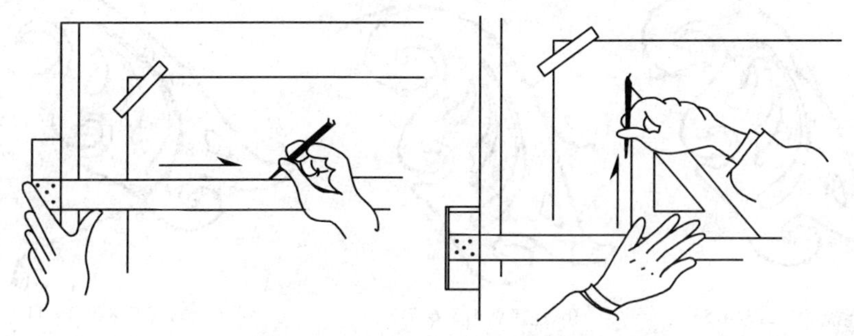
图 2-3-2　图板、丁字尺正确用法

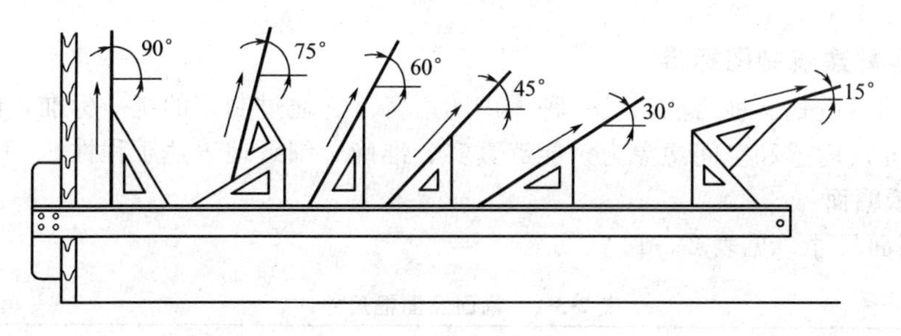

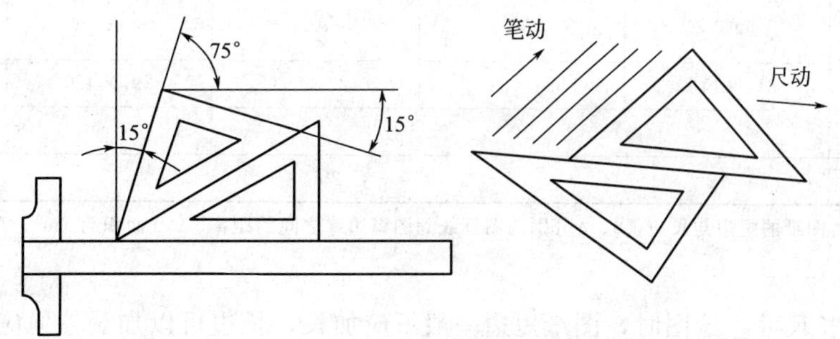

图 2-3-3　三角板与丁字尺用法

④ 比例尺　用于放大（读图时）或缩小（绘图时）实际尺寸的一种尺子。最常用的为三棱比例尺，常用比例有 1∶10、1∶100、1∶1000 等（图 2-3-4）。

⑤ 圆规与分规　用来画圆和圆弧的工具。

⑥ 铅笔　分为软铅笔（用 B 表示，B 数越大铅越软如 2B、B）、硬铅笔（用 H 表示，H 数越大铅越硬如 H、2H）和中性铅笔（用 HB 表示），其中中性铅笔也是绘图最常用的铅笔。

⑦ 曲线板　曲线板是用以绘制不规则线条的必要工具，如图 2-3-5 所示，连接曲线板上

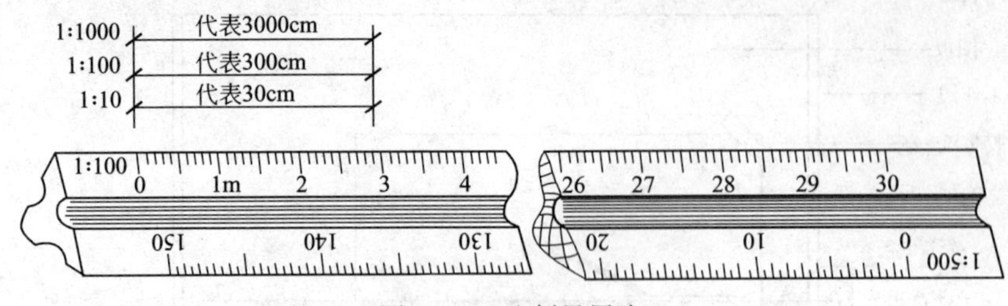

图 2-3-4　比例尺用法

各个点可以做出不同形状的曲线，由于在建筑制图中曲线的出现概率不大，因此不常用，主要应用于机械类制图。

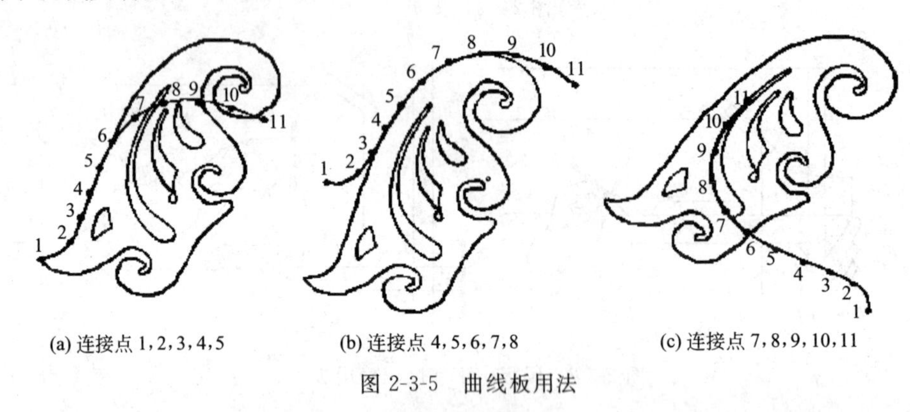

(a) 连接点 1,2,3,4,5　　(b) 连接点 4,5,6,7,8　　(c) 连接点 7,8,9,10,11

图 2-3-5　曲线板用法

2.3.3　风景园林建筑制图标准

专业制图的本质是一种语法，是一种无声的语言。它通过制定的统一标准，能够实现识图和绘图、培养尺度感和空间想象力，能够真实、准确、细致地表达工程性。

2.3.3.1　图纸幅面

① 图纸幅面尺寸　见表 2-3-1。

表 2-3-1　幅面及图框尺寸　　单位：mm

幅面代号 / 尺寸代号	A0	A1	A2	A3	A4
$b \times l$	841×1189	594×841	420×594	297×420	210×297
c	10			5	
a	25				

注：b、l 分别为图纸的短边与长边，a、c 分别为图框线到图幅边缘之间的距离。A0 面积为 $1m^2$，A1 是 A0 的对开，其他以此类推。

② 图纸加长尺寸　绘图时，图纸短边一般不应加长，长边可以加长，但应符合表 2-3-2 的规定。

表 2-3-2　幅面及图纸加长尺寸　　单位：mm

幅面代号	长边尺寸	长边加长后尺寸
A0	1189	1338 1487 16351784 1932 2081 2230 2378
A1	841	1051 1261 1472 1682 1892 2102
A2	594	743 892 1041 1189 1338 1487 1635 1784 1932 2081
A3	420	631 841 1051 1261 1472 1682 1892

一个工程设计中，每个专业所使用的图纸，一般不宜多于两种幅面，不含目录及表格所采用的 A4 幅面。

③ 图纸线型　见表 2-3-3。

表 2-3-3　图纸幅面及应用线型

幅面代号	图框线	标题栏外框线	标题栏分格线、会签栏线
A0,A1	1.4	0.7	0.35
A2,A3,A4	1.0	0.7	0.35

④ 线型　有粗实线、中实线、细实线，比例见表 2-3-4。

表 2-3-4　线型比例

线宽比	线宽组					
b	2.0	1.4	1.0	0.7	0.5	0.35
0.5*b*	1.0	0.7	0.5	0.35	0.25	0.18
0.25*b*	0.5	0.35	0.25	0.18		

⑤ 图纸形式　图纸通常有两种形式：横式和立式。图纸以短边作为垂直边的称为横式，如图 2-3-6 所示；图纸以短边作为水平边的称为立式，如图 2-3-7 所示。一般 A0～A3 号图纸宜横式使用，必要时，也可立式使用。

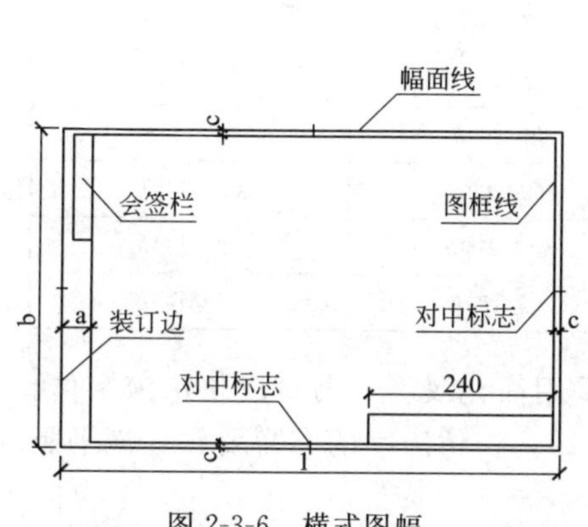

图 2-3-6　横式图幅

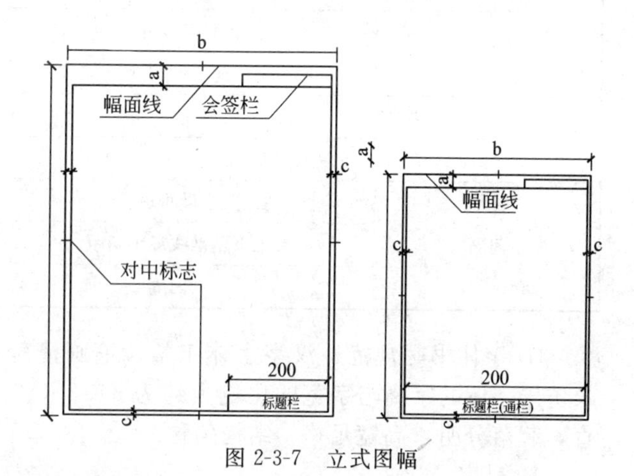

图 2-3-7　立式图幅

⑥ 标题栏和会签栏　图纸的标题栏（简称图标）和会签栏的位置、尺寸及内容如图 2-3-8所示。

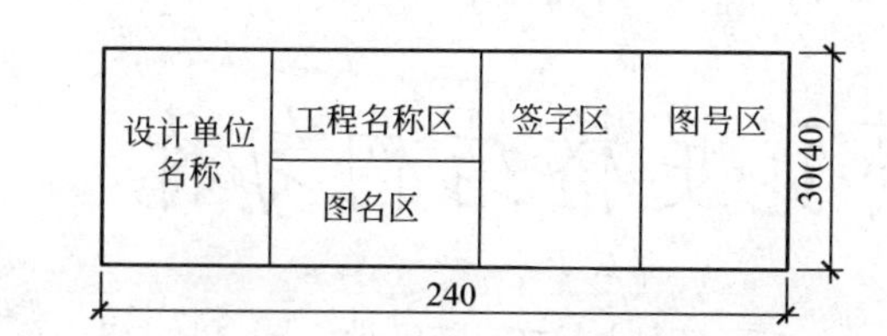

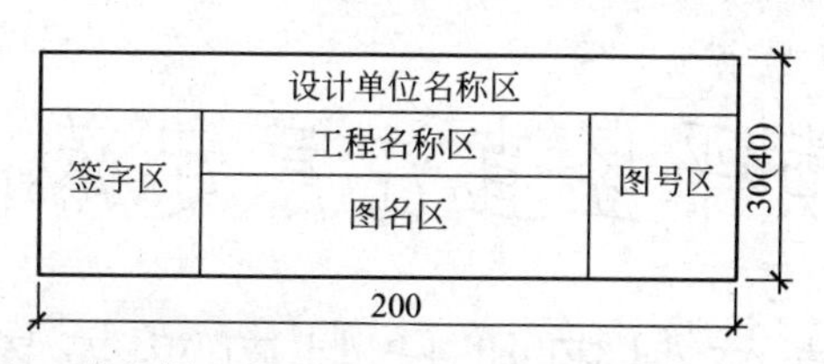

图 2-3-8　标题栏（左）会签栏（右）

2.3.3.2　比例

图样的比例，应为图形与实物相对应的线性尺寸之比。比例的大小是指其比值的大小。比例宜注写在图名的右侧，字的基准应取平。比例的字高宜比图名的字高小一号或二号（图 2-3-9）。

平面图 1:100　　⑥ 1:20

图 2-3-9　比例标注方法

绘制图样时，应尽量采用一般常用的比例（表 2-3-5）。

表 2-3-5　图纸常用比例

常用比例	1∶1	1∶2	1∶5	1∶10	1∶20	1∶50
	1∶100	1∶200	1∶500	1∶1000	1∶2000	1∶5000
	1∶10000	1∶20000	1∶50000	1∶100000	1∶200000	
可用比例	1∶3	1∶15	1∶25	1∶30	1∶40	1∶60
	1∶150	1∶250	1∶300	1∶400	1∶600	1∶1500
	1∶2500	1∶3000	1∶4000	1∶6000	1∶15000	1∶30000

2.3.3.3　**字体**

汉字、数字、字母等字体的大小以字号来表示，字号就是字体的高度（表 2-3-6）。

表 2-3-6　字号与字间隔

书写格式		一般字体	窄字体
字母高	大写字母高度	h	h
	小写字母高度(上下均无延伸)	$(7/10)h$	$(10/14)h$
小写字母向上或向下延伸部分		$(3/10)h$	$(4/14)h$
笔画宽度		$(1/10)h$	$(1/14)h$
间隔	字母间距	$(2/10)h$	$(20/14)h$
	上下基准线最小间距	$(14/10)h$	$(20/14)h$
	词间隔	$(6/10)h$	$(60/14)h$

① 字体书写规范　汉字字体工整、笔画清楚，应采用简化汉字，书写成长仿宋字体。长仿宋字体的字高与字宽的比例大约为 3∶2（或 1∶0.7），长仿宋字的书写要领：横平竖直，起落分明，高宽足格，结构匀称。

10 号字

字体工整笔画清楚间隔均匀排列整齐

7 号字

横平竖直注意起落高宽足格结构匀称

5 号字

建筑制图机械制图平面图立面图剖面图节点详图

3.5 号字

拉丁字母阿拉伯数字罗马数字希腊字母注意字体高宽比例

② 数字、字母书写规范　拉丁字母及数字（包括阿拉伯数字和罗马数字及少数希腊字

母）有一般字体和窄字体两种，其中又有直体字和斜体字之分。

拉丁字母、阿拉伯数字与罗马数字的字高，应不少于 2.5mm。

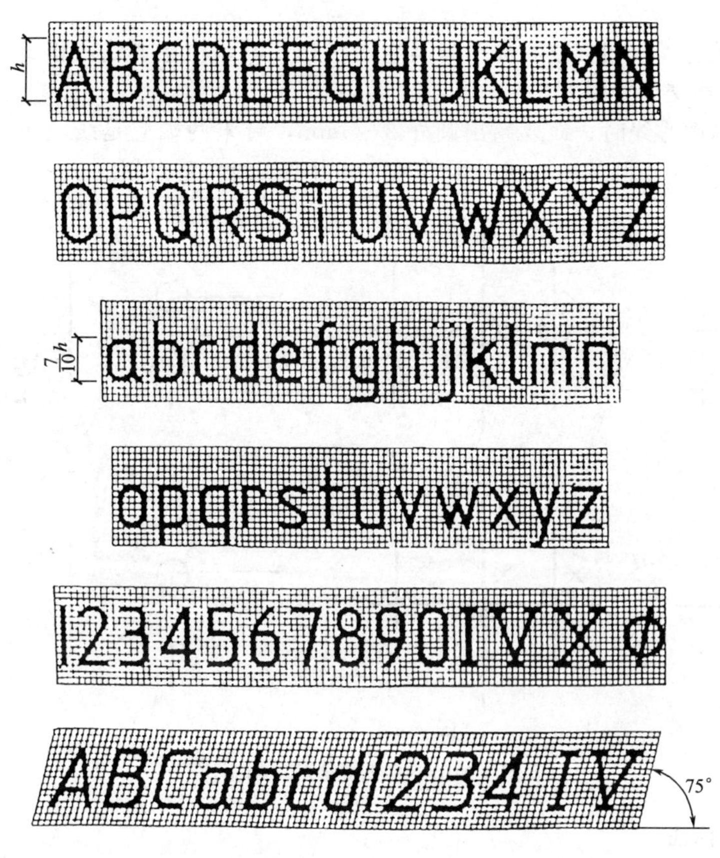

2.3.3.4　图线

根据表现内容的不同，图线的线型样式和粗细有不同的表现方法，要严格按照规范进行绘制（表 2-3-7）。

表 2-3-7　线型及应用对照

名称		线型	线宽	一般用途
实线	粗		b	主要可见轮廓线
	中		$0.5b$	可见轮廓线
	细		$0.25b$	可见轮廓线，图例线
虚线	粗		b	见各有关专业制图标准
	中		$0.5b$	不可见轮廓线
	细		$0.25b$	不可见轮廓线，图例线
单点长画线	粗		b	见各有关专业制图标准
	中		$0.5b$	见各有关专业制图标准
	细		$0.25b$	中心线，对称线等
双点长画线	粗		b	见各有关专业制图标准
	中		$0.5b$	见各有关专业制图标准
	细		$0.25b$	假想轮廓线，成型前原始轮廓线

图线的画法（图 2-3-10）：

① 同一图样中，同类线的宽度应保持一致，虚线、点划线、双点划线各自线段的长短和间隙应一致。

② 绘制虚线与虚线相交或者虚线与其它图线相交时，注意要线段相交，在虚线是实线的延长线时，在相交处要断开。

③ 绘制圆的中心线时，线要超出圆外 2～5mm，首末两端应是线段而不是点，圆心是线段的交点，当绘制小圆的中心线有困难时，可由细实线代替点划线。

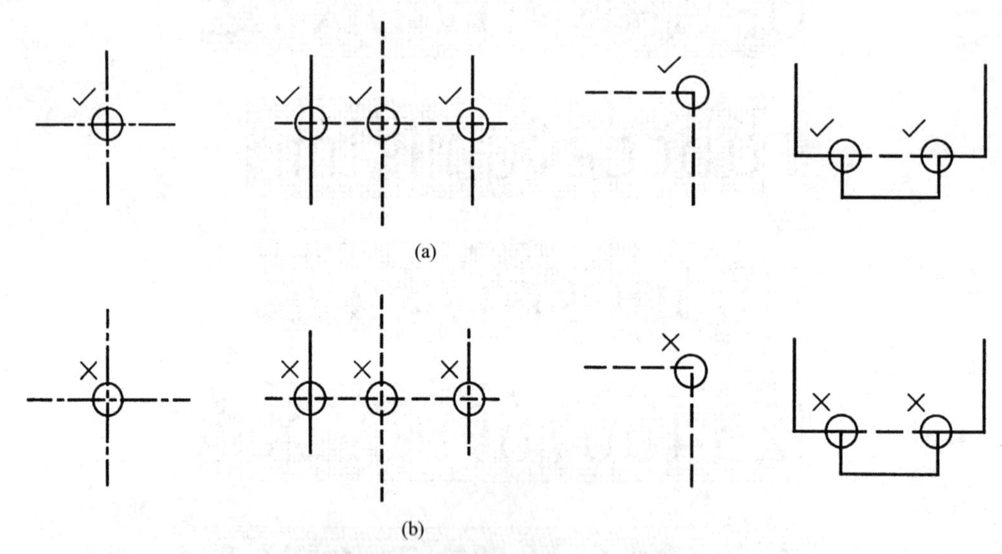

图 2-3-10　图线交接的正确画法

2.3.3.5　**尺寸标注**

图纸中的图形仅仅确定了物体的形状，而其真实的大小是靠尺寸来确定的，因此，尺寸标注是图纸中的另一个重要内容，也是制图工作中极为重要的一环，必须要认真细致，一丝不苟，反复核实，不能出现一点错误。

基本原则：

① 物体的真实大小应以图纸上所标注的尺寸数值为依据，与图样的大小及绘图的准确性无关。

② 图样中（包括技术要求和其它说明）的尺寸，以 mm 为单位，不需标注计量单位的代号或名称，如采用其他单位，则必须注明相应计量单位的代号或名称。

③ 图样中所注的尺寸，为该图样所示物体的最后完工尺寸，否则，应另加说明。

④ 物体的每一个尺寸，一般只标注一次，并应标注在反映该结构最清晰的图形上。

2.3.3.6　**尺寸的组成（标注尺寸的四要素）**

一个完整的尺寸标注是由尺寸界线、尺寸线、标注点和尺寸数字所组成的，常称为尺寸标注的四要素（图 2-3-11、图 2-3-12）。

① 尺寸界线　表示尺寸的起止。用细实线画出并垂直于尺寸线。在平面图中，尺寸界线应从所标注的建筑轴线引下，长的一端对应建筑（一般为 7～10mm），短的一端伸出尺寸线外 2～3mm，在其它图中有时也可以借用轮廓线、中心线等作为尺寸线。

② 尺寸线　必须用细实线单独画出，不能用其它图线代替，也不能画在其它图线的延长线上；标注线性尺寸时，尺寸线必须与所标注的尺寸方向一致；当需要有几条相互平行的

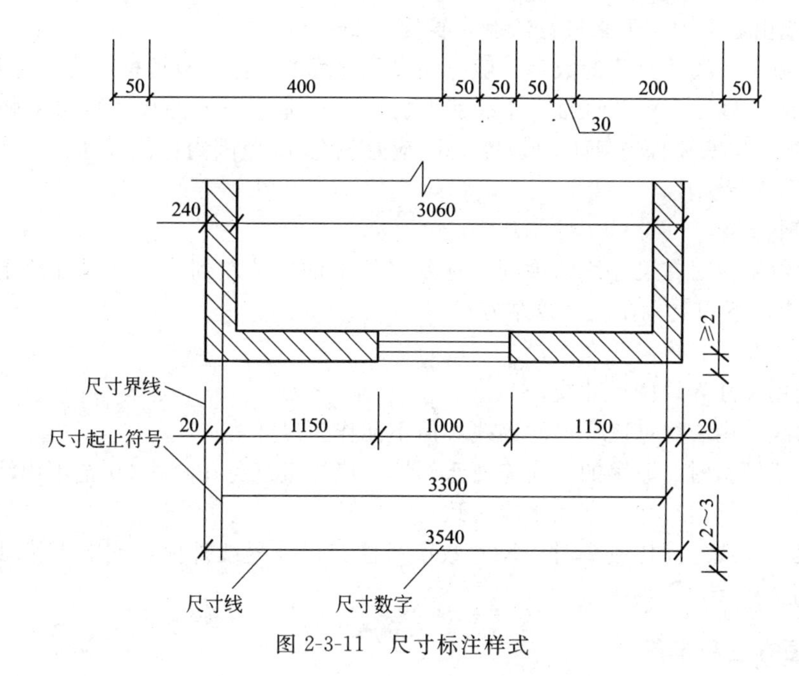

图 2-3-11　尺寸标注样式

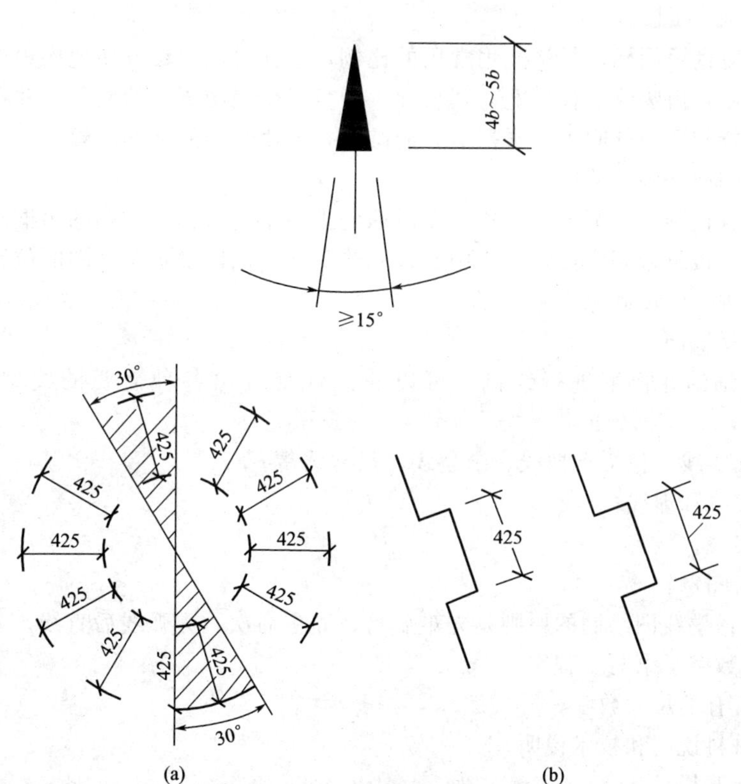

图 2-3-12　尺寸数字的注写方向

尺寸线时，要由内向外进行标注，即大尺寸要标注在小尺寸的外面，尺寸线的间隔应一致（为 2～3mm），以免尺寸线与尺寸界线相交；在圆或圆弧上标注直径尺寸时，尺寸线一般应通过圆心或其直径的延长线上。

③ 标注点　是限定尺寸数字的界点。表示两个标注点之间的长度，与尺寸界线无关。

一般用中实线由右上到左下来进行绘制，长度为 2～3mm。

④ 尺寸数字　线性尺寸的数字一般标注在尺寸线的上方，也可标注在尺寸线的中断处。a. 尺寸数字的书写，水平方向的尺寸数字头朝上；b. 垂直方向的尺寸数字头朝左；c. 倾斜方向的尺寸数字字头要保持朝上的趋势；d. 应避免在 30°范围内标注尺寸，当实在无法避免时，可按上图进行标注。

注意事项：

① 尺寸数字应写在尺寸线的中间，在水平线上的应从左到右写在尺寸线上方，在铅直尺寸线上，应从下到上写在尺寸线左方；

② 长尺寸在外，短尺寸在内；

③ 不能用尺寸界线做尺寸线；

④ 轮廓线、中心线可以作尺寸界线，但不能作为尺寸线；

⑤ 尺寸线倾斜时，数字的方向应便于阅读，应尽量避免在斜线 30°范围内注写尺寸；

⑥ 同一张图纸内尺寸数字大小应一致；

⑦ 两尺寸界线之间比较窄时，尺寸数字可注在尺寸界线外侧，或上下错开，或用引出线引出再标注。

2.3.4　制图方法和步骤

(1) 选比例、定图幅

画图时，应遵照国标，尽量选用常用的比例，这样可以比较方便地构想出物体的真实大小。选定比例后，由物体的长、宽、高尺寸，计算三个视图所占的面积，并在视图之间留出标注尺寸的位置和适当的间距。根据估算的结果，选用恰当的标准图幅。

(2) 布置图面、画铅笔稿

是指确定各视图在图纸上的位置。布图前先把图纸的边框和标题的边框画出来。各视图的位置要匀称。接下来画定位轴线、中心线和轮廓线。用以确定每个图的位置和大小。画完后还要重新审视全图以确保正确。

(3) 绘制墨线图

用不同粗细的针管笔进行绘制，可以一次性地画出各种需要的线型。墨线稿的顺序是：

① 先画细实线，包括点划线、断裂线、尺寸线等；

② 画中实线和虚线；

③ 画粗实线；

④ 画材料图例。

注意事项：墨线图绘制的原则是先难后易、先主后次、先弧线后直线。

(4) 标注数字、书写工程字

① 标注所有的尺寸数字；

② 书写材料说明和技术说明；

③ 书写标题栏。

(5) 绘制图样过程（图 2-3-13）

① 根据比例用细实线先画出定位轴线和中心线，确定图的位置和大小；

② 依次画出墙体（粗实线）和门窗（中实线）；

③ 用细实线画出家具或窗台等设施，如有剖切线以上的构件要用虚线表示；

④ 依次进行标注。

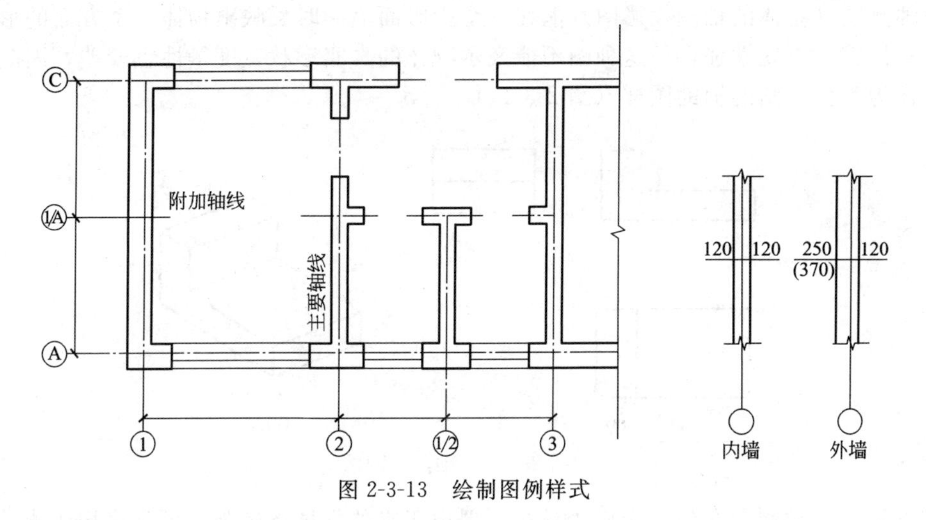

图 2-3-13　绘制图例样式

（6）建筑制图常用图例　见表 2-3-8。

表 2-3-8　建筑制图常用图例

名称	图例	说明	名称	图例	说明
新建的建筑物		1. 上图为不画出入口图例，下图为画出入口图例； 2. 需要时，可以在图形内右上角以点数或数字（高层宜用数字）表示层数； 3. 用粗实线表示	新建的道路	6% 101.000 R9 150.000	1. R9 表示道路转弯半径为 9m，150.00 表示路面中心高度，6% 表示 6% 的纵向坡度，101.00 表示变坡点间距； 2. 图中斜线为道路断面示意，根据实际需要绘制
原有的建筑物		1. 应注明拟利用者 2. 用细实线表示	原有的道路		
计划扩建预留地或建筑物		用中虚线表示	计划扩建的道路		
拆除的建筑物		用细实线表示	相对标高	154.200	
挡土墙		被挡土在突出的一侧	绝对标高	143.000	
围墙及大门		1. 上图为砖石、混凝土或金属材料的围墙，下图为镀锌铁丝网篱笆等围墙； 2. 如仅表示围墙时不画大门	填挖坡度		边坡较长时，可在一端或两端局部表示
			护坡		护坡很长时，可在一端或两端局部表示

2.3.5　轴测图

轴测图是在工程上广泛应用的正投影图（三视图），可以准确完整地表达出立体的真实形状和大小。即它作图简便，度量性好，这是它最大的优点，因此在实践中得到广泛应用。但是它立体感差，对于缺乏读图知识的人难以看懂。

而轴测图（立体的轴测投影图）能在一个投影面上同时反映出物体三个方面的形状，所以富有立体感，直观性强，但这种图不能表示物体的真实形状，度量性也较差，因此，常用轴测图作为正投影图的辅助图样（图 2-3-14）。

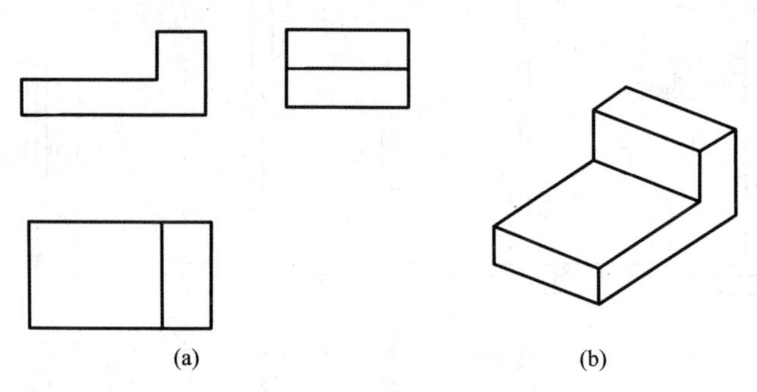

图 2-3-14 轴测图画法

由此可知，轴测图在生产中应用较少，但由于它的立体感较强，通常多用于表达比较复杂的空间结构、传动原理、空间管路的布置和机器设备的外形图等方面（具体画法见画法几何）。

2.4 风景园林建筑设计基础知识

2.4.1 风景园林建筑设计基本方法

建筑是人为营造的一个有别于自然环境的、适宜的人工环境，风景园林建筑由于自身的特殊性，在设计的全过程中与其它建筑有所不同。

2.4.1.1 风景园林建筑设计的基本内容

2.4.1.1.1 前期的立意与选址

风景园林建筑设计与风景园林规划设计往往是两个层面的设计，但紧密相连，不可分割，往往是先有园林景观整体规划设计，初步明确风景园林建筑的功能、位置、形式、规模，再进一步完成风景园林建筑设计，因而，在景观规划设计层面，风景园林建筑要有好的、符合景观总体布局的立意和选址。

所谓立意就是设计者根据园林景观功能需要、艺术要求、环境条件等因素，经过综合考虑所产生出来的风景园林建筑总的设计意图和构思。所谓意在笔先，重在创新，关系到设计的思路，又是设计过程采用何种组景、构图手法的依据，是创意设计的起点。

（1）风景园林建筑设计立意的注意要点

① 遵循园林景观规划设计的客观规律，突出追求艺术意境的创造。

一切艺术，包括风景园林艺术，都应以其有无意境来判断其格调的高低、艺术价值的大和小。造园中园林景观建筑所创设的各种物象的场景和游览者思想感情的交融，二者产生的共鸣，称其园林景观建筑的意境，是创作者和欣赏者感情的倾注和升华，是所要达到的“景外之景，物外之象”的最高境界。

② 以建筑的功能为基础，强调构思立意的有机性、合理性。

建筑是供人使用的，风景园林建筑也不例外，因而在设计前期的构思立意必须满足建筑的自身功能，使建筑从功能、空间组合、形态造型到周边景物浑然一体，否则立意就不成立。

③ 以环境条件为基础，强化园林景观建筑立意的环境意识。

环境条件包括自然环境条件和人文环境条件。《园冶》中云："景到随机"、"因境而成"、"得景随形"。园林景观建筑设计就是造景，立意构思时必然要善于改造和利用环境条件。

风景园林建筑有组景和观景的特殊需要，且往往是园区的主景，因而，在景观规划布局阶段，建筑的选址显得尤为重要，所谓相地合宜，构园得体。

(2) 选址的注意要点

① 选址要遵循因地制宜的原则，提倡"自成天然之趣，不烦人事之功"。

在山中建园林建筑，常选址于山顶、山腰、可顺应地势起伏变化之处，以平衡山形，突出山陡、峰奇、境险等之意。在有水面或水景的地方建园林建筑，常选址于临水边，或跨水、或浮水等，以求踏波逐浪的飘浮之感。平地建风景园林建筑，则要结合园林景观建设，利用挖湖堆山创造地形或隐藏于植物中或位于景点中心位置起标志性作用。在林中建造园林建筑，可选择建在穿林而过的道路边稀疏之处，尽可能不破坏树林。

② 选址要充分利用和保护周边的自然环境，摒弃不利因素。

要珍视一切饶有兴趣的自然景物，一奇树、一美石、一清泉、甚至一个古迹传奇。

③ 选址注意了解相关的地理、气候、水文等信息，也就是了解环境的自然限制条件。

园林建筑选址相地，应对当地的气候特征、温度、土壤、水质、风向、方位等要详细了解，以防在设计中违背自然客观规律，造成不可挽回的损失。

2.4.1.1.2 空间的组织和布局

风景园林建筑的功能、流线，与周边环境的关系，以及群体组合造型等设计核心问题都要通过建筑空间的组织和布局研究来解决，在景观规划设计和建筑设计阶段都有涉及，是风景园林建筑设计的重要环节。

(1) 风景园林建筑空间的组织形式

① 由建筑围合的内向性空间，以建筑、走廊、围墙四面环绕，所有建筑均面向内而背朝外，形成以内院为中心的内向、静雅的空间形态。有天井式空间、庭院空间、小游园空间。

② 由建筑组合的外向性空间，建筑物均背向内而面朝外，形成一种以离心或扩散为特点的外向的格局形式。这样的建筑群一般能给人一种开敞的感觉。一是由独立的建筑物和环境结合，形成的开放性空间。这种空间形式多为以亭、榭之类的单体建筑布置于显著的地段上，起着点景和观景的双重作用。二是由建筑群自由组合的开放性空间，一般规模较大。

③ 混合式空间组合，园林景观建筑的组合为部分内向、部分外向或内向与外向相结合的布局形式。这种空间兼有内向性空间和外向性空间两方面的优点，既具有比较安静，以近观近赏为主的小空间环境，又可通过一定的建筑部位观赏到外界环境景色。

(2) 风景园林建筑空间的处理手法

风景园林建筑空间的处理手法丰富多彩，主要包括空间的对比、空间的渗透以及空间的序列几个方面。

① 空间的对比　主要包括大小、形状、虚实、明暗和建筑与自然景物等几个方面，空间大小的对比是巧妙利用空间大小对比可以取得小中见大的艺术效果。方法是采用"欲扬先抑"的原则。空间形状的对比是单体建筑之间的形状对比，或是建筑围合的庭院空间的形状对比。空间明暗虚实的对比是利用空间明暗的反差以求空间的变化和突出重点。建筑与自然景物的对比是规整的人工物与自然物的有机形态的相互映衬，以突出构图重点。

② 空间的渗透与层次　一是相邻空间的渗透与层次：主要手法有对景、流动框景、利用空廊互相渗透和利用曲折、错落变化增添空间层次。对景指在特定的试点，通过门、窗、洞口，从一空间眺望另一空间的特定景色。流动景框指人们在流动中通过连续变化的"景

框”观景，从而获得多种变化着的画面，取得扩大空间的艺术效果。利用空廊互相渗透：是用空廊分隔空间可以使两个相邻空间通过互相渗透，把对方空间的景色吸收进来以丰富画面，增添空间层次和取得交错变化的效果。利用曲折、错落变化增添空间层次是采用高低起伏的曲廊、折墙、曲桥、弯曲的池岸等手法或将各种建筑物和园林环境加以曲折错落布置，以求获得丰富的空间层次和变化。二是室内外空间的渗透：室外景观直接引入室内或建筑的局部采用夸张的手法突出室外的园林空间。三是借景：把各种有形、声、色、香上能增添艺术情趣、丰富画面构图的园外因素引入本园内，使园内空间的景色更具特色和变化，主要有借形、借声、借色、借香几种。

2.4.1.1.3 设计的美学原则

建筑一般有艺术品质的要求，特别是风景园林建筑具有构景的功能，要求其设计过程中，平面构成和立体造型必须符合美学原则，以创造美好意境。这些美学原则不是缥缈的、难以把握的，而是可以体验感悟的。

(1) 风景园林建筑整体上要求统一中求变化。

风景园林建筑设计中获得统一的方式有造型上、结构上、风格上的形式统一，如颐和园佛香阁建筑群；材料的质感、色彩、搭配上的统一；通过明确主次关系达到群体统一。统一不表示单一，而是获得整体感，并突出变化。风景园林建筑还需要协调与自然环境统一与变化的关系。

(2) 风景园林建筑通过对比与微差突出形态的主从次序。

风景园林建筑设计中常用对比方式强调单体或局部的形象，起到夸张、醒目的作用，以给人留下深刻印象。这个不仅可以是单体与群体之间，也可以是单体与单体之间，或局部与局部之间的对比。常常借助实墙与门窗洞口之间的虚实对比，获得暗示和引导作用。

(3) 风景园林建筑构图要均衡与稳定。

风景园林建筑往往随高就势，因而，设计时要注意建筑自身，以及建筑与山石、水体、植物形成重心稳定，形式无偏重，能使视觉心理平衡的景观构图。

(4) 风景园林建筑局部强调韵律与节奏的变化。

韵律是艺术形式单元规律性重复排列而形成的均匀和谐的秩序。韵律形成的根本原因是重复。风景园林建筑往往是组合形态，局部装饰和构件难免重复，通过精心设计，形成有序列感的组合，获得节奏上的变化，给人以美感。

(5) 风景园林建筑要有宜人的比例与尺度。

比例一般影响建筑整体造型是否协调一致，通过推敲建筑的结构形制、材料特点、功能要求、审美习惯来明确比例，风景园林建筑除自身比例外，还要研究园林景观中的山石、水体、花木等的大小、形状的比例，使建筑与周围环境浑然一体。

尺度就是艺术作品整体在形式上的均匀、协调和与人的尺寸对比关系。在风景园林建筑中尺度就是建筑空间各组成部分之间，以及与自然物体在大小形态的比较，功能、审美和环境特点是决定建筑尺度的依据。风景园林建筑特有的游憩性，一般要求其轻松活泼、富于情趣，尺度须亲切宜人，可缩小房屋构建尺寸，取得与自然景物的协调，或控制园林建筑室外空间尺度，避免空间过于空旷或闭塞而削弱景观效果，以获得亲切尺度。

(6) 风景园林建筑的色彩与质感受到环境的影响。

色彩与质感的处理与园林空间的感染力有密切的关系。色彩有冷暖、浓淡的差异，以及暗示象征的情感感受，质感表现为建筑表面材料的纹理和质地，纹理有曲折、宽窄、深浅之分，质感有粗细、刚柔、隐现之分。

运用色彩和质感提高园林建筑艺术效果时要注意以下几点。

① 作为空间环境设计，风景园林建筑对色彩和质感的处理，除了要考虑建筑物本身外，还要同时推敲各种自然景物相互之间的协调关系，应该是组成空间的各要素形成有机的整体，以利提高空间整体艺术质量和效果。

② 处理色彩质感的方法，主要是通过对比或微差取得协调，突出重点，以提高艺术表现力。

③ 照明光色和视线距离也是影响色彩与质感的重要因素。

2.4.1.1.4 设计的技术问题

风景园林建筑和一般建筑一样，需要满足建造和使用的基本要求，如细部构造、结构安全、给水排水、动力照明、网络通讯、采暖通风等技术问题，不仅影响建筑人工环境的舒适性，也影响风景园林建筑的外部造型形态，虽然大部分是由别的工种完成，但建筑设计者必须主持协调配合各工种的需要和矛盾。主要体现在以下方面。

① 建筑设计 根据建设任务要求和工程技术条件进行建筑的材料选择、构造做法和细部技术设计，并以建筑设计图的形式表示出来，满足建筑防潮防水、保温隔热、防火安全、适用舒适等方面的要求。

② 结构设计 配合建筑设计选择切实可行的结构方案，进行结构构件的计算和设计，并用结构设计图表示，是确保建筑安全稳固的保障，建筑设计时要注意结构构件的影响。

③ 设备设计 是指建筑物的给排水、采暖、通风和电气照明等方面的设计。分别用水、暖、电等设计图表示，是维持良好的建筑人工环境必要的技术手段，建筑设计时要满足必要的设备安装空间和技术要求。

2.4.1.2 风景园林建筑设计的基本过程

通常把风景园林建筑设计过程划分为四个阶段，即设计前期阶段、构思阶段、方案阶段和施工图设计及实施阶段。

（1）设计前期阶段

主要任务是：背景调查、现状踏勘和资料收集等。大型建筑还要做可行性研究和环境影响报告，风景园林建筑一般依据园林景观规划设计，明确大致位置和功能等。由于风景园林建筑和环境关系紧密，设计前现场勘察显得尤为重要，只有身临其境才会获得直观感受。另外，相同或相似案例经验教训的分析也有助于建筑设计的立意，提高设计质量。

（2）构思阶段

主要任务是：解决设计的立意主题问题，完成建筑初始的整体构想。建筑从平面到立面、从空间到形态、从室内到室外是一个复杂的有机的整体，设计之初应结合前期资料的分析和积累，从宏观的角度形成建筑整体的大致设想，把握建筑的基本功能、动线和形态体块之间关系。

（3）方案阶段

主要任务是：按照设计构思，进一步形成具体的建筑方案，建筑设计具有一定的艺术色彩，在设计过程中面临多种选择，设计者和建设方的理解和喜好也会左右方案，因而方案有多种可能，本阶段要通过方案比选，选择相对功能合理、造型优美、经济可行、环境友好的最终方案。

（4）施工图设计及实施阶段

方案确定后，就进入施工图设计，大型建筑由于工程复杂，涉及工种较多，往往还有初步设计的环节，主要是协调各专业工种之间的矛盾。施工图设计主要是把方案落实到专业图纸上，是建筑施工的依据，除配套水、电、暖通等工种外，建筑设计在施工图阶段要明确建筑各细部尺寸、材料、色彩、做法，确保建筑在使用时方便、舒适、安全。此外，在施工期间，建筑设计者要全程配合施工方施工，有时根据需要做必要的变更，直至竣工验收，投入使用。

2.4.1.3　风景园林建筑设计的基本方法

建筑设计虽然具有艺术性，但不完全等同于艺术创作，它需要天马行空般的灵感和想象力，也需要科学技术作为支撑，建筑设计的基本方法还是有章可循的。

（1）建筑设计的依据

① 国家或行业的强制性标准的要求：即各种行业标准，是强制执行的。如工程建设标准的《民用建筑设计通则》、《房屋建筑制图统一标准》、《建筑制图标准》、《建筑设计防火规范》等是从事建筑设计工作必须掌握的规范文件。

② 使用功能要求的人体尺度和人体活动所需的空间范围：建筑物中家具、设备的尺寸，踏步、窗台、栏杆的高度，门洞、走廊、楼梯的宽度和高度，以及各类房间的高度和面积大小，都和人体尺度及人体活动所需的空间尺度直接或间接有关。因此人体尺度和人体活动所需的空间范围是确定建筑空间的基本依据之一。

③ 自然条件

a. 气候条件：温度、湿度、日照、雨雪、风向、风速等。

b. 地形、地质条件和地震烈度：坡度、海拔高度、植被、水域、地基承载力、抗震烈度等；

c. 水文：地下水位、水体深度、流速、水位落差等。

④ 建筑模数和模数制

模数制就是为了实现设计的标准化而制定的一套基本规则，使不同的建筑物及各分部之间的尺寸统一协调，使之具有通用性和互换性，以加快设计速度，提高施工效率、降低造价。建筑有基本模数，用M表示，1M=100mm。扩大模数，其数值为基本模数的倍数。扩大模数共六种，分别是3M（300mm）、6M（600mm）、12M（1200mm）、15M（1500mm）、30M（3000mm）、60M（6000mm）。建筑中较大的尺寸，如开间、进深、跨度、柱距等，应为某一扩大模数的倍数。分模数，其数值为基本模数的分倍数。分模数共三种，分别是1/10M（10mm）、1/5M（20mm）、1/2M（50mm）。建筑中较小的尺寸，如缝隙、墙厚、构造节点等，应为某一分模数的倍数。

（2）建筑设计的基本手法

① 平面功能法　因建筑平面设计是解决绝大部分建筑功能的一个重要环节，所以建筑设计者大量采用此种手法，先分析用地关系，通过了解建筑物的使用性质，从功能出发进行平面功能的合理组合，同时考虑建筑的空间、形态等设计。一般是经过前期现状调研和分析后，了解建筑选址周边环境条件，确定建筑退让规划限制线的范围和出入口位置，建筑单体一般依据功能从平面入手开始设计，先是大的功能分区在平面上的空间组合，然后是研究各种人流、物流动线的合理组织，结合结构形式的选择和经济可行性研究，明确各功能空间的形状大小，落实内部交通系统布局，同时兼顾平面构图愉悦美感和建筑风格要求，风景园林建筑还要做到与外部环境交流融合。

② 构图法　现代建筑的基本体量、空间或其它要素，归根溯源都可以归纳为简单的几何形体，如矩形、正方形、圆形等，构图法就是将建筑功能体块加以组合，来达到所需要创造的建筑空间形式。风景园林建筑往往构景要求很高，设计从体块组合入手也是很好的途径。

③ 符号象征法　把特定的或约定俗成的符号，使用在建筑表面或建筑内部的特定装饰部位，或者用这些符号来演绎建筑平面以及空间体量。该方法常运用在一些对建筑形象有特殊要求的建筑设计中。

④ 综合法　在建筑设计的过程中并不是只针对一个简单建筑而言。大量的群体建筑的建筑设计中，将不同的个体建筑分析为不同的几何形体作为总体的设计方向和研究，使之对于每个单体建筑之间有着一种相互依存的关系。这种关系是清晰地、明辨的。运用这种手法广泛地设计出了大型的综合和有机的建筑及城市来。这种方法是以上几种方法的综合。

2.4.2　风景园林建筑设计表达基本要求

风景园林建筑同一般建筑一样，是靠图纸来反映设计内容的，建筑是三维的形态，为了描述建筑的真实尺寸，设计图纸都是按比例绘制的建筑的正平行投影，由于建筑内部空间变化丰富，设计图纸要通过建筑的剖切平行投影来表达其内部的尺寸，有总平面图、平面图、剖面图、立面图、详图等，方案阶段还有效果图（透视图）和模型表现建筑设计的模拟真实景象。

2.4.2.1　建筑平面设计

2.4.2.1.1　建筑平面组成

一般民用建筑从组成平面各部分面积的使用性质来分析，可归纳为使用部分和交通联系部分两类。使用部分是满足建筑物的主要使用活动和辅助使用活动的面积，即建筑物中的使用房间和辅助房间。

使用房间——如住宅中的起居室、卧室，学校中的教室，商店中的营业厅等；

辅助房间——如住宅中的厨房、卫生间，以及其他建筑中的厕所、储藏室等；

交通联系部分是建筑物中各个房间之间，楼层之间，以及房间内外之间联系通行的面积，即建筑物中的走廊、门厅、楼梯等。

建筑物中的平面面积，除了以上两部分外，还有房屋构件所占的面积，即构成房屋的承重系统，分隔平面各组成部分的墙、柱、墙墩以及隔断等其他构件所占的面积。

通常任务书上提出的建筑面积是指各层建筑面积的总和。房间面积系指各房间的净面积，这些房间的净面积的总和称使用面积（使用房间面积），此外楼梯、走道、门厅、厨房、厕所等所占面积称辅助面积（辅助房间面积），墙身、柱子等所占面积称结构面积。

建筑面积＝使用面积＋辅助面积＋结构面积

在设计时要控制辅助面积和结构面积，这个控制指标又称平面系数（K 值）

平面系数 K＝使用面积/建筑面积×100％

平面系数是衡量设计经济性的一个参考指标。

以上是建筑平面设计常碰到的一些相关术语。

2.4.2.1.2　建筑平面设计的内容

包括单个房间平面设计及平面组合设计。

（1）房间的设计要求

① 房间的面积、形状和尺寸要满足人在室内的活动和家具、设备合理布置的要求。

影响建筑房间面积大小的因素主要是容纳人数和家具设备及人们使用活动的需要。

民用建筑常见的房间形状有矩形、方形、多边形、圆形、扇形等。绝大多数的民用建筑房间形状常采用矩形。主要原因是：a. 矩形平面简单，墙身平直，便于家具设备布置，使用上能充分利用室内有效面积，有较大的灵活性；b. 结构简单，便于施工；c. 便于统一开间、进深，有利于平面及空间的组合。对于有特殊功能和视听要求的房间，如观众厅、杂技场、体育馆等房间，其形状应先满足这类建筑的单个房间的功能要求，如杂技场常采用圆形平面以满足演马戏时动物跑弧线的需要。

房间的尺寸主要考虑：a. 满足家具设备布置及人的活动要求；b. 满足视听要求，如中学教室平面尺寸常取 6.30m×9.00m、6.60m×9.00m、6.90m×9.00m 等；c. 良好的天然采光。除特殊功能要求的房间外，一般房间均要求有良好的天然采光，多采用单侧或双侧采光，因此，房间的深度常受到采光的限制。一般单侧采光时进深不大于窗上口至地面距离的 2 倍，双侧采光时进深可较单侧采光时增大一倍；d. 经济合理的结构布置，梁板结构的开间尺寸不宜大于 4.00m，框架结构跨度是不宜大于 9.00m。对于由多个开间组成的大房间，如教室、会议室、餐厅等，应合理布置柱网尺寸，减少构件类型；e. 符合建筑模数协调统一标准的要求，按照建筑模数协调统一标准的规定，房间的开间、进深一般以 300mm 为基本模数。如办公楼、宿舍、旅馆等以小空间为主的建筑，其开间尺寸常取 3.30～3.90m，住宅楼梯间的开间尺寸常取 2.70m 等。

② 门窗的大小和位置，应根据房间的功能特点来确定，要求出入方便，疏散安全，采光通风良好。

房间的门窗设置：

a. 门的宽度、数量：门的最小宽度一般为 700mm，常用于住宅中的厕所、浴室。住宅中卧室、厨房、阳台的门应考虑携带物品通行，卧室常取 900mm，厨房可取 800mm。住宅入户门考虑家具尺寸增大的趋势，常取 1000mm。普通教室、办公室等的门应考虑一人正面通行，另一人侧身通行，常采用 1000mm。双扇门的宽度可为 1200～1800mm，四扇门的宽度可为 2400～3600mm。

b. 门窗位置：门窗位置设计原则：ⅰ. 门窗位置应尽量使墙面完整，便于家具设备布置和充分利用室内有效面积；ⅱ. 门窗位置应有利于采光、通风；ⅲ. 门的位置应方便交通，利于疏散。

c. 门窗的开启方向：门窗的开启方向有内开、外开。窗的开启方向除内开、外开，还有推拉、上悬、中悬等开启方向。

门的开启原则：不影响交通，便于安全疏散，防止紧靠在一起的门扇相互碰撞。

③ 房间的构成应使结构布置合理，施工方便，也要有利于房间之间的组合，所用材料要符合相应的建筑标准。

（2）辅助使用房间的设计

公共建筑最常见的辅助使用房间是卫生间，设计的一般要求：

① 卫生间在建筑物中常处于人流交通线上与走道及楼梯间相联系，应设前室，以前室作为公共交通空间和卫生间的缓冲地，并使卫生间隐蔽一些。

② 大量人群使用的卫生间，应有良好的天然采光与通风。少数人使用的卫生间允许间接采光，但必须有抽风设施。

③ 卫生间位置应有利于节省管道，减少立管并靠近室外给排水管道。同层平面中男、女卫生间最好并排布置，避免管道分散。多层建筑中应尽可能把卫生间布置在上下相对应的位置。

（3）交通联系部分的平面设计

交通联系部分包括水平交通空间（走道）、垂直交通空间（楼梯、电梯、自动扶梯、坡道），交通枢纽空间（门厅、过厅）等。

① 走廊：按走廊的使用性质不同，可以分为以下三种情况。

a. 完全为交通需要而设置的走道，如办公楼、旅馆、电影院、体育馆的安全走道等，都是供人流集散用的，这类走道一般不允许安排其他用途。

b. 主要为交通联系同时也兼有其他功能的走道，如教学楼中的走道还可以作为学生课间休息活动的场所以及布置陈列橱窗及黑板，医院门诊部走道也可作候诊之用。若兼有其他功能时，过道的宽度和面积应相应增加。

c. 多种功能综合使用的走道，如展览馆的走道应满足边走边看的要求。

确定走道的宽度和长度须综合考虑人流通行、安全疏散、防火规范、走道性质、空间感受等因素。

② 门厅和出入口：门厅作为内部交通枢纽，其主要作用是接纳、疏导人流，室内外空间的过渡及各方面交通（过道、楼梯等）的衔接。

门厅的布局：可分为对称式与非对称式两种。对称式的布置常采用轴线的方法表示空间的方向感，将楼梯布置在主轴线上或对称布置在主轴线两侧，具有严肃的气氛。非对称式门厅布置没有明显的轴线，布置灵活，楼梯可根据人流交通布置在大厅中任意位置，室内空间富有变化。在建筑设计中，应结合地形特点、功能要求、建筑性格等各种因素，确定采用对称式门厅或非对称式门厅。

门厅设计应注意：

a. 门厅应处于平面中明显而突出的位置，并有较开阔的室外疏散场地；

b. 门厅内部设计要有明确的导向性，同时交通流线组织简明醒目，减少门厅内人流相互干扰的现象；

c. 重视门厅内的空间组合和建筑造型要求；

d. 门厅对外出口的宽度按防火规范的要求，不得小于通向该门厅的走道、楼梯宽度的总和。外门的开启方向宜向外或采用弹簧门。

（4）建筑平面的组合设计

① 影响平面组合的因素

a. 使用功能：各房间的使用要求决定了该房间在平面组合中的位置，通过分析房间的使用功能，了解房间使用特点，由此确定房间的形式和组合，如卫生间使用上有气味和盥洗的特殊性，还有管线和检修的要求，公共建筑一般把公共卫生间布置在北侧等相对隐蔽次要位置，具有良好的通风条件，上下层应位于同一位置，减少对其它房间的影响。

b. 功能分区：功能分区是将建筑物若干部分按不同的功能要求进行分类，并根据它们之间的密切程度加以划分，使之分区明确，联系方便。在分析功能关系时，常借助功能分析图来形象地表示各类建筑的功能关系及联系顺序。按照功能分析图将性质相同、联系密切的房间邻近布置或组合在一起，对不同使用性质的房间适当分隔，既满足联系密切的要求，又创造相对独立的使用环境。

c. 流线组织：归纳起来可分为人流及货流两类。在平面组合设计中，一般按使用流线的顺序关系将不同性质房间有机地组合起来。

d. 结构类型

ⅰ. 混合结构：混合结构是指主要以墙体和钢筋混凝土梁板承重的结构形式。优点是构造简单、造价较低；缺点是房间尺寸受钢筋混凝土梁板经济跨度的限制，墙体同时也是室内空间的分隔构件，因此室内空间小且灵活性差，适用于房间开间和进深较小、层数不多的中小型民用建筑，如住宅、中小学校、医院及办公楼等。

混合结构根据受力方式可分为横墙承重、纵墙承重、纵横墙承重三种方式。

横墙承重：对于房间开间尺寸部分相同，且符合钢筋混凝土板经济跨度的重复小间建筑，常采用横墙承重，4m 左右最为经济。

纵墙承重：当房间进深较统一，进深尺寸较大且符合钢筋混凝土板的经济跨度，但开间尺寸多样，要求布置灵活时，可采用纵墙承重，或纵横墙承重方式。

注意事项：

房间尺寸要限制在屋架、楼板的经济跨度内；

承重墙应上下对齐，墙体的高厚比应在合理范围内；

避免将小房间重叠在大房间上面；

不要把梁布置在窗洞或门洞口上，门窗洞口尺寸应控制在规定范围内。

ⅱ. 框架结构：框架结构是指梁和柱承重的结构形式，墙体不承重只作围护。

其特点是强度高，整体性好，刚度大，抗震性好，平面布局的灵活性大（门窗位置大小不受限制，结构占据空间小，造型可以多样化）。适用于开间、进深较大的商店、教学楼、图书馆之类的公共建筑以及多、高层住宅、旅馆等，对于大空间的建筑比较适宜。

ⅲ. 空间结构：指结构构件三向受力的、立体的结构体系，常用于大空间、大跨度、或特异形态的建筑，主要有悬索结构、壳结构、膜结构、管桁架结构等。

e. 设备管线：在平面布置时应将其设置于集中部位，不要分散布置。管线路线应简捷。设计时，应将设备管线上、下对齐。

f. 建筑造型

② 平面组合形式　平面组合大致可以归纳为以下几种形式。

a. 走道式组合：又称走廊式组合，有内走廊式和外走廊式。

b. 套间式组合：一般局部采用。

c. 大厅式组合：大厅式组合是以公共活动的大厅为主，穿插布置辅助房间。

d. 单元式组合：将关系密切的房间组合成一个相对独立的整体，称为一个单元。将多个单元在水平或垂直方向重复组合起来成为一幢建筑，这种组合方式称为单元式组合。

e. 庭院式组合：风景园林建筑较多这种布局。

在实际工作中，常将几种结合在一起或以一个为主。

2.4.2.2　建筑剖面设计

建筑剖面设计主要了解建筑内部空间变化情况、内外空间竖向上的关系、各部分应有的高度、建筑层数、建筑空间的组合和利用，以及建筑剖面中的结构、构造的关系等。

（1）房间的剖面形状

① 基本类型

a. 矩形：广泛应用原因：矩形剖面简单、规整，便于竖向空间的组合，容易获得简洁而完整的体型，同时，结构简单，有利于采用梁板式结构，节约空间，施工方便。

b. 非矩形：常用于有特殊要求的房间，或是由于不同的结构形式而形成的。

② 影响剖面形状的因素

a. 房间的使用功能要求；

b. 结构形式和内部装饰的影响；

c. 采光、通风的要求；

d. 建筑外部造型的影响。

（2）房间各部分高度的确定

① 房间净高和层高

净高——楼地面到结构层（梁、板）底面或顶棚下表面之间的距离。

层高——该楼地面到上一层楼地面之间的垂直距离。

房间净高与楼板结构构造厚度之和就是层高。

② 确定房间高度的因素

a. 人体活动及家具设备要求：为保证人们的正常活动，一般情况下，室内最小净高应使人举手不接触到顶棚为宜。因此，房间净高应不低于 2.2m。不同类型的房间，由于使用人数不同、房间面积大小不同，对房间的净高要求也不相同。卧室使用人数少、面积不大，又无特殊要求，故净高较低，不应小于2.4m。

b. 采光通风的要求：采光口上沿距离地面的高度 H：单面采光 $H>1/2$ 进深；

双面采光 $H>1/4$ 进深；

c. 结构高度及其布置方式的影响：层高等于净高加上楼板层（或屋顶结构层）的高度。因此，在满足房间净高要求的前提下，其层高尺寸随结构层的高度而变化。住宅建筑的开间进深小，多采用墙体承重，在墙上直接搁板，由于结构高度小，层高可取得小一些。随着房间面积加大，如教室、餐厅、商店等，多采用梁板布置方式，板搁置在梁上，梁支承在墙上，结构高度较大，确定层高时，应考虑梁所占的空间高度：即开间进深较小的房间结构层所占高度较小；开间进深较大的房间结构层高度较大；大跨建筑，多采用屋架、薄腹梁、空间网架、以及其它空间结构形式，结构层高度更大；顶棚采用吊顶构造时，层高应适当加高。

d. 建筑经济效益要求：层高的增加意味着需要更多的建筑材料、施工时间和人工等，也就是增加了建筑成本，一般要求在满足使用的前提下，尽量采用经济合理的层高。

e. 室内空间比例要求：房间室内高度还要符合人的心理感受，当房间空间较大时，层高要加高，反之则使人感到压抑，当房间空间较小时，可采用低一点层高，不然让人有压迫之感。

③ 窗台高度　民用建筑中，一般窗台高度取900～1000mm，窗台距桌面高度控制在100～200mm，保证了桌面上充足的光线，并使桌上纸张不致被风吹出窗外。展览类建筑中的展厅、陈列室等，窗台高度常提高到距地面2500mm以上，以消除和减少眩光。卫生间、浴室的窗台高度也应提高到1800mm左右。

一楼窗台考虑安全因素，常取1000mm。

④ 室内外地面高差　为了防止室外雨水流入室内，一般民用建筑通常把室内地坪适当提高，用室内地坪高出室外地坪150～450mm，即一至三个踏步。建筑设计中常取底层室内地坪标高为相对标高的±0.00，低于底层地坪为负值。

2.4.2.3　建筑体形和立面设计

（1）建筑体形和立面设计的要求

① 反映建筑功能和建筑类型的特征；

② 考虑材料性能、结构、构造和施工技术的特点；

③ 适应基地环境和城市规划的要求；

④ 满足经济条件的要求；

⑤ 符合建筑美学原则。

（2）建筑体形组合

① 体形组合

a. 单一体形：单一体形是将复杂的内部空间组合到一个完整的体形中去。

绝对单一几何体形的建筑通常并不是很多的，往往由于建筑地段、功能、技术等要求或建筑美观上的考虑，在体量上作适当的变化或加以凹凸起伏的处理，用以丰富建筑的外形。

b. 组合体形：所谓组合体形是指由若干个简单体形组合在一起的体形。组合体形通常有对称的组合和不对称的组合两种方式。

② 体型转折与转角处理　在特定的地形或位置条件下，如丁字路口、十字路口或任意角度的转角地带布置建筑物时，如果能够结合地形，巧妙地进行转折与转角处理，不仅可以扩大组合的灵活性，适应地形的变化，且可使建筑物显得更加完整统一。

转折：指建筑物依据道路或地形的变化而作相应的曲折变化。

转角处理通常有虚角、切角、镂空角、锐角、无角处理五种方式。

③ 体量的连接

a. 直接连接：即不同体量的面直接相连，这种方式具有体形简洁、明快、整体性强的特点，内部空间联系紧密。

b. 咬接：各体量之间相互穿插，体形较复杂，组合紧凑，整体性强，较易获得有机整体的效果。

c. 以走廊或连接体连接：这种方式的特点是各体量间相对独立而又互相联系，体形给人以轻快、舒展的感觉。

（3）建筑立面设计

① 立面的比例尺度处理　要仔细推敲研究建筑立面各个体块长宽比例是否恰当，是否符合美学原则，尺度是否符合建筑整体风格特征。

② 立面虚实凹凸处理

a. 虚实对比：首先应确定哪个面以实为主，哪个面以虚为主。

b. 虚实穿插：所谓此中有彼，彼中有此。

c. 虚实构成：虚实比例在一个面中不宜均等；利用虚实构成创造立面构图的新颖感。

③ 立面的门窗设计　立面上窗的位置、大小、形式受到下列因素的影响：结构格网、节能保温、平面设计、建筑物个性、风格等，一般外窗数量较多，大小、形状相同或相似，对建筑立面影响很大，也是建筑造型塑造的主要细部，关键是注意研究窗洞的比例尺度和其排列组合的形式。

主要出入口门的形式有凹入口、挑雨篷入口、门廊入口。由于是人群集散之处，给人们对建筑的第一眼感观认识，因而大门成了建筑立面设计的点睛所在，除保证安全外，要求醒目且富有个性。

第 3 章　风景园林要素与风景园林测绘

本章重点：掌握风景园林调查的基本方法及风景园林要素的测量。

本章难点：风景园林调查分析与测量方法的应用。

3.1　风景园林要素

自然环境孕育了人类的繁衍生息，在人类发展的历史长河中，人类逐渐地用自己的行为改造和改变着自然环境。人类有意识地适应和改造环境的活动，对自然环境的影响在不断地加大。风景园林在为我们日常生活提供活动场所的同时，还将场地内容的各种信息延伸进我们的生活之中，形成了一种特殊的人地关系。在景观设计过程中，要充分考虑到场地及其周边的自然环境和地理环境，这是实践全过程中非常重要的环节。

自然环境要素是一切非人类创造的直接和间接影响到人类生活和生产环境的自然界中各个独立的、性质不同而又有总体演化规律的基本物质组成，包括水、大气、生物、阳光、土壤、岩石等。自然环境各要素之间相互影响、相互制约，通过物质转换和能量传递两种方式密切联系。其相互影响和相互作用的范围，下至岩石圈表层、上至大气圈下部的对流层，包括全部的水圈和生物圈。

3.1.1　气候

天气是指某一个地方距离地表较近的大气层在短时间内的具体状态。而天气现象则是指发生在大气中的各种自然现象，即某瞬时内大气中各种气象要素（如气温、气压、湿度、风、云、雾、雨、雪、霜、雷、雹、霾等）空间分布的综合表现。地球自转、公转造成了不同区域对太阳辐射强度的差异，辐射变化导致了气候差异和温度的季节变化。因此形成了纷繁复杂的气候类型。

（1）气候和区域

气候是地球上某一地区多年时段大气的一般状态，是该时段各种天气过程的综合表现。气候是长时间内气象要素和天气现象的平均或统计状态，时间尺度为月、季、年、数年到数百年以上。气候以冷、暖、干、湿这些特征来衡量，通常由某一时期的平均值和离差值表征。气候的形成主要是由于热量的变化而引起的。

从广义的角度说，地球可以划分为四个气候带，分别是寒带、寒温带、暖温带和干热带。中国气候学家把中国东部地区划分为赤道带、热带、亚热带、暖温带、温带、寒温带 6 个气候带。而每一种气候带形成了自己特有的植物和地貌特点。因此，不同气候带的人们的行为活动有存在差异，其中，温带的气候性最大，这里四季变化分明。

区域气候（或大气候）是一个大面积区域的气象条件和天气模式。大气候受山脉、洋流、盛行风向纬度等自然条件的影响。

(2) 微气候

微气候通常是特定环境下的小气候，我们称之为微气候。如我们生活的建筑空间、城市广场和公园等城市空间，这种微气候和场地现状形态有关系，与场地内建筑（构筑）围合，植物的选择与配置密切相关。以北方来讲，冬季阳光照射充足的室外场地是人们聚集活动理想的区域，而到了夏季，这样的空间由于缺乏对阳光的遮蔽，因此变得酷热难耐，人们会不自觉地寻找其他适宜的活动场地。

就设计而言，它不能从根本上改变大的气候，但却能使有限区域内的微气候条件发生改变，朝着人们期望的方向发生改变，改善小气候环境。通常我们看到，在东北地区，通过建立防护（风）林阻挡寒冷空气的入侵，同时抵御风沙对城市环境的影响。植物可以遮蔽地表、避风、通过光合与蒸腾作用，增加环境清新度和舒适度。

3.1.2 土地

土地是山川之根，是万物之本，是人类衣食父母，是一切财富之源。因此从人类历史的进程中，我们可以看到战争往往因土地而起（土地是资源的载体），土地承载了我们所需的每一样东西，如栖息地、食物、能源、森林。土地还为我们提供了工作、娱乐、游览的各种空间和场所，让我们的生活变得更加丰富多彩。土地无私地奉献着它的全部，景观设计就是要为人们指明正确的方向，让人回归到与自然和谐平等的生态链中，实现平等的可持续发展的土地利用价值观。

在中国二次城镇化的进程中，景观设计师将与规划师、建筑师致力于城乡发展中土地资源的合理保护、利用与开发，因地制宜地研究土地、场地，使它们能以最佳的形式存在于城市发展的轨迹中，改变我们之前以表层土地利用的方式。

(1) 土地和法律

了解和土地相关的划分标准与相关法律，是确定土地所有权和土地使用方式的前提，土地和土地规划利用通常是相互联系在一起的，因为它们都与土地边界的划分及土地适宜性评估相关。

(2) 城市用地分类

为统筹城乡发展，集约节约、科学合理地利用土地资源，依据《中华人民共和国城乡规划法》的要求制定《城市用地分类与规划建设用地标准》。

① 城乡用地（town and country land） 指市（县）域范围内所有土地，包括建设用地与非建设用地。建设用地包括城乡居民点建设用地、区域交通设施用地、区域公用设施用地、特殊用地、采矿用地等，非建设用地包括水域、农林用地以及其他非建设用地等。城乡用地分类包括建设用地（H）和非建设用地（E）两大类。

② 城市建设用地（urban development land） 指城市和县人民政府所在地镇内的居住用地（R）、公共管理与公共服务用地（A）、商业服务业设施用地（B）、工业用地（M）、物流仓储用地（W）、交通设施用地（S）、公用设施用地（U）、绿地（G）。城市建设用地规模指上述用地之和，单位为 hm^2。

3.1.3 水

水以其多变的形态，影响着地球的每一个角落。水通过冲刷、侵蚀塑造出千奇百态的地表形态，形成了不同特色的水景景观。海洋、湖泊、河流、溪涧、瀑布，将自然最鲜活生动的一面呈现在我们视野之中。

水具有不同的形态，能以动态、气态和固态任何一种形式出现。毋庸置疑，水是地球上人类和一切生物赖以生存的必要条件和物质基础，因此，应珍惜、节约用水。

自然界水循环的过程通常是海水蒸发为水蒸气，水蒸气凝结形成降水，降落到地面的水或被植物和土壤吸收，或渗透到地表面，之后形成了泉水和河流，最后流回大海。而水又可以通过植物、水体、土壤蒸腾，形成降水。水循环揭示了空气中的水汽、陆地水和海洋水之间的动态平衡关系。

在景观设计中，水有着广泛的应用。大面积的水域吸引人们的驻足和使用，近水的环境带给人惬意。水体是风景园林中必要的景观要素。在设计的前期应了解水域的位置、范围、平均水深、常水位、最低和最高水位；地下水位波动情况、地下常水位、水质及污染状况；水体处是否有落差；地形的分水线和汇水区等。水体位置影响整体布局，水位的高低影响植物物种的选择，高差的变化影响水体景观的形式，汇水区和分水区影响了水的流向和场地布局。

而在城市中铺装的街道和建筑物可以阻止雨水的下渗，城市化的加剧造成了地表径流量和流速的增大。应通过降水的截流和土壤过滤，保持地下水储量的平衡。但是过多的水则会带来灾害，而水质也是同样重要的因子。

3.1.4 植物与动物

（1）植物

植物构成了地球上生命的基本单位，植物是食物链的关键环节，绿色植物通过光合作用将光能转化生物能，同时释放氧气，为地球其他生物提供了新鲜的空气和食物，对人类的生存起到了至关重要的作用。

生物是地球表面有生命物体的总称，是自然界最具活力的组分，它由动物、植物和微生物组成。植物为人类带来的各种舒适环境已远远超过了它们自身的基本特性。例如，植物可以净化空气，调节气温，保持水土，防风固沙，吸附土壤污染物，为改善环境做出了有利的贡献。

植物通常可以分为乔木、亚桥、灌木、藤本、草本及地被植物。其中，乔木可以分为常绿乔木和落叶乔木。植物还具有景观作用，可观花、观果、观色、观枝等。不同的植物配置在一起可以形成变化丰富的景观效果，形成层次丰富的植物群落。某些植物的叶片还具有随季相变化的特点。不同色彩和花期的植物犹如调色板一样，为景观设计师提供了众多充满趣味和活力的设计素材。

植物是融汇自然空间与建筑空间最为灵活、生动的手段。在建筑空间与山水空间普遍种植花草树木，从而把整个园林景观统一在花红柳绿的植物空间中。植物独特的形态和质感能够使建筑物突出的体量与生硬轮廓软化在绿树环绕的自然环境之中。植物与其他事物一样不能脱离环境而单独存在。一方面环境中的温度、水分、光照、土壤、空气等因子对园林植物的生长和发育产生重要的生态作用，另一方面植物对变化的环境也产生各种不同的反应和多种多样的适应性。

（2）动物

动物与环境的关系较为复杂，每种动物都需要有一定的栖息环境。食物网可以很清楚地向人们展示各种生物是如何利用地区资源。

动物具有美学价值、药用价值，并能用于科学研究，它们能激发艺术家、作家的创作灵感，激起我们对大自然的赞美，保护野生动物最重要的是保护它们的栖息地，不要乱砍滥伐，破坏草坪，不要随意堆放垃圾，不要滥用农药和杀虫剂，保护水源和空气也是保护栖息地的一部分。不要滥捕滥杀野生动物，不参与非法买卖野生动物。

野生动物是指那些除人和家畜之外的动物，昆虫、鱼类、两栖类、鸟类和哺乳类比植物具有大得多的运动型，尽管同作为食物来源地、栖息地的植被单元存在十分密切的联系，野生动物通常在不同的地方繁殖后代、寻找食物、休息睡眠。

3.2 人文环境要素

人文环境可以定义为一定社会系统内外文化变量的函数，文化变量包括共同体的态度、观念、信仰系统、认知环境等。人文环境是社会本体中隐藏的无形环境，是一种潜移默化的民族灵魂。

3.2.1 人口

人口是生活在特定社会、特定地域范围和特定时期内具有一定数量和质量的人的总体。它是一个内容复杂、综合多样社会关系的社会实体。

人类的活动已经对地球上的环境造成了重大的影响，这种影响还在继续。Paul Erhlich采用公式 $I=PAT$（影响=人口×富裕程度×技术水平），来表示人口数量、人均消耗率与消耗量的经济效益之间的关系。例如，虽然美国可能拥有比其他国家更为高效、清洁的技术，但它相对富裕的程度引起的高消耗率将会抵消由技术水平产生的效益。相反，虽然中国人口众多，但它相对较低的富裕程度和技术水平则会抵消其大量人口产生的影响。但是，在这两个国家中，环境问题都是非常严重的。

影响人口的因素有以下几种。

(1) 人口趋势

人口趋势包括人口的数量、空间分布和组成成分的变化。人口趋势是为了获悉规划区人口是如何随着时间而改变的，在许多规划项目中人口增减都是非常重要的。如果规划的目标是为了促进经济发展，那么规划师为了指导招商计划就需要了解该区域的人口是增加还是减少。如果增长管理是规划的目标，那么多少人在什么时候迁移到该区域的人口趋势就是其中一个指标。如果规划了新的设施，那么人口趋势揭示了对这些设施的需求。

人口趋势也能反映人口从城市到农村，从农村到城市的迁移。另外一个影响人口趋势的要素由变化的要素组成，变化的要素包括出生率、死亡率和迁移率的变化，出生率和死亡率是自然趋势，而人口的迁移则是由就业机会等的改变而引起的。

(2) 人口特征

人口特征包括年龄、性别、出生、死亡、民族成分、分布、迁移和人口金字塔等方面。研究人口特征是为了了解规划区的使用人群以及带眷人口比率。如果采用增长管理策略，人口密度就显得重要。如果规划需要考虑学校和公园设施，年龄特征就非常重要。

人口密度、分布、带眷系数、劳动力状况等因素在规划中非常重要。人口密度是单位面积土地上居住的人口数。反映某一地区范围内人口疏密程度的指标。通常以每平方千米或每公顷内的常住人口为计算单位。世界上的陆地面积为14800万平方千米，以世界50亿人口计，平均人口密度为每平方千米33人。人口密度这一概念虽然现在应用得比较广泛，它把单位面积的人口数表现得相当清楚。但是，这一概念也有不足之处。例如，它考虑的只是陆地土地的面积，并未考虑土地的质量与土地生产情况。以我国的情况来说，江苏人口的平均密度约为700人/平方千米，而西藏的平均人口密度为2人/平方千米。中国是世界上人口最多的国家之一。人口密度是人口的一个特征，它取决于整个区域的人口总数与面积的比。

年龄和性别分布也是人口的重要特征，分析这些特征最常见的就是人口金字塔，在人口金字塔中女性的寿命比男性长。种族和民族分布则反映了少数民族的数量和分布特征。带眷人口比率指的是不拿工资的人口的比重。另一个有用的人口特征是适龄劳动力比率。该比率是劳动力人口占总人口的比重。

(3) 预测分析

预测谁将居住或者经常使用该规划场地，以便设计必要的使其使用的空间场所或设施。值得指出的是开发预测，在很多情况下，需要根据人口进行开发规划。如一个社区采用的增长管理计划，那么政府主管部门或开发商就想知道需要多少新的公共绿地或公共活动空间来容纳或适应新的使用人群。

在很多情况下，规划师需要根据人口进行开发规划，知道需要多少新住宅和商业设施以容纳新居民。未来开发的规划可以根据人口增长的速度来进行。

3.2.2 文化与历史

(1) 文化

文化就是人化，即人类通过思考所造成的一切。具体讲，文化是人类存续发展中对外在物质世界和自身精神世界的不断作用及其引起的变化。其有广义和狭义之分，在园林景观设计中引用狭义的概念，是指人们普遍的社会习惯，如衣食住行、风俗习惯、生活方式、行为规范等。

文化的存在依赖于人们创造和运用符号的能力。对于特定的规划区域来说，文脉的延续增添场所的意境与特色，保存其历史的记忆，体现了对历史的尊重。文化的符号化或物质化以及空间或意境使得景观环境极具特色。

(2) 历史

历史指的是历史承载见证了场所过去的兴衰和发展足迹。了解历史对于理解一个区域、场所是十分重要的。通常，某些公共图书馆和当地的地方志可能保存了比较完整的发表或未正式发表的地方事件的史实。而一些野史或民间传说往往以口述而非文字的形式得以流传，这些地方历史的原书信息可以通过民间访谈获得。历史信息的获得与否，关系到景观场所的解读与设计倾向，真实的历史有助于人们了解场所的地方精神或文脉，以保持其历史可持续性和地方特色。

了解历史对于理解一个地区是非常重要的，地方历史可以通过访谈或讨论获得。公共图书馆和当地的史学团体经常在他们的档案室保存了非正式发表的地方事件的史料。一旦口头的野史变得流行，通常它们也就被保存在当地图书馆或者史学团体中。

(3) 文化、历史的认知与表达

直观性的历史信息以贴近历史原貌的景观形式出现，易于给人们带来最为直观的感受。人们通过视觉感官对其形态、色彩、质地等构成要素的认知，能够较快地了解景观的形式内容，形成浅层的直觉感受。

感悟性的文化寓意以一定的抽象环境形象，调动到游赏者的审美记忆，促使其在感性认识的基础上，通过思维验证和心理联想等综合判断的过程，最终达到对景观寓意的深层理解与情感共鸣。引导人们把对景观的认知从一般的感性认识的层面升华到理性感悟层次的目的。

历史、文化在园林环境中具有满足人们的怀旧情结、增加城市园林文化内涵、弘扬城市文化价值的作用。可通过保留、借鉴、再现（对原貌片段再现和意象环境再现）、重构、标识（遗迹自身展示性的标识、景观纪念物揭示性的标识）、转化、象征、隐喻等手法进行表达。

3.2.3 经济

经济与生态的英文“economics”和“ecology”都源于希腊文。词根“oikos”意思是

"家"。经济学家的研究正是对"人类家园"的考虑。马克思在《资本论》中提出了"经济基础决定上层建筑"。风景园林是经济发展的产物，是一定的社会经济发展状况的产物。经济体制和经济增长方式的转变，将有助于我国风景园林环境建设的快速发展。

城市产业结构直接影响园林环境的建设发展。产业类型、规模及其经济结构和发展状况对于园林环境的规模、数量、布局、品质以及建设质量有很大的限制作用。一般，在三大产业中，第一、二产业对于园林环境的需求远不及第三产业。就城市功能区绿地比例而论，第一、二、三产业对于园林绿地的需求分别为10%、20%、35%。传统的以第一、第二产业为主的工业城市，必将导致园林环境建设的停滞发展。

随着城市产业结构的改变，第三产业比重正的不断加大，对风景园林环境的需求必然加大。人类对社会环境意识的增强，人们对公共开敞空间和园林环境予以更多的需求和关注。"以环境创造价值"，这种观念已开始深入人心。在房产市场中，当住房建造总量达到一定规模，人们自然会将目光投向住区的环境质量，强调人居功能，以此为着力点，吸引目光，拉动房地产、金融市场、建材市场、劳动力市场、搬运市场等的投资，形成周边地区集聚和辐射能力，促进区域经济发展。

3.3 风景园林调查

风景园林调查的目的是为了对了解区域、场地内的风景园林资源，更好地保护自然景观资源、了解景观资源，在设计中向自然学习，为我们所生活的环境创造出更适宜的生活家园。要想对景观展开调查，首先我们要对风景园林资源有所了解，风景园林资源是指能够引起人们进行审美与游览活动，可以作为开发利用的自然资源的总称，是构成风景园林环境的基本要素，是风景区产生环境效益、社会效益、经济效益的物质基础。

人类对风景园林资源的认识决定了处置它的态度。21世纪的今天，我们有必要重新认识风景园林资源，改变以往视风景园林资源为征服和利用对象的看法，将它置于地球生态系统的网络之中，冷静分析，科学认识，才能处理好人与风景资源的关系，顺应时代要求，造福于后代。

3.3.1 认识风景园林资源

地球环境是一个联系的整体，任何一处风景资源都是这一整体中的一个点，在能流（能量在生态系统中的流动）、物流方面与外界进行着交换，因此一旦发生变化就会对周围环境产生影响；同时，每一点状资源都不会孤立发展，周围环境的变化同样会引起这些点的变化。在城市化发展日益扩大的今天，自然风景资源愈来愈像浮在"地球城市"中的一个个孤岛，甚至有些风景资源内部也有城市化的倾向，这些变化必然引起其内部的环境变化。现今许多风景资源面临植物病虫害、水土流失、土壤沙化、动植物濒临灭绝等现象，这都与外界环境有着直接或间接的关系，因此在考察和研究风景资源时，必须从大环境角度来考虑，综合诠释区域风景资源的存在状态，制定全面、合理的管理措施，而不能局限于某一点状风景资源，否则会出现治标不治本的问题，有时问题虽会短时解决，但最终可能会再次在本地或异地出现。

3.3.2 原始资料的重要性

在风景旅游资源中，包含有纯自然景观、人造自然景观、历史遗迹景观、人工模拟、复制的历史景观、造新景观等。这些不同性质的景观在不同时期、不同人群中获得的重视、喜好程度也不同。20世纪80年代盛行模仿古典园林；20世纪90年代中期曾出现人造景观的高潮；20世纪90年代末随着一些人造景观在各地的频繁出现，人们对它们逐渐失去了兴趣；21世纪绿色生命、生态旅游成为热点，人们开始认识到具有个性和地方特色的自然景观的价值，一些人造景点失去了市场，原始的自然景观，特别是森林景观、山水景观、冰川景观、河溪景观、极地景观都成为21世纪人类最宝贵的风景资源，它的价值也日益突显。因此，风景资源的管理者只有充分认识景观原始性的重要性，才会更注重自然原始景观的保护，避免为建造没有市场的赝品而破坏有价值的自然风景。

3.3.3 风景园林资源的完整性

区域风景园林资源不仅与其周围大环境组成一个整体，其内部也是一个有机的整体，包括植物、动物、水体、土壤、气候等，它们共生共存，每一元素都是这一整体中不可缺少的部分；另外，整个系统占有的生态空间愈大，组织结构愈复杂，其稳定性就愈强，因此，区域风景资源的组成及生态完整性是其保持良性循环的必要条件；相反，如果因子缺失愈多，无序性就会愈加显著，生存的危机就愈大。所以，在风景资源利用过程中，如果过度开发，常会造成资源完整性的破坏，如动物栖息地的缩减造成动物的灭绝，水体、土壤被污染，气候、土壤的变化又会造成植物的死亡，这些都最终有可能导致资源的衰退、消失。所以，风景资源的完整性是资源保护的一项重要内容，必须从生物多样性、景观类型多样性及景观视觉吸收力的提高等多方面加强风景资源的完整性。

3.3.4 场地调查

场地的调查是对场地环境基础因素的认知过程，是利用现有地形图，结合实地勘察，以实现对环境中不同类型的数据收集以及对其图形化的表达，为场地评价提供齐全的基础资料以及建立相对精确的图纸表达。通常采用统一的图底（表3-3-1）。

表3-3-1 景观环境调查

自然要素	气候	区域气候、场地小气候（日照、风向……）
	地形地貌	高程、坡度、坡向……
	水文	水质、水位、水深、水底基质
	植被	乔灌木、地被、水生植物
	土壤	土质、土壤类型……
	动物	种类、数量
人工要素	历史遗存	文物古迹、历史建筑分布、保护等级、现状条件
周边环境	道路交通	道路等级、人车交通流线及流量、出入口、声环境
	社会	用地现状类型、公共设施分布、规模、避让要素
风水格局		

3.4 测绘基本知识

测绘是以计算机技术、光电技术、网络通讯技术、空间科学、信息科学为基础，以全球定位系统（GPS）、遥感（RS）、地理信息系统（GIS）为技术核心，将地面已有的特征点和界线通过测量手段获得反映地面现状的图形和位置信息，供工程建设的规划设计和行政管理之用。

测量是按照某种规律，用数据来描述观察到的现象，即对事物作出量化描述。测量是对非量化实物的量化过程，包括测量的客体即测量对象、计量单位、测量方法、测量的准确度，主要指几何量，包括长度、面积、形状、高程、角度、表面粗糙度以及形位误差等。由于几何量的特点是种类繁多，形状又各式各样，因此对于它们的特性，被测参数的定义以及标准等都必须加以研究和熟悉，以便进行测量。

① 计量单位　我国国务院于1977年5月27日颁发的《中华人民共和国计量管理条例(试行)》第三条规定中重申："我国的基本计量制度是米制（即公制），逐步采用国际单位制。"1984年2月27日正式公布中华人民共和国法定计量单位，确定米制为我国的基本计量制度。在长度计量中单位为米（m），其他常用单位有毫米（mm）和微米（μm）。在角度测量中以度、分、秒为单位。

② 测量方法　指在进行测量时所用的按类叙述的一组操作逻辑次序。对几何量的测量而言，则是根据被测参数的特点，如公差值、大小、轻重、材质、数量等，并分析研究该参数与其他参数的关系，最后确定对该参数如何进行测量的操作方法。

③ 测量的准确度　指测量结果与真值的一致程度。由于任何测量过程总不可避免地会出现测量误差，误差大说明测量结果离真值远，准确度低。因此，准确度和误差是两个相对的概念。由于存在测量误差，任何测量结果都是以一近似值来表示。

④ 测量常用距离的工具　距离是指两点的铅垂线投影到水平面的直线长度。按照所用仪器、工具的不同，测量距离的方法为：有钢尺直接量距、电磁波测距、视距法测距等。最常用的工具是钢尺。

a. 钢尺：钢尺的基本划分为厘米，在每米及每分米处有数字注记。由于尺的零点位置的不同，有端点尺和刻线尺的区别（图3-4-1）。

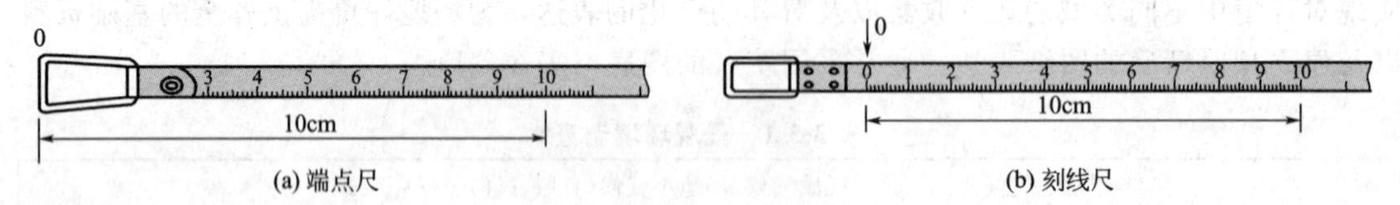

图3-4-1　端点尺和刻线尺

b. 皮尺：用麻线织成，长度和刻线均与普通钢尺相似。

皮尺特点：轻、方便，多用于精度要求不高的距离丈量。

c. 测绳：比精度低，适用于低精度勘测工作（图3-4-2）。

图3-4-2　皮尺与测绳

测量的方法有很多类型，因此，在实际的应用中要根据需要和目的来选择。关于测量的方法，在测量学课程中会有专门的学习。在景观规划设计中，我们常常会涉及不同尺度的项目，因此，在选择地形图时要根据涉及项目的尺度加以考虑。

要想获得准确的场地信息是需要专业的测量知识和设配进行测绘。一般情况下我们利用激光经纬仪就很容易获得场地内相关的信息（如道路、建筑、植被、高程点等）。对于面积较大的区域的景观规划项目，通常是利用航拍图获取相关信息，可以清晰地获得区域内各种事物的类型、分布范围、结构，还能清楚地显示不同用地的界线、地表特征。

3.5 风景园林测绘

多数教学中仍以传统的测量学为讲述内容，教学偏向于园林工程施工测量，缺少对建成景观、古典园林测绘方面的指导，在实际的实践中，往往需要对一些建成的园林景观进行测绘，这个方面可以借鉴古建筑测绘的一些方法，应用在我们的景观测绘中。

3.5.1 明确测绘的精度

以古建筑测绘为例，古建筑测绘有两种基本类型：精密测绘与法式测绘。

① 精密测绘　是为了建筑物的维修或迁建而进行的测绘。建筑物的每一个构件都需要测量和勾画，即使是同种类型多次重复出现的构件也不例外，并且各个构件要分类编组，逐一编号和登记。精密测绘的工作量很大，不能有丝毫的疏忽和遗漏，是以修复或迁建为出发点，以确保测绘对象能按原状进行恢复，所以在实际工作中使用很少。

② 法式测绘　就是通常为建立科学记录档案所进行的测绘，主要用于已定级的文物保护单位“四有”档案中的测绘。这种测绘相对于精密测绘简便易行，所需人力、物力较少，能够比较全面地记录场地和建筑物各个方面的状况。除去建立科学记录档案，对于新发现的、因相关背景资料缺乏而难以准确评估价值以及开展研究的古代建筑及园林可以先进行法式测绘，将测绘结果作为进一步的准确鉴定和深入研究的基础资料，故在实际工作中使用也最多。

因此，在景观测绘中，可以借鉴法式测绘，对景观场地中的建筑、园林展开测绘。

3.5.2 景观测绘的工具

近年来，随着电脑、卫星遥感和网络技术的发展，测量技术正在发生巨大的变化，如GPS（全球定位系统）、GIS（地理信息系统）的运用等。新技术的逐步普及使用同样会对古建筑测量产生重大影响，使其变得更精确、更高效、更科学，并且将会越来越多地替代手工测量。但是无论怎样发展，这些数字时代的技术和仪器仍然无法替代我们的眼睛和双手去认知和感受我们的景观。

（1）测量工具

① 皮卷尺；

② 小钢卷尺（应人手一个）；

③ 软尺；

④ 卡尺。

（2）测量辅助工具与绘图工具

①指北针；②望远镜和手电筒；③垂球；④架木、梯子或高凳、直竿；⑤白纸和坐标纸；⑥笔（HB～2B铅笔，几只颜色不同的细尖记号笔）；⑦照相机；⑧其它工具，画夹或小画板、夹子、橡皮、美工刀、三角板、直尺、分规、木水平、圆规、毛刷、计算器等。

3.6 植物测绘

3.6.1 植物测量的要求

在植物的测绘过程中，明确植物种类、种植方式、植株间距、种植面积或区域等。常绿乔木要测量植物的胸径（树干距地面 1.5m 高度的树干直径，利用卷尺或皮尺测量树干周长）、冠幅，落叶的乔木可只测量冠幅。

3.6.2 植物绘制注意事项

种植设计平面图上植物图例应按常绿针叶乔木、落叶针叶乔木、常绿阔叶乔木、落叶阔叶乔木、常绿灌木、落叶灌木、藤本、竹类、棕榈类、花卉、草皮、地被植物、水生植物分类绘制，不宜一种植物一个图例。注出树种和数量。不同灌木种植区域应做到清晰表达出区域边界，以达到施工中能清晰区分区域边界的目的。树种名称标注可用植物名或序号。种植设计平面图应乔灌木同示。必要时，可以乔灌木分开出图，乔木种植图上，灌木图例淡化；灌木种植图上，乔木图例淡化。重点、精细的或有特殊造型、景观要求的种植设计应绘制立面效果示意图，树形、规格、层次应按设计要求如实绘制，达到基本一致。应清晰列出每个树种的详细信息。苗木表上按常绿针叶乔木、落叶针叶乔木、常绿阔叶乔木、落叶阔叶乔木、常绿灌木、落叶灌木、棕榈类、竹类、藤本、草皮、地被植物、水生植物、花卉次序排列。每类植物中按规格大小、数量多少次序排列。在绘制的整个过程中要准确反映出植株在场地中位置、与相关要素的关系，要正确地表达植物，植物图例表示要符合规范（参考风景园林图例图示标准 CJJ 67—1995）。

3.7 建筑与广场测绘

3.7.1 测量方法

“测绘”，就是“测”与“绘”，由实地实物的尺寸数据的观测量取和根据测量数据与草图进行处理、整饰、最终绘制出完备的测绘图纸这两部分的工作内容组成的，分别对应室外作业和室内作业两个工作阶段。景观测绘就是综合运用测量和制图技术来记录和说明景观的形式和要素。

景观测图的工作与工程施工测量的原则是相同的，遵循“先整体、后局部”，“先控制测量，后碎部测量”。首先应该对场地内的建筑物进行定位，就是将建筑物在场地中的位置进行确定，通常可依据与原建筑物的关系定位。在规划范围内，若有保留下来的建筑物或道路，当测量精度要求不高时，可根据建筑物与原建筑的关系来定位。

3.7.2 测绘要求

（1）总平面

明确景观测绘场地的绝对位置与范围（通常是以道路、建筑组群的院落围墙为界限）内的各种景观要素，包括地形、道路铺装、植被、水体、建筑物、构筑物等都是总平面包含的内容。建筑物周围突出的地形地貌特征也应记录下来，尤其是当建筑物位于山地、丘陵、河岗地等处时。园路、铺地、广场平面详图应绘出不同规格材料铺设的图形，标出具体尺寸，注出各项材料的材质、规格，平面填充图例应如实与设计内容一致。单一的铺地、广场平面图应绘制指北针，图形方位尽量与总图上所在方位一致。

（2）建筑平面与立面

① 建筑平面　单体建筑的平面。对于大部分的建筑一般只需皮卷尺、钢卷尺、卡尺或软尺就可以测出所有单体建筑的平面图。测绘平面时最重要的是先确定轴线尺寸，之后单体建筑的一切控制尺寸都应以此为根据。确定轴线尺寸后，再依次确定台明、台阶、室内外地面铺装、山墙、门窗等的位置，平面图就确定了。

② 建筑立面　单体建筑的正立面、侧立面、背立面。对于法式测绘，因为没有搭架，

无法上到建筑物上用皮卷尺测量高度，所以这一类立面图都必须借助辅助工具进行测量。粗略测量时，我们可以仅借助竹竿和皮卷尺、铅垂球测出高度。

3.7.3 测绘注意事项

(1) 测量草图

绘制测量草图是开展景观测量工作的开始。草图测量质量的优劣，会对最终的正式图产生巨大的影响。草图的测量与绘制必须以认真严谨的态度来对待。在实际的测量中，往往会遇到场地中不清楚或有测量难度的区域，切勿凭主观想象勾画，或是含糊过去。应及时地讨论分析，找到切实可行的方法进行观测，以减小与实际状况的差异。

测绘前要明确测绘的工作量，制定测量的标准，合理安排分配，保证每组成员都能按要求完成相应的工作，保证分部测量的图纸能相互衔接。草图的种类和内容与最终正式图纸的内容应保持一致。

草图齐备之后就可以开始测量了。量取数据和在草图上记录数据需要分工完成。

(2) 测量和标注尺寸的原则

① 测量工具摆放正确；

② 读取数值时视线与刻度保持垂直；

③ 测量部位的选择尽量沿着建筑轴线；

④ 单位统一，一般统一以“米”(m) 为单位。

(3) 测量读数

读取数值时精确到小数点后一位。尾数小于 2 省去，大于 7 进一位，2～7 之间按 5 读数。

(4) 尺寸标注

标注尺寸应有秩序，同类构件的尺寸在构件的同一侧、按同一方向注记，建筑的尺寸可沿同一条建筑轴线标注，避免重复测量。

(5) 绘制草图的原则

① 比例适宜　根据测绘草图内容的繁简、难易复杂程度，选取适合的比例，比例选择要求能够清楚表达场地内的重要景观要素，同时图面还有足够空间进行标注与说明记录。

② 比例关系正确　草图中的同类要素之间、各个要素组成部分与整体之间的比例及尺度关系与实物相同或基本一致。

③ 线条清晰　草图中的每一个线条都应力求准确、清楚、不含糊。

④ 线形要区分　应区分建筑轮廓线、分剖线和看线、分体线几种基本线型，使线条粗细得当、区别明显，以免混淆。

⑤ 图面整洁、美观。

⑥ 编号　每一张草图均要有编号，包括测绘名称、图纸名称、绘图人、绘图时间。

3.7.4 测量草图的整理和正式测绘图纸的绘制

现场的数据测量工作完成之后就开始进入草图的整理阶段，即将记录有测量数据的徒手草图整理成具有合适比例的、清晰准确的工具草图，作为绘制正式图纸的底稿。这项工作是必不可少的，因为通过绘制工具图能够发现勾画徒手草图时不易发现的问题，如漏测的尺寸、测量中的误差、未交代清楚的结构关系等，也便于景观细部的精确绘制。所以草图的整理要在现场进行，当场发现问题、当场解决。

正式图纸的绘制（包括测绘报告的编写）是测绘工作的最后一个阶段，在前面各个阶段工作的基础上，产生出最终的结果。绘制正式测绘图需要注意的事项：

① 在正式图中只需要标注控制性尺寸，所以图纸上的比例尺不用文字标注而是用图示比例尺，注意一套图纸中的比例尺的式样要统一。

② 一套图纸的图幅规格要尽量统一，可保持图纸宽度一致，根据内容的多寡调节图纸的长度，这样便于保存。

③ 在正式图纸的绘制过程中可以灵活调整图纸内容以便更全面、更充分地记录测绘对象。

④ 正式图的绘制工具和表现方法提倡灵活选择、不拘一格，以能够真实、形象、艺术地再现测绘对象为目的。

第4章　风景园林设计程序

本章重点：掌握风景园林设计的过程。

本章难点：风景园林设计的内容和表达方法。

4.1　明确风景园林设计任务

设计任务书一般是由设计委托方下达的正式设计任务，一般应该包括项目概况、设计范围、设计内容、成果要求及附件等几个方面。

（1）项目概况

介绍项目的基本情况，包括当地自然环境、社会环境、经济条件、政策法律法规、业主对项目的基本定位和要求、项目的投资规模及发展时间等。

（2）设计范围

明确设计范围、位置以及面积规模等。设计范围以图纸的形式标明，通常借助总体规划、控制性详细规划等法定资料，可以取得较为精准的数据，有时在涉及范围重要节点还要表明测量坐标等信息。

（3）设计内容

设计内容是设计任务书的核心内容，对设计人员需要完成的工作内容做出明确要求，一般包括设计的整体定位、功能要求、技术指标、风貌风格、工程造价等。例如，铺装面积、绿化率等。

（4）成果要求

各类项目属性不同、业主要求不同，展示成果也略有不同，但基本成果应该包括：总平面图、立面图、剖面图、效果图、分析图、节点详图、施工图等。图纸数量在一定程度上表达了设计深度，但是设计成果首要应该是满足向非专业人士表达清晰的设计意图及方案构思。

（5）附件

包括现状资料、地形图、上位规划图纸、现场照片、参考图片、会议纪要等。

4.2　设计交流

在项目初期阶段，与业主有效的交流沟通是明确设计意图的重要环节。首先应与政府相关部门交流，了解当地未来发展方向和发展战略，有助于设计师站在全局高度把控整个项目的设计方向。其次与业主的交流往往是最重要的，在业主参与下的实地勘察是十分有效且必要的，在调研过程中倾听业主的意愿，并结合实际与其讨论未来实施的可行性，即时交流即时沟通，就项目的选址、规模、目标意向等基础问题进行讨论和交换意见，这些通常可以令设计过程少走弯路。再次就是与项目的直接使用者和参与者交流，这类人群可能是公司白领、高校师生、普通百姓，对不同的人群有效的交流方式为调查问卷，对使用者迫切需要解决的焦点、实际使用功能、审美偏好等方面设计调查问卷，满足使用者的实际需求才能将景观设计落到实处，才能体现景观关爱社会的初衷。

以上是在项目初期阶段需要交流的对象和内容，随着景观项目的持续进行，我们还需要同工程实施方进行图纸交底与答疑；与项目管理者交流讨论。

4.3 现场调研

4.3.1 调研准备工作

4.3.1.1 制定调研计划

明确调研目标和任务安排，才能有效地得到预期数据和资料，调研出发前应详细制定调研计划以保证调研的顺利进行。调研计划应该包括以下六个方面的内容：

① 明确调研目标、内容、预期成果；

② 根据调研目标准备调研资料；

③ 熟读现有文字资料、地形图、卫星图等图纸中的地物、高程信息等；

④ 初步拟定调研重点观测点，以及预期拿回的成果；

⑤ 人员分工，根据不同调研项目进行分组分工，数据记录员、图纸补绘员、地物测量员等；

⑥ 调研数据采集、整理、分析计划。每个步骤将任务落实到人，明确完成时间，有时应该预测没完成计划的补救方式。

4.3.1.2 图纸资料

要求甲方提供以下图纸资料：

① 甲方对设计任务的要求及历史状况。

② 城市绿地总图规划与基地的关系，以及对基地设计上的要求，城市绿地总体规划图比例尺为1∶5000～1∶10000。

③ 地形图　根据面积大小，提供1∶2000，1∶1000，1∶500基地范围内总平面地形图。图纸应明确显示以下内容：设计范围（红线范围、坐标数字）。基地范围内的地形、标高及现状物（现有建筑物、构筑物、山体、水系、植物、道路、水井，还有水系的进、出口位置、电源等）的位置。现状物中，要求保留利用、改造和拆迁等情况要分别注明。四周环境情况：与市政交通联系的主要道路名称、宽度、标高点数字以及走向和道路、排水方向；周围机关、单位、居住区的名称、范围，以及今后发展状况。

④ 局部放大图　1∶200图纸主要提供为局部详细设计用。该图纸要满足建筑单位设计及周围山体、水系、植被、园林小品及园路的详细布局。

⑤ 要保留使用的主要建筑物的平、立面图。平面位置注明室内、外标高；立面图要标明建筑物的尺寸、颜色等内容。

⑥ 现状树木分布位置图（1∶200，1∶500）　主要标明要保留树木的位置，并注明品种、胸径、生长状况和观赏价值等。有较高观赏价值的树木最好附以彩色照片。

⑦ 地下管线图（1∶500，1∶200）　一般要求与施工图比例相同。图内应包括要保留的上水、雨水、污水、化粪池、电信、电力、暖气沟、煤气、热力等管线位置及井位等。除平面图外，还要有剖面图，并需要注明管径的大小，管底或管顶标高，压力、坡度等。

无论面积大小，设计项目的难易，设计者都必须认真到现场进行踏查。一方面，核对、补充所收集的图纸资料。另一方面，设计者到现场，可以根据周围环境条件，进入艺术构思阶段。“佳者收之，俗者屏之”。根据情况，如面积较大，情况较复杂，有必要的时候，踏查工作要进行多次。

4.3.2 调研的内容和方法

（1）基地现状调查内容

基地现状调查包括收集与基地有关的技术资料和进行实地踏看、测量两部分工作。有些技术资料可从有关部门查询得到，如基地所在地区的气象资料、基地地形及现状图、管线资料、城市规划资料等。对查询不到的但又是设计所必需的资料，可通过实地调查、勘测得到，如基地及周围的视觉质量、基地小气候条件等。若现有资料精度不够或不完整或与现状有出入则应重新勘测或补测。基地现状调查的内容有：

① 基地自然条件：地形、水体、土壤、植被；

② 气象资料：日照条件、温度、风、降雨、小气候；

③ 人工设施：建筑及构筑物、道路和广场、各种管线；

④ 视觉质量：基地现状景观、环境景观、视域；

⑤ 基地范围及环境因子：物质环境、知觉环境、小气候、城市规划法规。

现状调查并不需要将所有的内容一个不漏地调查清楚，应根据基地的规模、内外环境和使用目的分清主次，主要的应深入详尽地调查，次要的可简要地了解。

（2）基地分析

基地分析是在客观调查和主观评价的基础上，对基地及其环境的各种因素做出综合性的分析与评价，使基地的潜力得到充分发挥。深入细致地进行基地分析有助于用地的规划和各项内容的详细设计，并且在分析过程中产生的一些设想也很有利用价值。基地分析包括在地形资料的基础上进行日照分析、小气候分析等。

较大规模的基地的分析是分项调查的，因此基地分析也应分项进行，最后再综合。首先将调查结果分别绘制在基地底图上，一张图纸上只作一个单项内容，然后将诸项内容叠加到一张基地综合分析图上（图 4-3-1）。由于各分项的调查或分析是分别进行的，因此可做得较

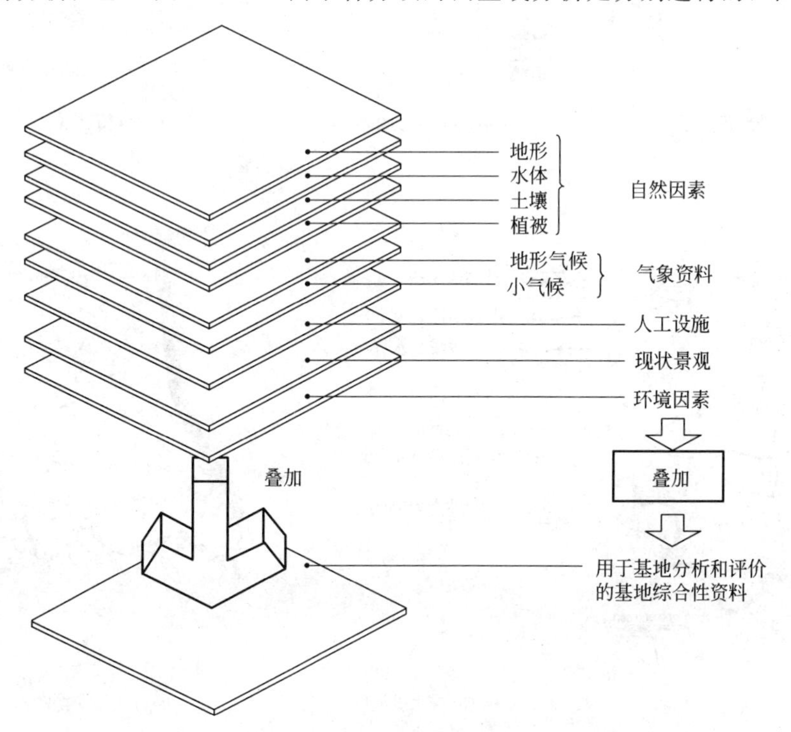

图 4-3-1　基地分析的分项叠加方法

细致、较深入，但在综合分析图上应该着重表示各项的主要和关键内容。基地综合分析图的图纸宜用描图纸，各分项内容可用不同的颜色加以区别。

（3）资料表示

在基地调查和分析时，所有资料应尽量用图面或图解并配以适当的文字说明的方式表示，做到简明扼要。

标有地形的现状图是基地调查、分析不可缺少的基本资料，通常称为基地底图。在基地底图上应表示出比例和朝向、各级道路网、现有主要建筑物及人工设施、等高线、大面积的林地和水域、基地用地范围。另外，要放缩的图纸中最好标出线状比例尺，用地范围最好用双点划线表示。基地底图不要只限于表示基地范围之内的内容，最好也表示出一定范围的周围环境。为了能准确地分析现状地形及高程关系，也可作一些典型的剖面（图 4-3-2～图 4-3-4）。

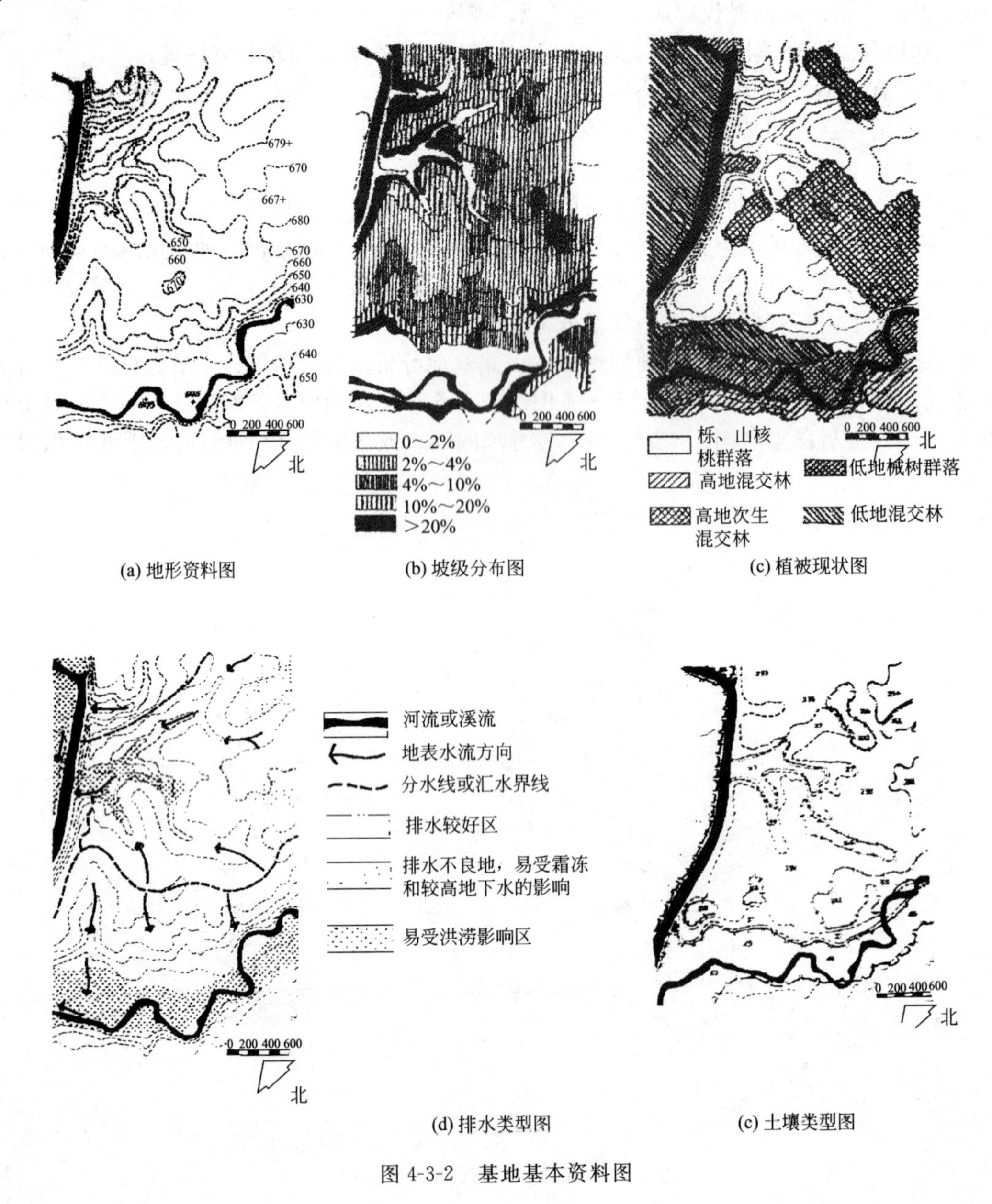

(a) 地形资料图　(b) 坡级分布图　(c) 植被现状图

(d) 排水类型图　(c) 土壤类型图

图 4-3-2　基地基本资料图

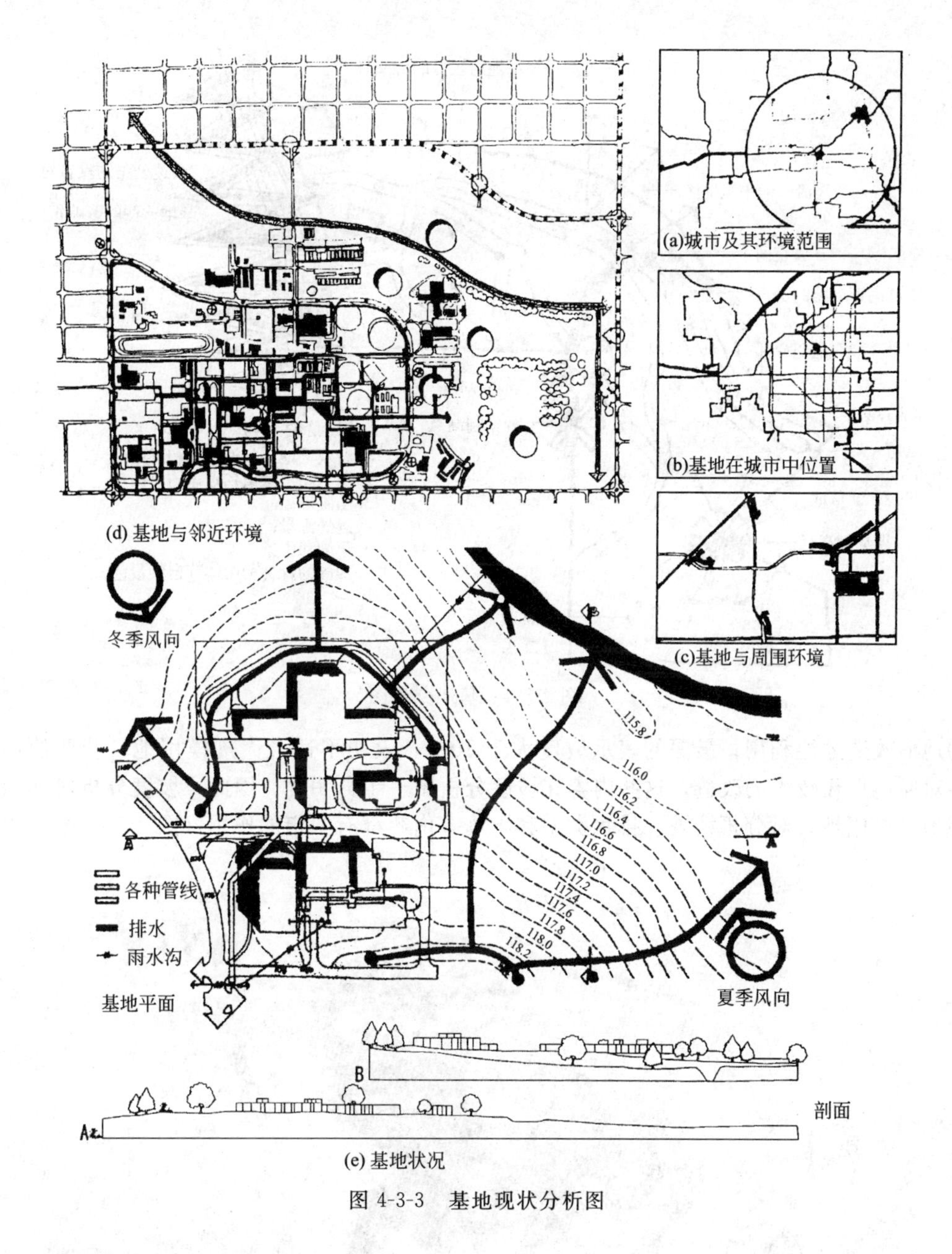

图 4-3-3　基地现状分析图

4.3.3　基地自然条件认知

（1）地形

基地地形图是最基本的地形资料，在此基础上结合实地调查可进一步地掌握现有地形的起伏与分布、整个基地的坡级分布和地形的自然排水类型。其中地形的陡缓程度和分布应用坡度分析图来表示，因为地形图只能表明基地整体的起伏，而表示不出不同坡度地形的分布。地形陡缓程度的分析很重要，它能帮助我们确定建筑物、道路、停车场地以及不同坡度要求的活动内容是否适合建于某一地形上。如将地形按坡度大小用四种坡级（<1%，1%～4%，4%～10%，>10%）表示，并在坡度分析图上用由淡到深的单色表示坡度由小变大，那么，最淡的表示坡度小于1%，说明排水是主要问题；较淡的表示坡度为1%～4%，表明几乎适合建设所有的项目而不需要大动土方；较深的表示坡度为4%～10%，表明需要进行一

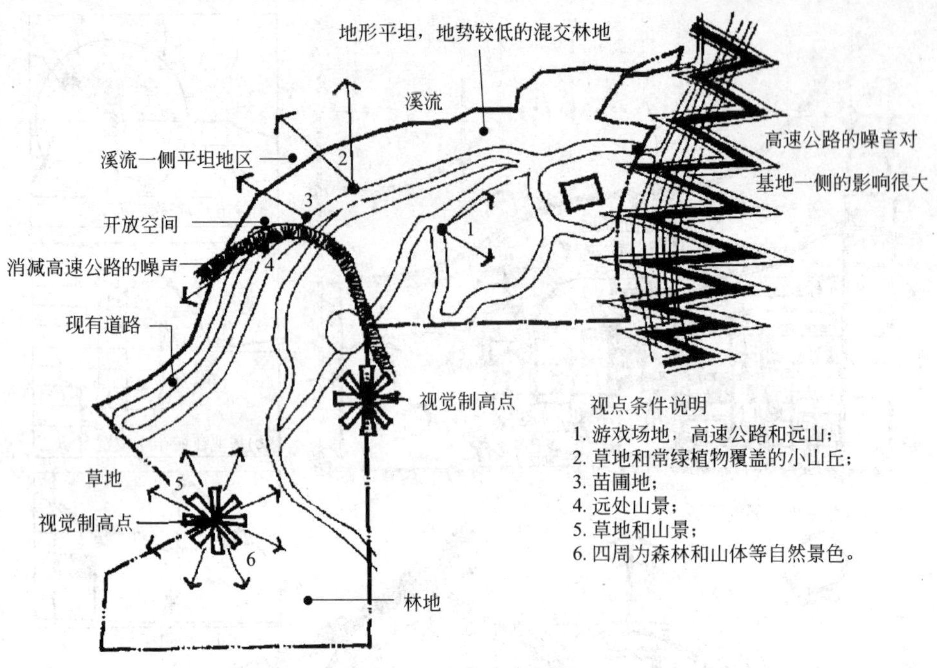

图 4-3-4　基地分析图

定的地形改造才能利用；最深的表示坡度大于 10%，表明不适合大规模用地，若要使用，则需要对原地形作较大的改造，这些内容在坡度分析图上十分明确。因此，坡度分析对如何经济合理地安排用地，对分析植被、排水类型和土壤等内容都有一定的作用（图 4-3-5、图 4-3-6）。

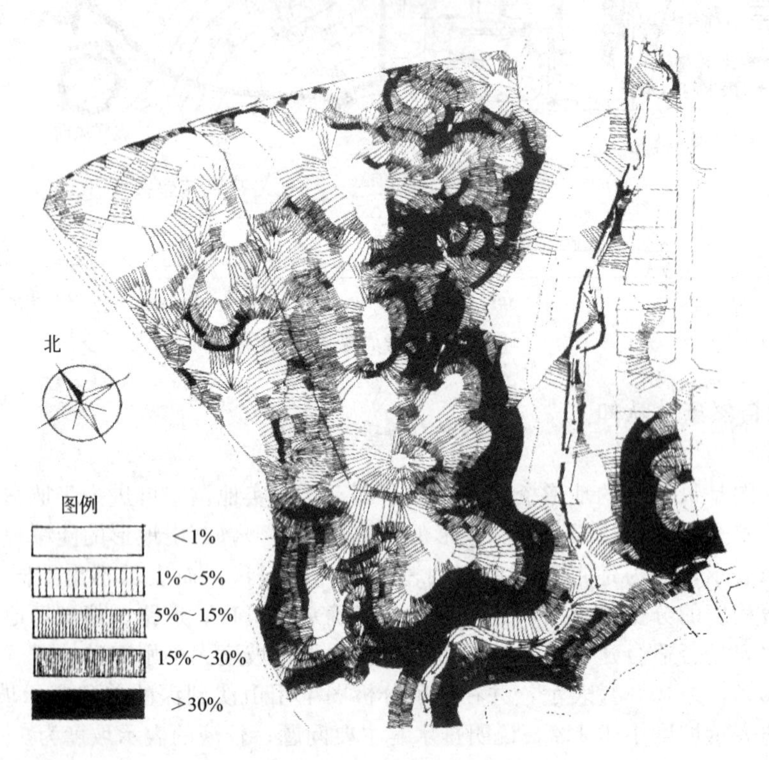

图 4-3-5　地形坡级分析图

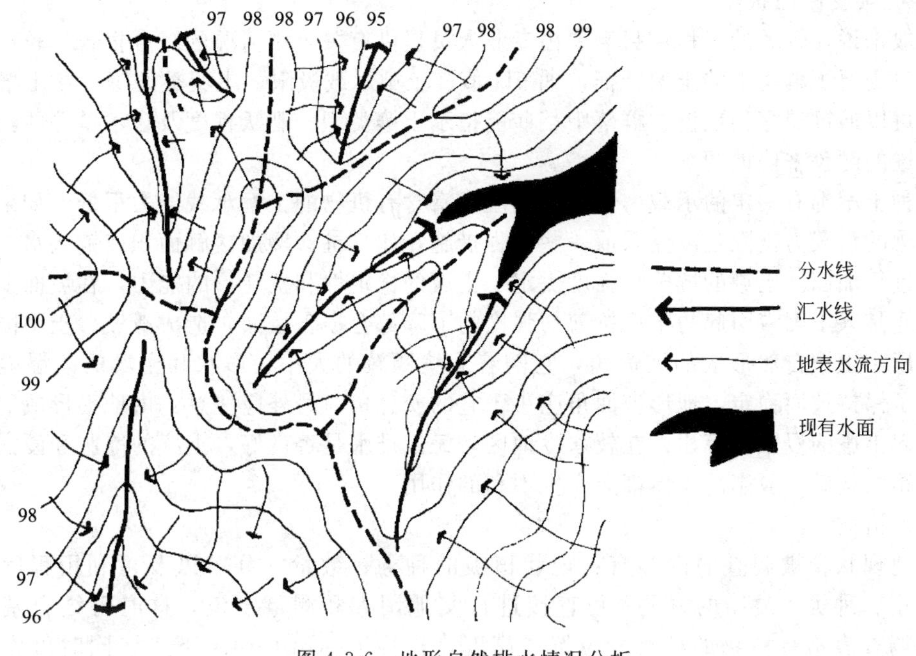

图 4-3-6　地形自然排水情况分析

（2）水体

水体现状调查和分析的内容有：

① 现有水面的位置、范围、平均水深；常水位、最低和最高水位、洪涝水面的范围和水位；

② 水面岸带情况，包括岸带的形式、受破坏的程度、岸带边的植物、现有驳岸的稳定性；

③ 地下水位波动范围，地下常水位，地下水及现有水面的水质，污染源的位置及污染物成分；

④ 现有水面与基地外水系的关系，包括流向与落差，各种水工设施（如水闸、水坝等）的使用情况；

⑤ 结合地形划分出汇水区，标明汇水点或排水体，主要汇水线。地形中的脊线通常称为分水线，是划分汇水区的界线；山谷线常称为汇水线，是地表水汇集线。

除此之外，还需要了解地表径流的情况，包括地表径流的位置、方向、强度、沿城的土壤和植被状况以及所产生的土壤侵蚀和沉积现象。地表径流的方式、强度和速度取决于地形。在自然排水类型中，谷线所形成的径流量较大且侵蚀较严重，陡坡、长坡所形成的径流速度较大。另外，当地表面较光滑、没有植被、土壤黏性大时也会加强地表径流。

（3）土壤

土壤调查的内容有：

① 土壤的类型、结构；

② 土壤的 pH 值、有机物的含量；

③ 土壤的含水量、透水性；

④ 土壤的承载力、抗剪切强度、安息角；

⑤ 土壤冻土层深度、冻土期的长短；

⑥ 土壤受侵蚀状况。

一般来说，较大的工程项目需要由专业人员提供有关土壤情况的综合报告，较小规模的工程则只需要了解主要的土壤特征，如 pH 值、土壤承载极限、土壤类型等。在土壤调查中有时还可以通过观察当地植物群落中某些能指示土壤类型、肥沃程度及含水量等的指示性植物和土壤的颜色来协助调查。

每种土壤都有一定的承载力，通常潮湿、富含有机物的土壤承载能力很低。如果荷载超过该土壤的承载力极限就需要采取一些工程措施，如打桩、增加接触面积或铺垫水平混凝土条等，进行加固。土壤的抗剪切强度决定了土壤的稳定性和抗变形的能力，在坡面上，无论是自然还是人工因素引起的土壤抗剪切强度的下降都会损害坡面、造成滑坡。土壤的安息角是由非压实土壤自然形成的坡面角，它随着土壤颗粒的大小、形状和土壤的潮湿程度而变化。为了保持坡面稳定，地形坡面角应小于它的安息角。另外应注意：由地形形成的地表径流会引起土壤的侵蚀和沉积；在较寒冷地区，无论排水是否良好，土壤的冻胀和浸润对建筑物、道路的基础、驳岸的岸体都会产生不利的作用。

(4) 植被

基地现状植被调查的内容有：现状植被的种类、数量、分布以及可利用程度。在基地范围小、种类不复杂的情况下可直接进行实地调查和测量定位，这时可结合基地底图和植物调查表格将植物的种类、位置、高度、长势等标出并记录下来，同时可作些现场评价。对规模较大、组成复杂的林地应利用林业部门的调查结果，或将林地划分成格网状，抽样调查一些单位格网中占主导的、丰富的、常见的、偶尔可见的和稀少的植物种类，最后作出标有林地范围、植物组成、水平与垂直分布、郁闭度、林龄、林内环境等内容的调查图。

与基地有关的自然植物群落是进行种植设计的依据之一。若这种植物景观现已消失，则可以通过历史记载或对与该地有相似自然气候条件的自然植被进行了解和分析获得。进行现有植物的生长情况的分析对种植种类的选择有一定的参考价值；进行现状乔灌木、常绿落叶树、针叶树、阔叶树所占比例的统计与分析对树种的选择和调配、季相植物景观的创造十分有用，并且现有的一些具有较高观赏价值的乔灌木或树群等还能充分得到利用。

4.3.4 气象认知

气象资料包括基地所在地区常年积累的气象资料和基地范围内的小气候资料两部分。

(1) 日照条件

不同纬度地区的太阳高度角不同。在同一地区，一年中夏至的太阳高度角和日照时数最大，冬至的最小（图 4-3-7）。根据太阳高度角和方位角可以分析日照状况、确定阴坡和永久无日照区。基地中的建筑物、构筑物或林地等北面的日照状况可用下面的方法进行分析。首先根据该地所在的地理纬度，查表或计算出冬至和夏至两天中日出后的每一整点时刻的太阳高度角（h）、方位角（A），并算出水平落影长率（l）（表 4-3-1）。因为方位角在正午时刻两侧是对称的，所以作图时可先找出正午时刻线（南北方向），再量方位角，作落影方向线，并在其上截取实际落影长度，作落影平行线完成落影平面（图 4-3-8）。其中某时刻下的实际落影长度等于该时刻下的水平落影长率 l 与实际高度的乘积。

通常用冬至阴影线定出永久日照区，将建筑物北面的儿童游戏场、花园等尽量设在永久日照区内。用夏至阴影线定出永久无日照区避免设置需日照的内容。根据阴影图还可划分出不同的日照条件区，为种植设计提供设计依据。

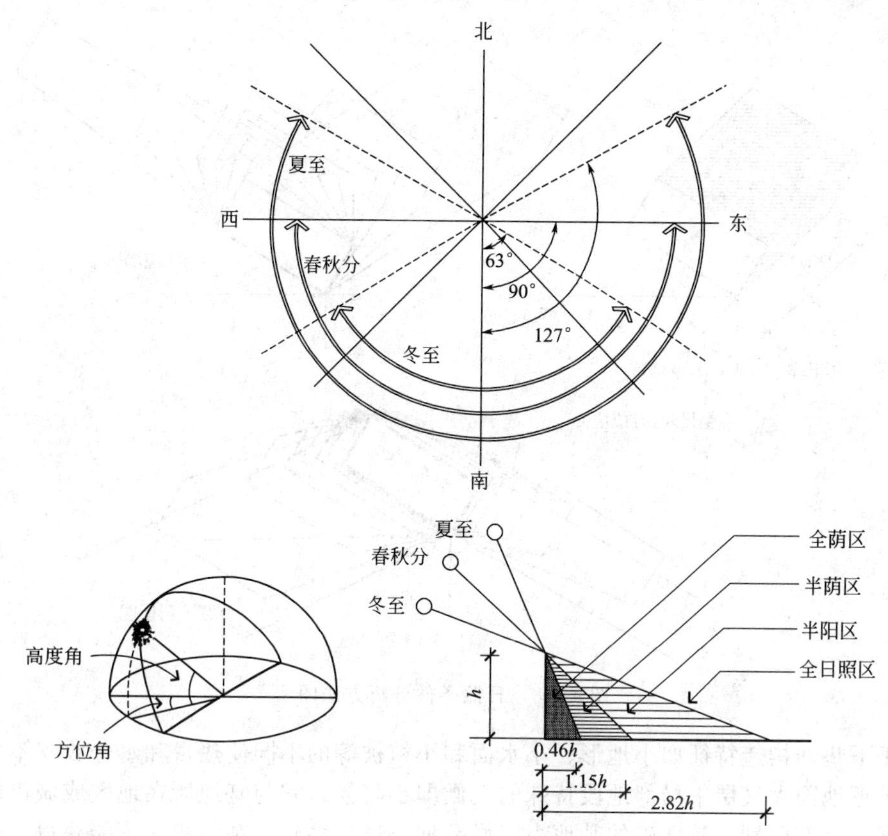

图 4-3-7　太阳高度角和方位角

表 4-3-1　方位角和水平落影长率

	日出	日落	时间		5	6	7	8	9	10	11	12
				上午	5	6	7	8	9	10	11	12
				下午	19	18	17	16	15	14	13	
夏至	−118°	+118°	高度角 h		0°35′	12°12′	24°22′	36°52′	49°38′	62°12′	74°12′	81°23′
			方位角 A		117°36′	110°11′	103°24′	96°44′	89°22′	79°33′	60°42′	0°00′
			水平落影长率 l		99.43	4.63	2.21	1.33	0.85	0.53	0.28	0.15
冬至	−62°	+62°	高度角 h					10°13′	19°47′	27°31′	32°40′	34°29′
			方位角 A					53°50′	43°35′	31°09′	16°23′	0°00′
			水平落影长率 l					5.55	2.78	1.92	1.56	1.46

（2）温度、风和降雨

关于温度、风和降雨通常需要了解下列内容：

① 年平均温度，一年中的最低和最高温度；

② 持续低温或高温阶段的历时天数；

③ 月最低、最高温度和平均温度；

④ 夏季及冬季主导风风向；

⑤ 年平均降雨量、降雨天数、阴晴天数；

⑥ 最大暴雨的强度、历时、重现期。

（3）小气候

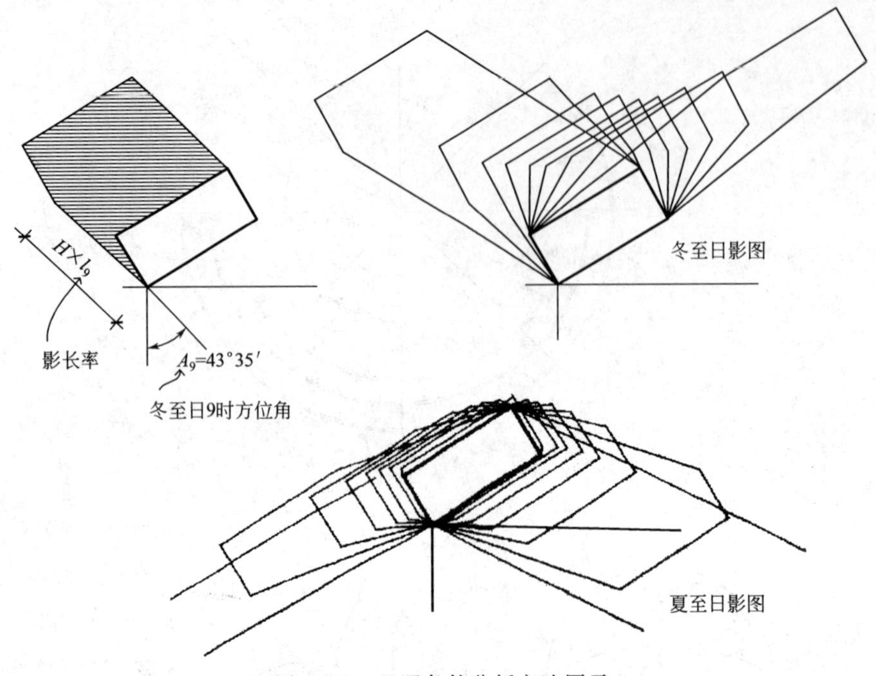

图 4-3-8　日照条件分析方法图示

由于下垫面构造特征如小地形、小水面和小植被等的不同使热量和水分收支不一致，从而形成了近地面大气层中局部地段特殊的气候即小气候，它与基地所在地区或城市的气候条件既有联系又有区别。较准确的基地小气候数据要通过多年的观测积累才能获得。通常在了解了当地气候条件之后，随同有关专家进行实地观察，合理地评价和分析基地地形起伏、坡向、植被、地表状况、人工设施等对基地日照、温度、风和湿度条件的影响。小气候资料对大规模园林用地规划和小规模的设计都很有价值。

基地中的水面对温度、湿度有一定的稳定作用，处于水面夏季主导风向下的地段因湿度较大、相对凉爽应加以利用。植被的范围、与主导风向的位置关系、遮阳条件等对小气候要素（日照、温度、风）影响较大。另外还要注意不同的地面条件。例如，由水面、地被物等湿性、多孔材料构成的表面其温度相对稳定，日辐射反射量小；而混凝土、沥青等干燥密实的地面会产生过大的温差。最后，对小规模基地还需分析其中的建筑、墙体对小气候的作用，即根据建筑物的平面、高度以及墙体或墙面材料的质感分析其周围的日照、墙面反射以及气流等。

（4）地形小气候

下垫面的地形起伏对基地的日照、温度、气流等小气候因素有影响，从而使基地的气候条件有所变化。引起这些变化的主要因素为地形的凹凸程度、坡度和坡向。在分析地形小气候之前应首先了解基地的地形和地区性气候条件。

地形主要影响太阳辐射和空气流动。日辐射量由太阳高度角、日照时数、地形坡度和坡向决定。在地形分析的基础上先作出地形坡向和坡级分布图（图 4-3-9）。基地通风状况主要由地形与主导风向的位置决定。在地形图上作出山脊和山谷线，标出主导风向。通常顺风谷通风良好，与风向垂直的山脊线后的背风坡的风速比顺风坡要小；与风向垂直的谷地通风不佳；山顶和山脊线上多风，作主导风向上的地形剖面可以帮助分析地形对通风的影响。顺风谷的相对通风量与谷的上下底宽和谷深有关。另外，除了风引起的水平气流外，还应注意重力产生的垂直气流。在基地中，坡面长、面积大、坡脚段平缓的地形很容易积留冷空气和霜冻，因此晨温较低，湿度较大，对一些不耐寒的植物生长不利。地形对温度的影响主要与日辐射和气流条件有关，日辐射小、通风良好的坡面夏季较凉爽，日辐射大、通风差的坡面冬季较暖。最后应将地形对日照、通风和温度的影响综合起来分析，在地形图中标出某个主导风向下的背风区及其位置、基地小气流方向、易积留冷空气和霜冻地段、阴坡和阳坡等与地形有关的内容。

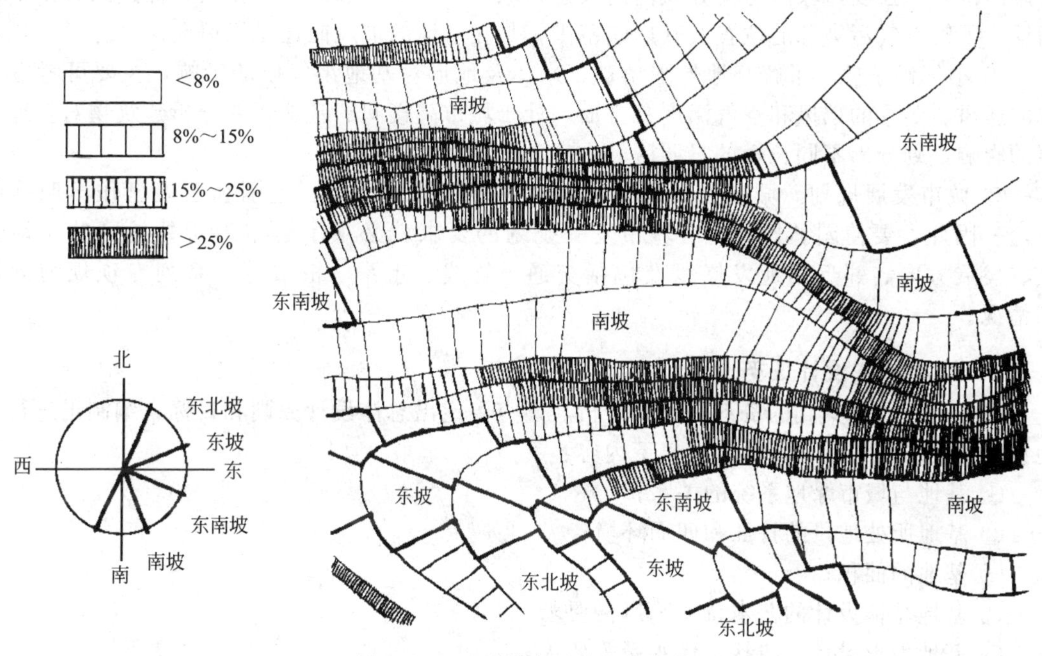

图 4-3-9　地形坡向及坡级分布图

4.3.5　人工设施、视觉质量、基地范围及环境因子认知

（1）人工设施

① 建筑和构筑物　园林建筑平面、立面、标高以及与道路的连接情况。

② 道路和广场　了解道路的宽度和分级、道路面层材料、道路平曲面及主要点的标高、道路排水形式、道路边沟的尺寸和材料。了解广场的位置、大小、铺装、标高以及排水形式。

③ 各种管线　管线有地上和地下两部分，包括电线、电缆线、通讯线、给水管、排水管、煤气管等各种管线。园内使用及过境的，要区别园中管线的种类，了解位置、走向、长度，每种管线的管径和埋深以及一些技术参数。如：高压输电线的电压，园内或园外水管线的流向、水压和闸门井的位置等。

（2）视觉质量

可用速写、拍照片或记笔记的方式记录一些现场视觉印象。

① 基地现状景观　对植被、水体、山体和建筑等组成的景观可从形式、历史文化及特异性等方面去评价，分别标记在调查现状图上；标出主要观景点的平面位置、标高、视域范围。

② 环境景观　也称介入景观，是指基地外的可视景观，根据它们自身的视觉特征可确定它们对将来基地景观形成所起的作用（借景）。

(3) 基地范围及环境因子

① 基地范围　应明确园林用地的界线及与周围用地界线或规划红线的关系。

② 交通和用地　了解周围的交通，包括与主要道路的连接方式、距离、主要道路的交通量。周围工厂、商店或居住等不同性质的用地类型，根据规划地规模了解服务半径内的人口量及其构成。

③ 知觉环境　了解基地环境的总体视觉质量，结合基地视觉质量评价同时进行。了解噪声的位置和强度，噪声与主导风向的关系，顺风时，噪声趋向地面传播，而逆风时则正好相反。了解空气污染源的位置及其影响范围，是在基地的上风向还是下风向。

④ 小气候条件　了解基地外围植被、水体及地形对基地小气候的影响，主要可考虑基地的通风、冬季的挡风和空气温度几方面。处于城市高楼间的基地还要分析建筑物对基地日照的影响，划分出不同长短的日照区。

⑤ 城市发展规划　城市发展规划对城市各种用地的性质、范围和发展已作出明确的规定。因此，要使园林规划符合城市发展规划的要求就必须了解基地所处地区的用地性质、发展方向、邻近用地发展以及包括交通、管线、水系、植被等一系列专项规划的详细情况。

4.3.6　编制总体设计任务文件

设计者将所收集到的资料，经过分析、研究，定出总体设计原则和目标，编制出进行基地设计的要求和说明。主要包括以下内容：

① 基地与城市绿地系统的关系；

② 基地所处地段的特征和四周环境；

③ 基地的面积；

④ 基地总体设计的艺术特色和风格要求；

⑤ 基地地形设计，包括山体水系等要求；

⑥ 基地的分期建设实施的程序；

⑦ 基地建设的投资匡算。

4.4　总体设计

在明确基地与城市绿地系统的关系，确定了总体设计的原则与目标以后，着手进行以下设计工作。

4.4.1　图纸设计主要内容

(1) 位置图

属于示意性图纸，表示该基地在城市区域内的位置，要求简洁明了。

(2) 现状图

根据已掌握的全部资料，经分析、整理、归纳后，分成若干空间，对现状作综合评述。可用泡泡图或抽象图形将其概括的表示出来。例如，经过对四周道路的分析，根据主、次干道的情况，确定出入口的大体位置和范围。同时，在现状图上，可分析基地设计中有利和不利的因素，以便为功能分区提供参考依据。

(3) 分区图

根据总体设计的原则、现状图分析，根据不同年龄段游人活动规则，不同兴趣爱好游人的需要，确定不同的分区，划出不同的空间，使不同空间和区域满足不同的功能要求，并使功能和形式尽可能统一。另外，分区图可以反映不同空间、分区之间的关系。该图属于示意说明性质，可以用抽象图形或泡泡图予以表示。

(4) 总体设计方案图

根据总体设计原则、目标，总体设计方案图应包括以下诸方面内容：第一，基地与周围环境的关系：基地主要、次要、专用出入口与市政关系，即面临街道的名称、宽度；周围主要单位名称。第二，基地主要、次要、专用出入口的位置、面积，规划形式，主要出入口的内、外广场，停车场、大门等布局。第三，公园的地形总体规划，道路系统规划。第四，全园建筑物、构筑物等布局情况，建筑平面要能反映总体设计意图。第五，全园植物设计图。图上反映密林、疏林、树丛、草坪、花坛、专类园等植物景观。此外，总体设计图应准确标明指北针、比例尺、图例等内容（图 4-4-1）。

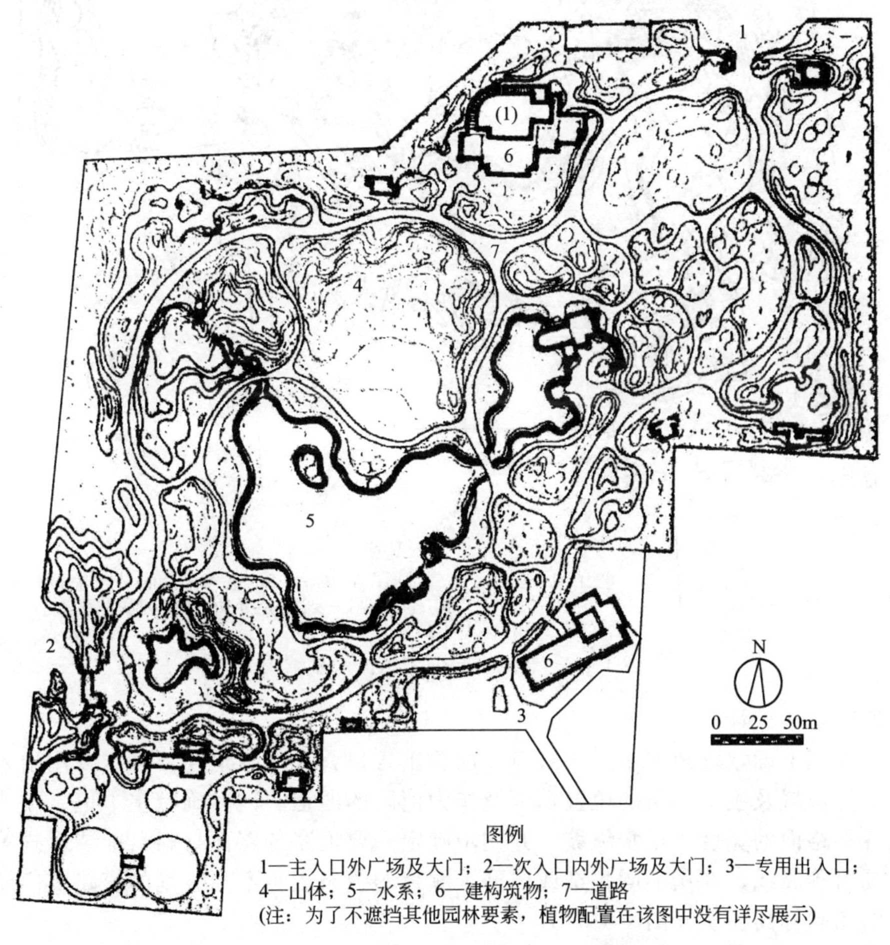

图 4-4-1　北京丰台公园总体设计平面

总体设计图，面积 100hm^2 以上，比例尺多采用 1∶2000～1∶5000；面积在 $10\sim50\text{hm}^2$ 左右，比例尺用 1∶1000；面积在 8hm^2 以下，比例尺可用 1∶500。

(5) 地形设计图

地形是全园的骨架，要求能反映出基地的地形结构。根据分区需要进行空间组织；根据造景需要，确定山地的形体、制高点、山峰、山脉、山脊走向、丘陵起伏、缓坡、微地形以及坞、岗、岘、岬、岫等陆地造型。同时，地形还要表示出湖、池、潭、港、湾、涧、溪、沟以及堤、岛等水体造型，并要标明湖面的最高水位、常水位、最低水位线。此外，图上标明入水口、排水口的位置等。也要确定主要景观建筑所在地的地平标高、桥面标高、广场高程以及道路变坡点标高。还必须标明基地周围市政设施、马路、人行道以及与基地临近单位的地坪标高，以便确定基地与四周环境之间的排水关系（图 4-4-2）。

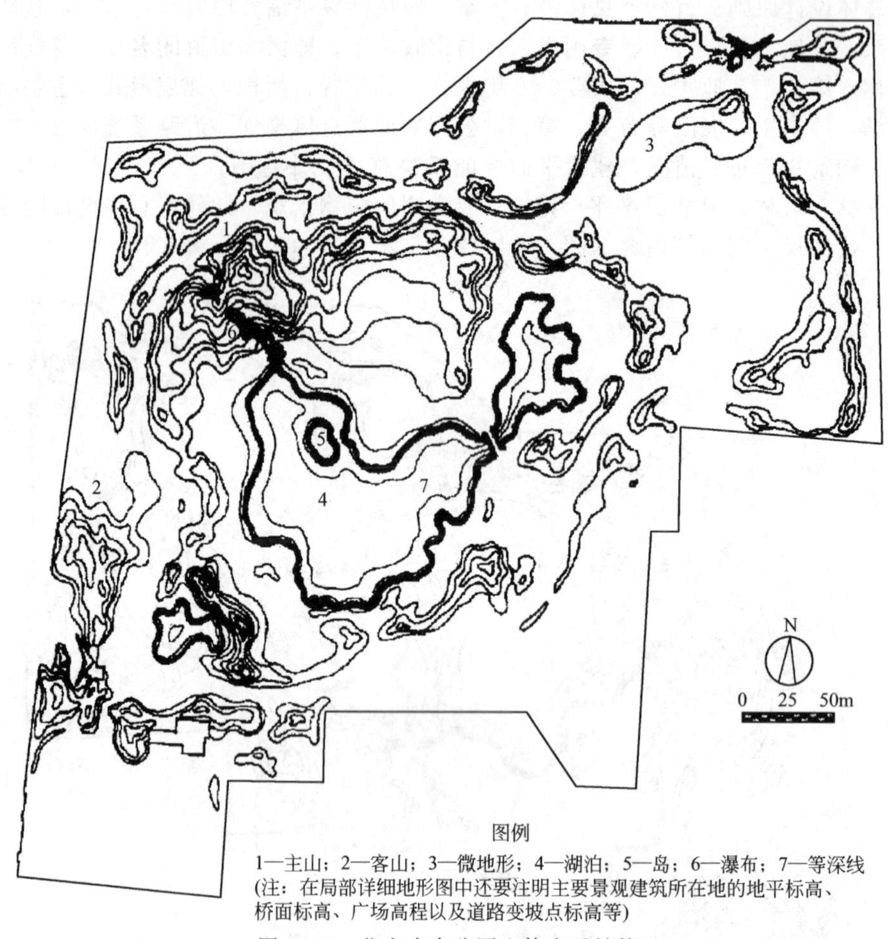

图 4-4-2　北京丰台公园山体水系结构

（6）道路总体设计图

首先，在图上确定基地的主要出入口、次要出入口，大型绿地还要确定专用出入口。还有主要广场的位置及主要环路的位置，以及作为消防的通道。同时确定主干道、次干道等的位置以及各种路面的宽度、排水纵坡，并初步确定主要道路的路面材料，铺装形式等。图形上用虚线画出等高线，在用不同粗细或线型、颜色的线条表示不同级别的道路及广场，并将主要道路的控制标高注明（图 4-4-3）。

（7）种植设计图

根据总体设计图的布局，设计的原则，确定基地植物种植的总构思。植物总体设计内容主要包括不同种植类型的安排，如密林、疏林、草坪、树群、树丛、孤立树、花境等内容。还有以植物造景为主的专类园。同时，确定基调树种，包括常绿、落叶的乔木、灌木、草本等。种植设计图上，乔木树冠以中、壮年树冠的冠幅，一般以 5～6m 树冠为制图标准，灌木、花草以相应尺度来表示（图 4-4-4）。

（8）管线总体设计图

根据总体规划要求，解决全园的上水水源的引进方式，水的总用量（消防、生活、造

图 4-4-3 北京丰台公园道路总体设计图

景、喷灌、卫生、浇灌等）及管网的大致分布、管径大小、水压高低等以及雨水、污水的水量，排放方式，管网大体分布，管径大小及水的去处等。

（9）电气规划图

为解决总用电量、用电利用系数、分区供电设施、配电方式、电缆的敷设以及各区各点的照明方式及广播、通讯等的位置。

（10）园林建筑布局图

要求在平面上，反映建筑在全园的布局，主要、次要、专用出入口的售票房、管理处、造景等各类园林建筑的平面造型。除平面布局外，还应画出主要建筑物的平面、立面图。

总体设计方案阶段，还要争取做到多方案的比较。

4.4.2 透视应用

设计者为更直观地表达公园设计的意图，更直观地表现公园设计中各景点、景物以及景区的景观形象，还要绘制鸟瞰图和局部透视图。鸟瞰图制作要点：

① 无论采取一点透视、两点透视或多点透视，都要求鸟瞰图在尺度、比例上尽可能准确反映景物的形象。

② 鸟瞰图除表现基地本身，又要画出周围环境，如基地周围的道路交通等市政关系；

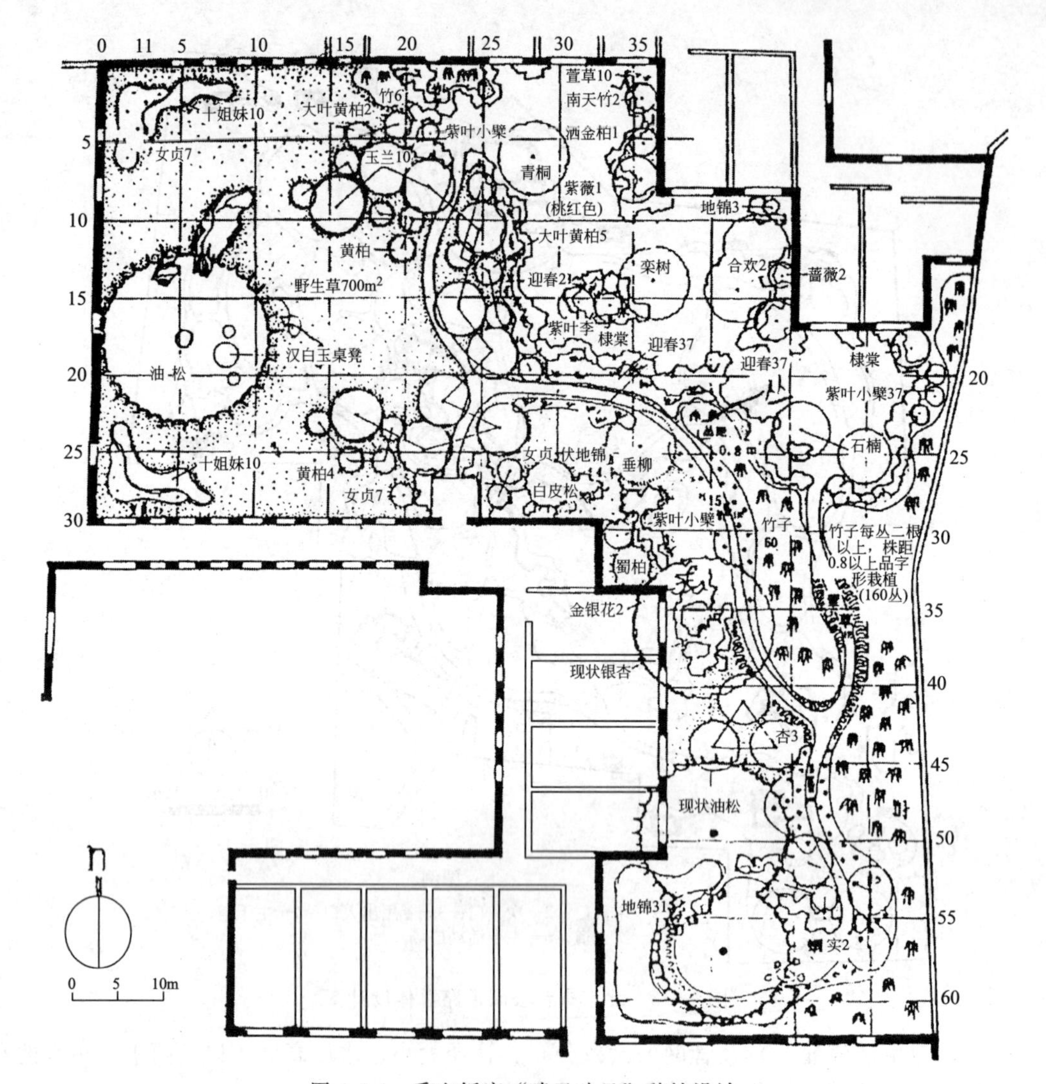

图 4-4-4　香山饭店“晴云映日”种植设计

基地周围的城市景观；基地周围的山体、水系等。

③ 鸟瞰图应注意“近大远小、近清楚远模糊、近写实远写意”的透视法原则，以达到鸟瞰图的空间感、层次感、真实感。

④ 一般情况，除了大型公共建筑，城市绿地内的景观建筑和树木比较，树木不宜太小，而以 15～20 年树龄的高度为画图的依据。

图 4-4-5 和图 4-4-6 分别是依据以上原则绘制的谐趣园鸟瞰图和三景广场鸟瞰图，将园林设计的意图更直观地表达出来了，透视准确，层次感强。

透视图是园林设计中最常用的表现方法。由于平、立面图较抽象、设计内容不易明确、直观地反映出来，因此，需将平面图上的内容转换成三维的透视图。这样就能直观、逼真地反映设计意图，便于沟通与交流。将景物设想为具有长、宽、高的空间体，根据其三个方向的轮廓线与画面的位置关系（实际上是视线与轮廓线的关系），透视图可分为一点透视和两点透视。

当空间体有一个面与画面平行时所形成的透视称为一点透视（图 4-4-7）。在一点透视中，空间体的三组轮廓线中有二组与画面平行，一组与画面垂直，并且其灭点就是心点 V_C。

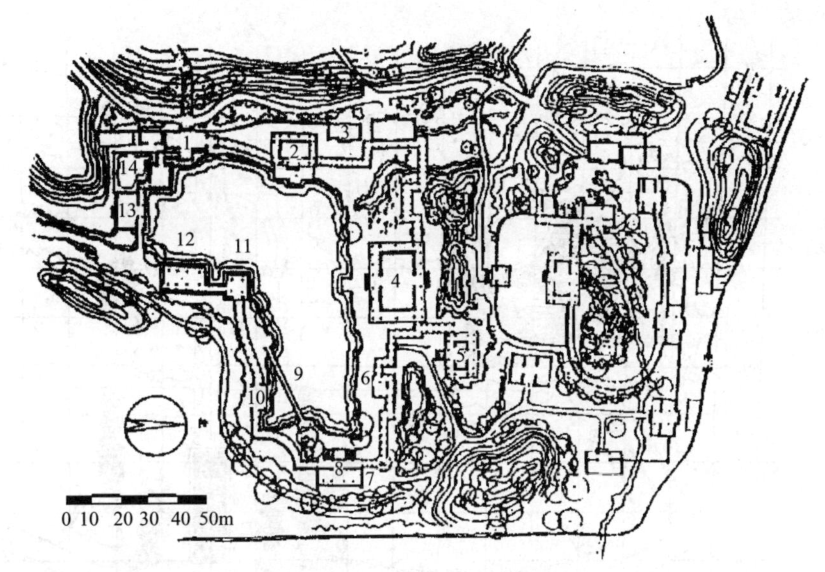

1—园门；2—澄爽斋；3—瞩新楼；4—涵远堂；5—湛清轩；6—兰亭；7—小有天；8—知春堂；9—知鱼桥；10—澹碧；11—饮绿；12—洗秋；13—引静；14—知春亭

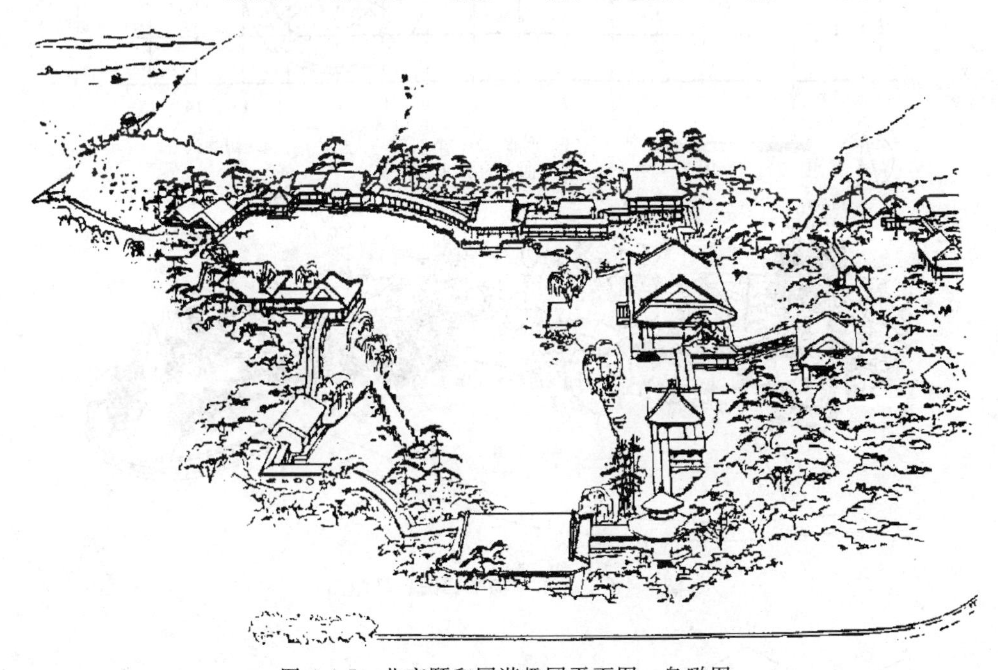

图 4-4-5　北京颐和园谐趣园平面图、鸟瞰图

一点透视较适宜表现场面宽广或纵深较大的景观。

当空间体只有铅垂线与画面平行时所形成的透视称为两点透视（图 4-4-8）。之所以称两点透视，是因为空间体的两组水平线形成了两个灭点。若从景物与画面的平面关系看，则又可称为成角透视。

4.4.3　总体设计

（1）总体设计说明书

总体设计方案除了图纸外，还需要一份文字说明，全面地介绍设计者的构思、设计要点等内容，具体包括以下几个方面。

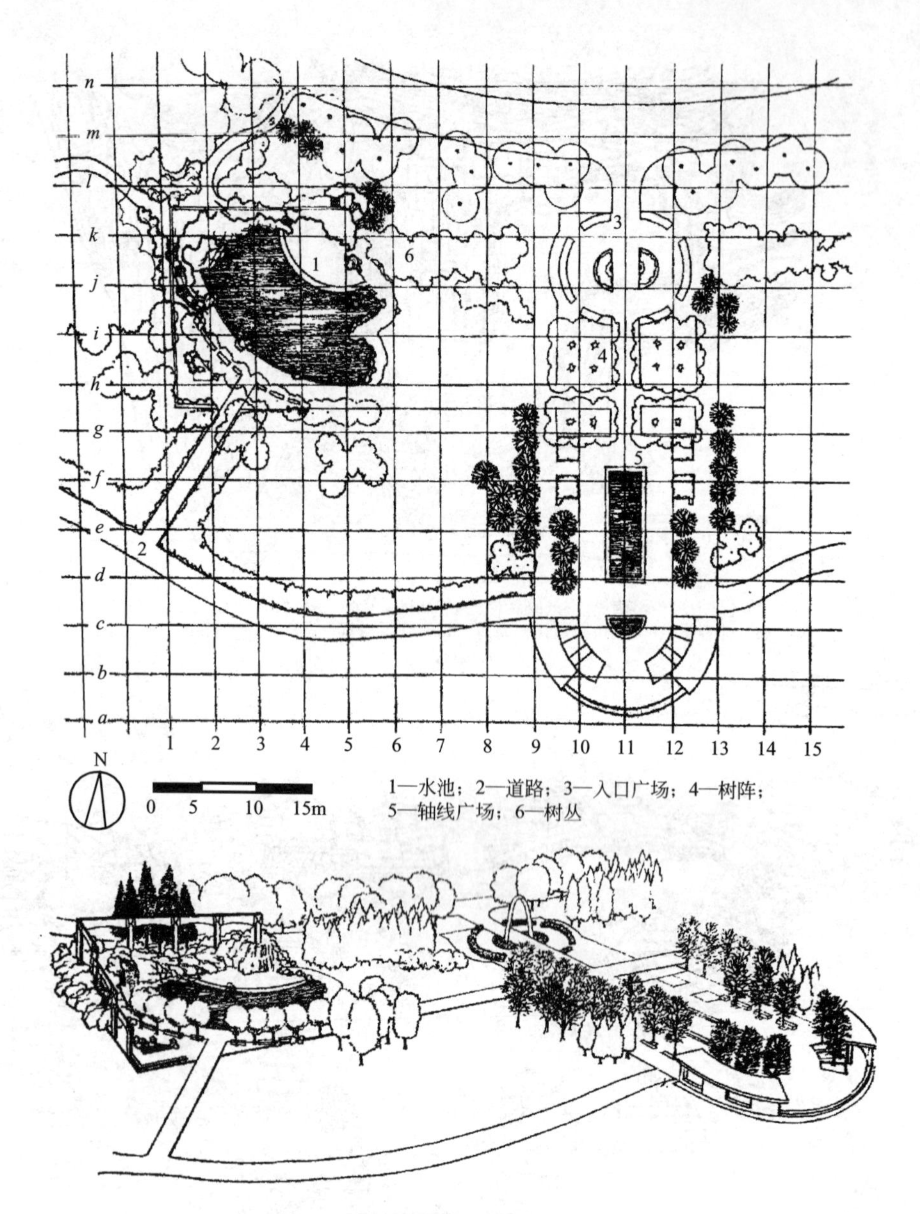

图 4-4-6　三景广场平面图、鸟瞰图

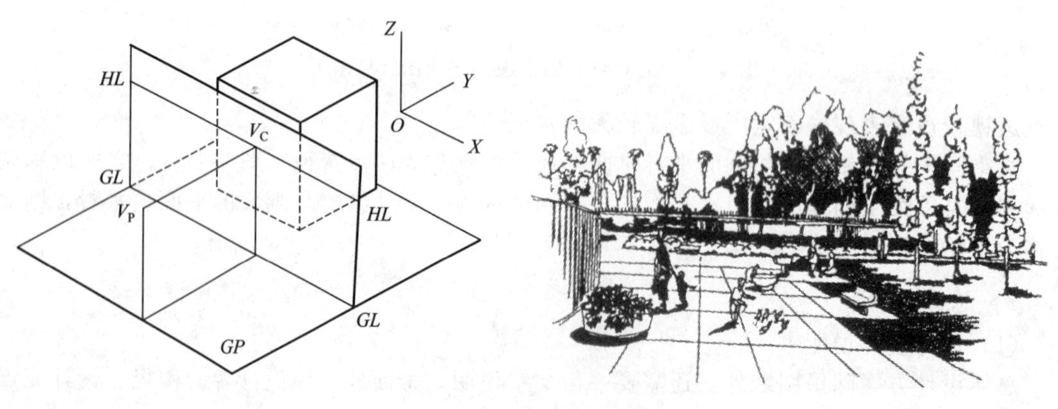

图 4-4-7　公园某景观一点透视

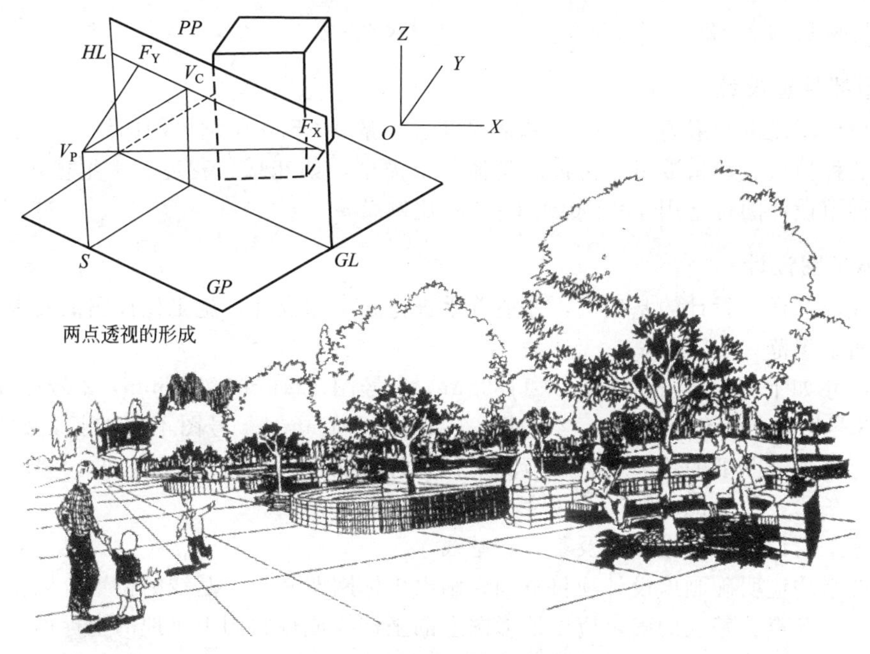

图 4-4-8　公园某景观两点透视

① 位置、现状、面积；

② 工程性质、设计原则；

③ 功能分区、景观分区；

④ 设计主要内容（山体地形、空间围合、湖池、堤岛水系网络、出入口、道路系统、建筑布局、种植规划、园林小品等）；

⑤ 管线、电讯规划说明；

⑥ 管理机构。

（2）工程总匡算

在规划方案阶段，可按面积（hm^2，m^2），根据设计内容、工程复杂程度，结合常规经验匡算；或按工程项目、工程量，分项估算再汇总。

4.5　详细设计

在总体设计方案最后确定以后，要进行局部详细设计工作。

局部详细设计工作主要内容简介如下。

4.5.1　平面图设计

首先，根据基地的不同分区，划分若干局部，每个局部根据总体设计的要求，进行局部详细设计。一般比例尺为 1∶500，等高线距离为 0.5m，用不同等级粗细的线条，画出等高线、园路、广场、建筑、水池、湖面、驳岸、树林、草地、灌木丛、山石等。

详细设计平面图要求标明建筑平面、标高及与周围环境的关系。道路的宽度、形式、标高；主要广场、地坪的形式、标高；花坛、水池面积大小和标高；驳岸的形式、宽度、标高。同时平面上标明雕塑、园林小品的造型。

4.5.2　横纵剖面图设计

为更好地表达设计意图，在局部艺术布局最重要部分，或局部地形变化部分，作出剖面图，一般比例尺为 1∶200～1∶500。

4.5.3 局部种植设计

种植设计图比例一般为 1∶500，或者更小。一般 1∶500 比例尺的图纸上，能较准确地反映乔木的种植点、栽植数量、树种。其他种植类型，如花坛、花境、水生植物、灌木丛、草坪等的种植设计图可选用 1∶200 或 1∶300 比例尺。

4.5.4 施工图设计

在完成局部详细设计的基础上，才能着手进行施工图设计。施工设计图纸要求如下。

(1) 图纸规范

图纸尺寸如下：0 号图 841mm×1189mm，1 号图 594mm×841mm，2 号图 420mm×594mm，3 号图 297mm×420mm，4 号图 210mm×297mm。4 号图不得加长，如果要加长图纸，只允许加长图纸的长边，特殊情况下，允许加长 1～3 号图纸的长度、宽度，零号图纸只能加长长边，加长部分的尺寸应为边长的 1/8 及其倍数。

(2) 施工设计平面的坐标网及基点、基线

一般图纸均应明确画出设计项目范围，画出坐标网及基点、基线的位置，以便作为施工放线的依据。基点、基线的确定应以地形图上的坐标线或现状图上工地的坐标据点，或现状建筑屋角、墙角，或构筑物、道路等为依据，必须纵横垂直，一半坐标网依图面大小每 10m 或 20m、50m 的距离，从基点、基线向上、下、左、右延伸，形成坐标网，并标明纵横标的字母，从基点坐标点开始，以确定每个方格网交点的纵横数字所确定的坐标，作为施工放线的依据。

(3) 施工图纸要求内容

图纸要注明图头、图例、指北针、比例尺、标题栏及简要的图纸设计内容的说明。

(4) 施工放线总图

主要表明各设计因素之间具体的平面关系和准确位置。图纸内容：

保留利用的建筑物、构筑物、树木、地下管线等；

设计的地形等高线、标高点、水体、驳岸、山石、建筑物、构筑物的位置、道路、广场、桥梁、种植点等全园设计内容。

(5) 地形设计总图

地形设计主要内容：平面图上应确定制高点、山峰、台地、丘陵、缓坡、平地、微地形、岛及湖、池、溪岸等岸边、池底等的具体高程，以及入水口、出水口的标高。此外，各区的排水方向、雨水汇集点及各景区景观建筑、广场的具体高程。一般草地最小坡度为 1%，最大不得超过 33%，最适坡度 1.5%～10%，人工剪草机修剪的草坪坡度不应大于 25%。一般绿地缓坡坡度 8%～12%。

地形设计平面图还应包括地形改造过程中的填方、挖方内容。在图纸上应写出全园的挖方、填方数量，说明应进园土方或运出土方的数量及挖、填土之间土方调配的运送方向和数量。一般力求全园挖、填方取得平衡。

除了平面图，还要求画出剖面图。主要部位山形、丘陵、坡地的轮廓线及高度、平面距离等。要注明剖面的起讫号、编号，以便与平面图配套。

(6) 水系设计

除了陆地上的地形设计，水系设计也是十分重要的组成部分。平面图应表明水体的平面位置、形状、大小、类型、深浅以及工程技术要求。

首先，应完成进水口、溢水口或泄水口的大样图。然后，从全园的总体设计对水系的要

求考虑，画出主、次湖面，堤、岛、驳岸造型，溪流、泉水等及水体附属物的平面位置，以及水池循环管道的平面图。

纵剖面图要表示出水体驳岸、池底、山石、汀步、堤、岛等工程做法图。

（7）道路、广场设计

平面图要根据道路系统的总体设计，在施工总图的基础上，画出各种道路、广场、地坪、台阶、盘山道、山路、汀步、道桥等的位置，并注明每段的高程、纵坡、横坡的数字。一般园路分主路、支路和小路3级。园路最低宽度为0.9m，主路一般为5m，支路在2～3.5m。支路和小路纵坡宜小于18%，超过18%的纵坡，宜设台阶、梯道。通行机动车的园路宽度应大于4m，转弯半径不得小于12m。一般室外台阶比较舒适高度为12cm，宽度为30cm，纵坡为40%。长期园林景观实践数字：一般混凝土路面纵坡在0.3%～5%之间、横坡在1.5%～2.5%之间，天然土路纵坡在0.5%～8%之间、横坡在3%～4%之间。

除了平面图，还要求用1∶20的比例绘出剖面图，主要表示各种路面、山路、台阶的宽度及其材料、道路的结构层（面层、垫层、基层等）厚度做法。注意每个剖面都要编号，并与平面配套。

（8）园林建筑设计

要求包括建筑的平面设计（反映建筑的平面位置、朝向、周围环境的关系）、建筑底层平面、建筑各方向的剖面、屋顶平面、必要的大样图、建筑结构图等。

（9）植物配置

种植设计图应表现花草树木的种植位置、品种、种植类型、种植距离，以及水生植物等内容。应画出常绿乔木、落叶乔木、常绿灌木、花灌木、绿篱、花篱、草地、花卉等具体的位置、品种、数量、种植方式等。

（10）景观小品

在景观设计中，主要提出设计意图、高度、体量、造型构思、色彩等内容，以便于与其他行业相配合。

（11）管线及电讯设计

在管线规划图的基础上，表现出上水（造景、绿化、生活、卫生、消防）、下水（雨水、污水）、暖气、煤气等，应按市政设计部门的具体规定和要求正规出图。主要注明每段管线的长度、管径、高程及如何接头，同时注明管线及各种井的具体的位置、坐标。

同样，在电气规划图上将各种电气设备、（绿化）灯具位置、变电室及电缆走向位置等具体标明。

（12）设计概算

土建部分：可按项目估价，算出汇总价。

绿化部分：可按基本建设材料预算价格中苗木单价表及建筑安装工程预算定额的园林绿化工程定额计算。

第5章　风景园林设计方法

本章重点：掌握风景园林设计的地形、空间、构图等相关知识。

本章难点：景观设计的原则和方法。

5.1　地域

5.1.1　概念

地域，通常是指一定的地域空间，也叫区域。其内涵是首先具有一定的界限，其次在地域内部表现出明显的相似性和连续性，第三地域具有一定的优势、特色和功能，第四地域之间是相互联系的，一个地域的变化会影响到周边地区。总体而言，地域是反应时空特点、经济社会文化特征的一个概念。它是经济地理学和文化地理学中经常用到的核心概念。因为，一个有意义的地域概念，必须是自然要素与人文要素的有机融合。因此，从这个意义上来考察，人们心中的地域概念实质应该是一种功能性的界定。基于这种认为，通常人们所说的地域是指上面提到的第三种涵义。

5.1.2　主要特征

地域由于是人类对时空、人类活动因素、自然条件与人文条件的综合认识，因此，其地域所表达的特征是比较明显的。

(1) 区域性

区域性是人们界定一个地方的主要依据。每一个地理事物，每一件地理事件，都发生在一个具体的时空范围内，见证于具体的人群。因此，区域性就成为地域特征的一个标志性特点。例如，长阳巴山舞蹈的兴起与传播就带有明显的区域性特点。

(2) 人文性

人们研究一个地方的地域特色，首先是看重的人文性。人文性成为人们研究一个地方的重要吸引力。可以这样说，只要人的意识所到之处，并与现实物质存在发生关联，它就在某种程度上预言了某种或者多种可能的人文性。地域文化特色也主要就是在基于自然条件的基础上去深刻把握人文要素的突出内涵的。因此，地域的另一个突出特点是鲜明的人文性。否则，人类所从事的一切地域活动就没有任何意义。正像天生的各种非意识物体生在世上不知为何一样。所以，从这个意念上来看，地域的人文性就是人类所体现的比较科学的意识行为。它包括了物质的或者非物质的行为。

(3) 综合性（或者系统性）

地域反应的事物或者关系往往是一个关系或者实体错综复杂的综合体。单一的地理物或者事件等不能形成地域空间。比如，人们一谈到埃及，不仅涉及它的地理位置、自然要素、人口、资源等要素，也包括了它的兴起、发展等历史要素，创造的诸多文明等内容。因此，人们在研究一个地域空间时，往往需要用综合的眼光来看待分析，才会全面科学生动地把握其各种要素。

当然，地域还会有其它特征，如历史性、差异性等。认识这些特点，有助于人们更好地认识一个地域空间，有助于更好地从事各种地域活动。

5.2 地形处理

地形是处理景观设计的构成基础，包含陆地和水体两个部分，其处理结果直接影响景观设计的性质、功能、形式以及景观效果，同时影响交通道路系统的设计以及建筑物与构筑物的设置，因此，地形设计是景观设计的重要组成部分，是能够影响整体设计的关键步骤。

5.2.1 陆地

在景观设计中，按地质组成和标高来划分，可以分为平地、坡地和山地三个类型。其中平地和坡地一般在中小型的景观设计中应用较多，如城市内部的公园、居住区、广场以及以娱乐为主的公园等，山地在中型以上的设计中应用较为广泛。如大型的山地公园、植物园以及区域性的生态保护区以及国家公园等。

5.2.1.1 平地和坡地作用与设计注意事项

（1）平地的处理

平地在景观设计中应占有面积的30%左右，用以满足人们集中进行活动的需求，比如进行娱乐活动，所谓平地设计是指包括5‰排水坡度的地面，利于排水。在平地面积较大的区域，可以设计成1%～7%的缓坡来增加设计的趣味性和利于排水。坡地的坡度要在土地的自然安息角内，一般是20%，在有草地护坡的情况下最多也要不超过25%。

（2）平面地面处理的几种类型

① 植被地面　包括草坪、草地、稀树草地以及疏林草地，根据种植类型的不同可以建成以观赏性为主的景观和以进行人为活动为主的活动型景观类型。

② 铺装地面　包括道路以及广场，可以依据设计位置设计不同的铺装类型，如主干型道路和小径的铺装应按照其功能加以区别，广场的铺装可以根据设计需求采用不同的材质以及丰富的铺装手法，规则型铺装和不规则型铺装均可。但要注意地面铺装在整体面积中不宜过多，要通过巧妙的设计手法一方面突出自然生态的意境，另一方面可以节省资金。

③ 沙石地面　在设计中利用天然的岩石质地为基底，上面用卵石或者砂砾找平，用以防止地表径流对土壤的冲刷，可以作为建设游人活动场地或者休憩场地。

5.2.1.2 坡地

① 缓坡　平地与陡坡的过渡区域，坡度为8%～12%，一般可以作为活动场所，如观景（图5-2-1）。

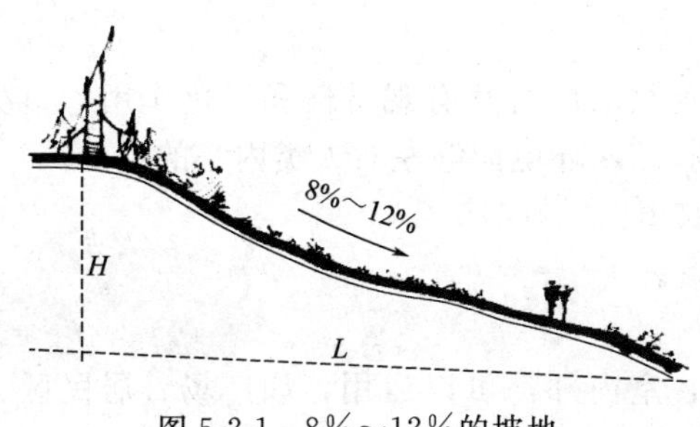

图5-2-1　8%～12%的坡地

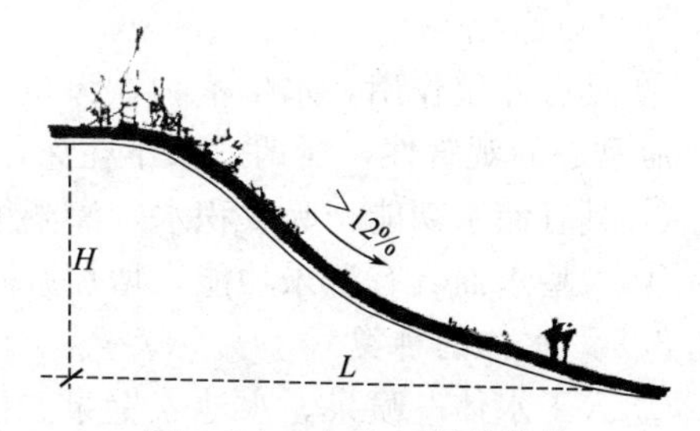

图5-2-2　大于12%的坡地

② 陡坡　平地与山地的过渡区域，坡度为12%以上，为了保持水土，常用的景观设计方式为配置大量灌木或者山石来进行应用（图5-2-2）。

5.2.2 山地

在自然山水园的设计中，山地设计是最重要的部分，尤其是中式的景观设计讲求“师法自然”，就是利用原有的地形、土方、植物等要素，经过适当的人工改造而成，一般低于总面积的30%，在中国现存的很多著名的园林中如苏州的拙政园，就是利用挖湖的土方进行人工堆山，再有北京的颐和园，利用原有地形，通过人工改造进行造景的方式，体现“虽由人做，宛自天开”的效果。

山地在使用功能上主要体现在观赏和登临两种类型，主要体现在高度的景观竖向设计上，在布局上往往作为景观的主体设计，与相邻的平地或者水面相互呼应，形成景观设计上的叠景、障景等各种观赏意境，在设计山地时，要注意两个问题：一个是山体的位置，在园林设计中，一般山体都是作为景观的中心，所以其它的景观都要和山体达成一定的联系，在视觉上造成有断有续、大空间和小空间的分隔，如北京圆明园里的湖面，在视觉上通过山体的起伏和遮挡形成了大开大合的效果，达到了让人心神激荡的目的；另一个是山体尽量不要设计成孤立存在的形式，要和周边的地形巧妙地结合，形成错落有致、连绵起伏的状态才能达到理想的状态，也更符合“虽由人作、宛自天开”的设计理念。

5.2.3 水体

在景观设计中，水作为一个重要的要素是必不可少的，可以说水是景观设计的灵魂，没有水的园林设计是枯燥的，纵观古今中外各种类型的造园设计，不管是西方的古典园林还是中国的皇家园林，即便是小巧的私家园林也是要引水入园，铸造灵气，流动的水更是能够带来活力，创造生动的氛围（图 5-2-3、图 5-2-4）。

图 5-2-3　溪流

图 5-2-4　瀑布

5.2.3.1 水体的作用

① 具有降噪和提高空气湿度和温度的作用，能在一定程度上加速制造局部范围的小气候，并可以净化空气。

② 具有养殖作用，水生植物在为鱼类提供食物的同时兼有观赏性和绿化作用，鱼类本身具有动态的观赏性，所谓“水不在深，有龙则灵”，环境能够左右人类内心的感受。

③ 具有储水功能，吸收积水，灌溉植物和农田。

④ 大型水面具有游乐功能，增加游园的项目。

5.2.3.2 水体的种类

① 人工水体　喷泉、水池、壁泉、涌泉等，室内外都可以运用，如广场、居民区、商业区、大型商场等，依据面积可大可小，造型随意，让人流连忘返（图 5-2-5）。

② 自然水体　江、河、湖、海、小溪、泉水、瀑布等，相比较人工式水体，这部分水体具有气势大、自然性强等特点（图 5-2-6）。

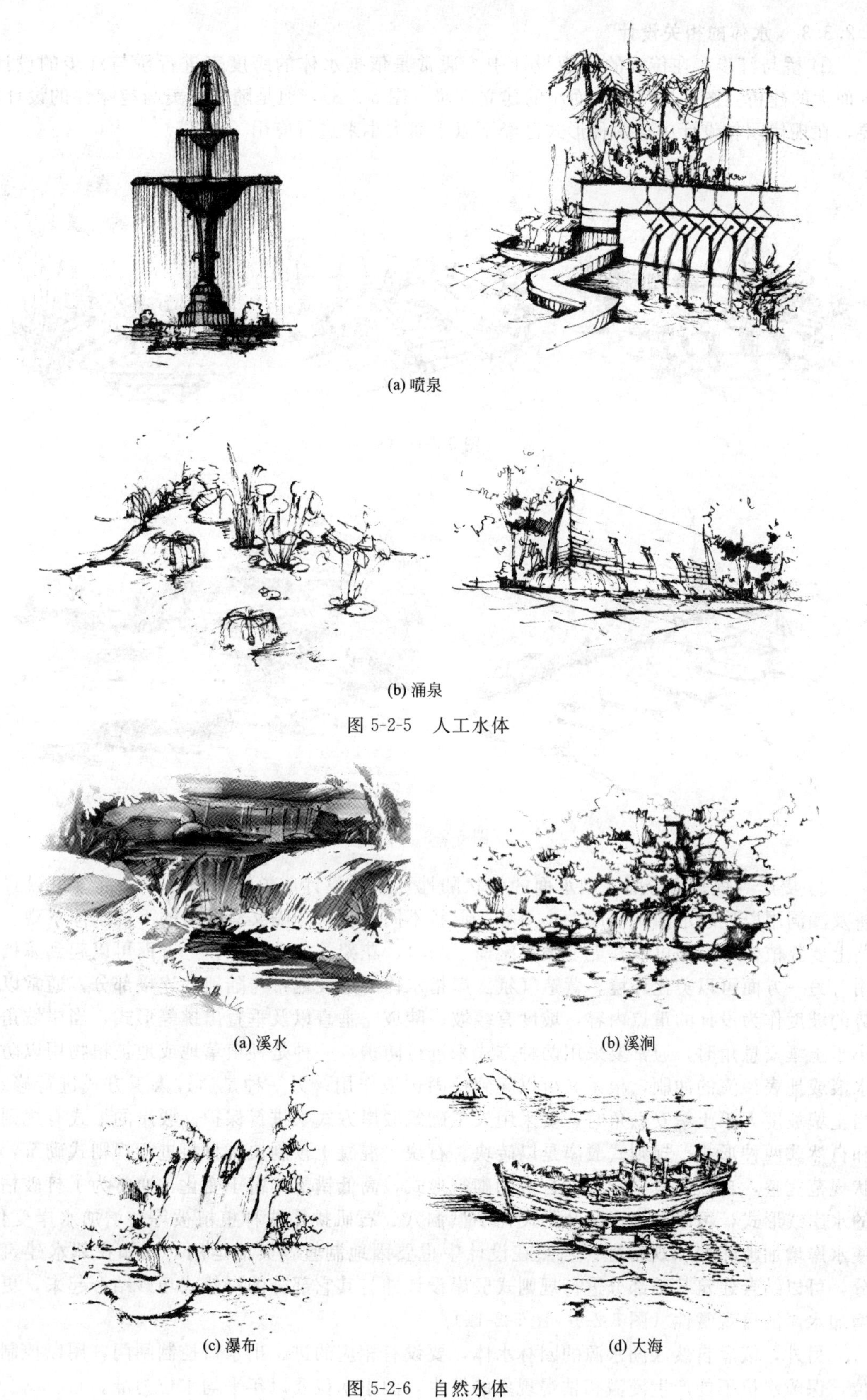

(a) 喷泉

(b) 涌泉

图 5-2-5 人工水体

(a) 溪水

(b) 溪涧

(c) 瀑布

(d) 大海

图 5-2-6 自然水体

5.2.3.3　**水体的相关设计**

① 桥与汀步　在传统的景观设计中，通常是依据水体的跨度来进行桥与汀步的设计，水面大的建桥（图 5-2-7），水面小的建立汀步（图 5-2-8），但是随着审美与趣味性的设计需要，在现代园林设计中这两种形式已经不以水面大小来进行应用了。

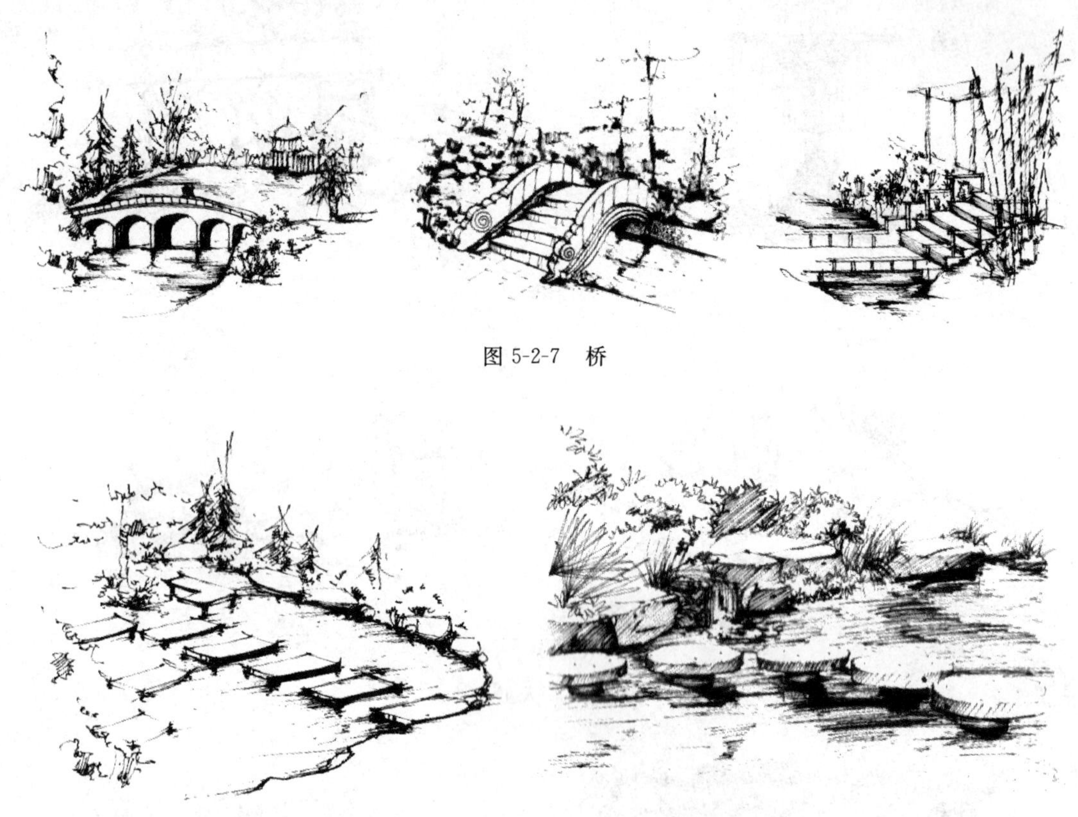

图 5-2-7　桥

图 5-2-8　汀步

② 堤岸　堤是指分隔大型水面的带状陆地，通常设计成道路，道路中央部分可设置成桥及涵洞用以连通水面，形成大小不等、形状不同的既有分隔又有联系的不同水体景观。道路上要栽植树木，并可以在堤上设置座椅、亭台、花架等公共设施，一方面可以起到遮挡作用，另一方面可以美化环境、营造气氛。岸指水体的边坡地带与陆地的连接部分，通常以地势的坡度作为设计的重点内容，坡度有缓坡、陡坡、垂直以及垂直出挑等形式，当岸坡角度小于土壤安息角时，通常要采用两种方式来进行防护：一种是种植草地或地被植物用以防止水浪或地表径流的冲刷，根系又可以起到稳固边坡作用；另一种是通过人工方式进行修筑，当土壤坡度大于土壤安息角时，要采用人工砌筑驳岸方式来进行保护。驳岸的形式有规则式和自然式两种形式，规则式驳岸是以砖块、石块、混凝土预制块等材料进行规则式砌筑，形状规范完整，自然式驳岸有相对自由的砌筑形式，高低错落，富于变化，通常为了打破枯燥的水岸线形式，可以在水岸凹凸处设计小型洞穴、石矶挑檐或种植植被等，增加水岸变化，使水岸增加趣味性和观赏性。当然在设计中也要因地制宜，灵活运用，比如在邻水建筑部分，可以结合建筑基础部分进行规则式驳岸设计并与其它部分的自然式巧妙结合起来，更能增加水岸的可观赏性（图 5-2-9～图 5-2-11）。

另外，依靠自然江湖水源的园林水体，要设有相应的进、出水口控制闸门，用以控制水位，保障水位不能产生漫溢和枯竭现象的发生，园中水位要以年平均水位为准。

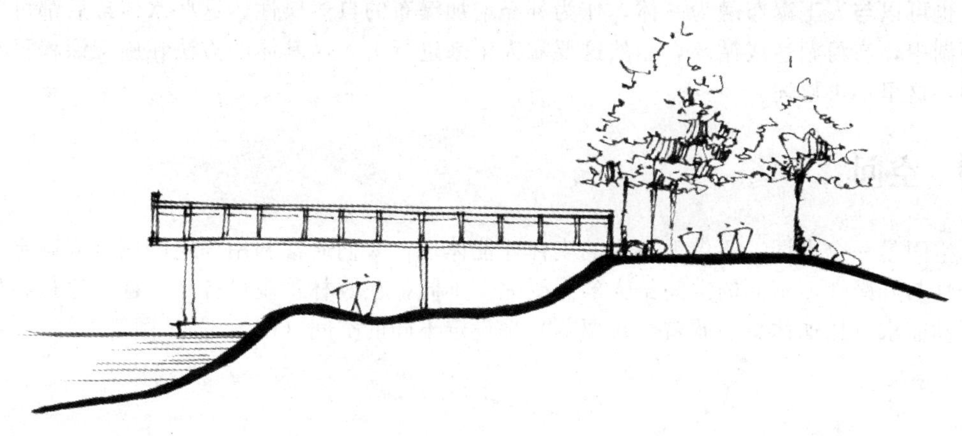
图 5-2-9　自然式驳岸

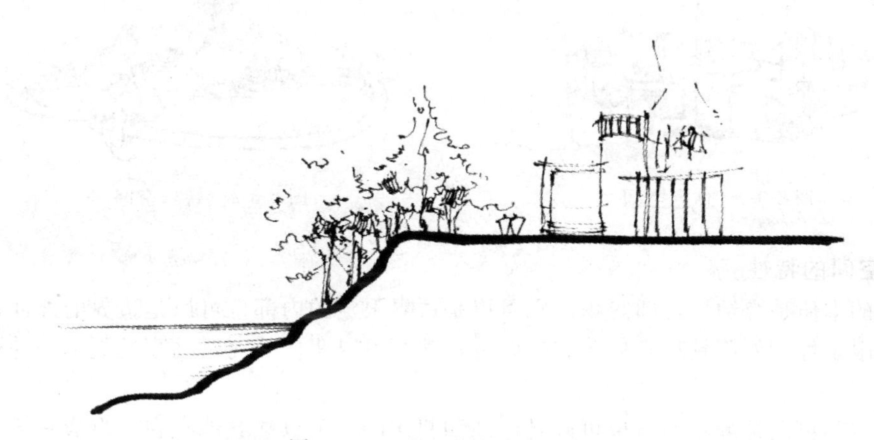
图 5-2-10　人工结合自然式驳岸

图 5-2-11　台地式驳岸

③ 溪水与涧流　作为大水面的附属水系，在园林设计中适当地引入一些溪水和涧流是必要的，这些水体与人的亲和性更强，可以进行亲水活动，增加游园的趣味性和融入性。在设计中，要注意把握溪水的节奏，时快时慢，时急时缓，时宽时窄，更巧妙的是能够利用溪水的声音达到音乐一样的效果，涧水一般是垂直水景观的一部分，不仅可以与溪水上下连

接，也可以与人工瀑布融为一体，作为补充增加瀑布的自然属性。这些水体最后都可以引入到河湖中，与河湖达成循环，当然这要靠人工来进行引入，具体的方法在施工课程里有具体介绍，这里不再累述。

5.3 空间

空间是一个虚词，要借助一定的实体才能体现，人们通常利用一定的围合来确定空间的私密性与开敞性，不同的空间给人的感受完全不同，在园林景观设计中，往往通过各种不同的活动需求（比如休息、欣赏、玩耍等）来设定不同的空间（图 5-3-1、图 5-3-2）。

图 5-3-1　休息空间

图 5-3-2　娱乐空间

5.3.1　空间的特性

空间的本质是容纳性，即容积。它可以是边界限定的内部也可以是边界的外部，内部具有强烈的限定性，外部具有延伸感和扩张感，甚至可以驱使外向运动直至更远的外围边界或更远。

限定空间可以是静止的，也可以是流动和起伏的，可以独立地存在、自成一体，也可以成为人或者事物的背景。

空间可以设计成用来激发特定情感的固定场所，也可以与其他空间或物体相联系而成为复合空间。比如与近处的建筑、远处的街道、作为背景的连绵山脉或者天上的云霞遥相呼应，这就形成了一个复杂的也是妙趣横生的复合空间，正是这样一个复合空间在一定程度上把多种空间要素组合成为了一个统一、连贯的整体。

空间的变化可以是从大到小或从小到大，如圆明园“福海”的设计，用“一池三山”的意境，在造园处理上运用时开时合的设计手法，给人以豁然开朗或骤然紧张的大起大落的情感变化（图 5-3-3、图 5-3-4）；空间也可以是从动态到平静，从简单到精巧，从轻松到沉寂，从粗犷到精致等，空间的尺度、形态、特征是不断地进行变化的。因此，我们在进行空间的特定功能的设计时，首先要确定那些最为突出的、需要特定表达的空间特征，并要着重地展示它们已达到与其他空间不一样的唯一空间特性。

5.3.2　风景园林空间类型

（1）风景园林的开敞空间

一个空间的确定要通过基底、垂直面和顶面来划分，基底、垂直面和顶面称为空间围合的三要素。在室外空间中，基底就是地面（包含自然地面和人工地面），垂直面可以是植物、墙体、建筑、地形、廊、柱等要素，这些不同要素的高度与人的视角还会产生一定的视觉差异进而影响空间的限定，称为相对高度和绝对高度。相对高度是指构成垂直面的实际高度与人的视距的比值，通常用视角或高宽比 D/H 表示，绝对高度是指垂直面的实际高度，高于

图 5-3-3　圆明园福海平面

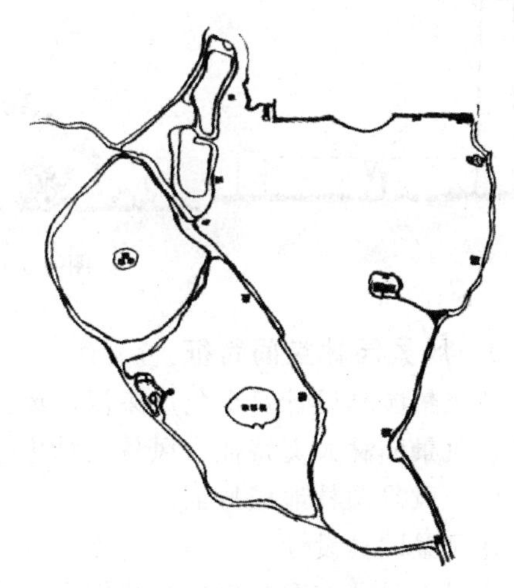

图 5-3-4　颐和园水域平面

人的视角的垂直面空间的围合性强，反之就弱，顶面可以是天空也可以是建筑或者是高大的植物的视觉围合，所谓视觉围合就是能够起到限定空间作用的合适尺度。好的园林空间设计都是采用高低错落、围而不合、时开时闭的空间形式来取得的（图 5-3-5）。

图 5-3-5　风景园林的开敞空间

（2）风景园林的封闭空间

封闭空间指视觉上通过空间三要素而形成的相对封闭的空间或通过人工建设形成的完全封闭空间，相对封闭空间如广场、游乐园，完全封闭空间如网球场、足球场等，这种封闭空间具有一定的私密性，利于开展统一活动（图 5-3-6）。

图 5-3-6　风景园林的封闭空间

（3）风景园林的混合空间

在风景园林设计中多数都是运用混合空间的形式来进行设计的，通过开敞空间和闭合空间的巧妙结合，围而不合，合而不闭，既独立又相对联系。让人体会“山青水复疑无路，柳暗花明又一村”的奇特的景观效果（图 5-3-7）。

图 5-3-7　半遮挡半封闭空间

5.3.3　风景园林空间特征

从风景园林设计这个角度来说，风景园林空间特征有风景园林地域特征、风景园林功能特征、风景园林人文特征、风景园林生态特征和风景园林美学特征。

（1）风景园林地域特征

在风景园林设计中，不管有多少种方法可以让学习者拿来借鉴，最终都是要针对实际的区域来提出设计方案，也就是我们常说的基质特征和斑块特征，所谓基质，即设计区域的地形、土壤、植物、水体等要素的自然情况，所谓斑块，即风景园林中的历史印记和画面，它可以分为自然斑块和历史斑块等，自然斑块是指在景观场景中的自然树林、河流等元素；历史斑块是指具有纪念价值的历史遗迹等元素。这些都是现代生态园林景观设计中的“原生元素”。风景园林设计师设计现代生态园林景观，应该多加利用这些“斑块”，在此基础上再进行创作发挥。这样，不仅能够节省建设成本，还能很好地保护原有的生态系统。

（2）风景园林功能特征

不同的风景园林环境可以为人们提供不同的场地和服务，比如游乐场地满足玩乐的需求，广场满足人们集散的需求，花园满足人们欣赏的需求，运动场满足人们运动的需求等。当然，在风景园林设计中，这些不同的功能需求也可以通过一定的设计形式联合起来，形成既有联系又各自独立的空间。

（3）风景园林人文特征

人文景观，又称文化景观，是人们在日常生活中，为了满足一些物质和精神等方面的需要，在自然景观的基础上，叠加了文化特质而构成的景观。它依据不同国家、不同地区、不同种族、不同文化、不同历史等因素，每个区域都会有各自的区别于其他区域的人文特征，在景观设计中要善于把握和利用这些不同因素，充分地反映这个区域的特征。

人文景观的共同点有以下 4 个方面：

① 具有旅游特色；

② 具有一定的历史积累；

③ 具有一定的文化内涵；

④ 具有多种表现形式，可以是实物载体也可以是精神寄托。

人文景观可以分为以下 4 类：

① 文物古迹；

② 革命活动地；

③ 现代经济、技术、文化、艺术、科学活动场所所形成的景观；

④ 地区和民族的特殊人文景观。

（4）风景园林生态特征

现代生态景观设计的核心理念是反映三个目的，即生态效益、经济效益和社会效益。首先，设计生态景观，要有一个可持续发展的概念，尽可能地利用当地的地形、材质、植物种类等，作为设计基本要素就地取材来进行设计，在尊重自然、保护自然、建设自然的基础上达到生态可持续发展的目的；另外，在设计中无论是规模大小，还是场地使用、人员活动等都要适当反映地域的实际情况（比如城市面积、人口数量、历史人文状况、植被覆盖率、风俗、特色等），在环境可持续发展上要尽量做到节能；其次，环境的可持续发展可以为人们带来不可估量的经济效益，比如开展特色旅游业，可以增加政府的财政收入，提高居民的经济收入和促进产业结构升级；同时，建设优质的生态环境可以改善人们的居住环境、清洁卫生、调节空气湿度、预防洪涝灾害等；只有获得必要的社会效益，才能够保证生态的良性循环。

（5）风景园林美学特征

所谓美学特征，即利用一定的美学原理，比如构图、层次、色彩、空间组合等。让设计力求达到与人的审美理想相统一或更高的的状态，让欣赏者得到美的艺术享受。

园林景观从其艺术性表现的角度来说，是一种以人的审美意识为中心的环境感知，是一种建立在视觉感受基础上的审美意识和精神升华。我们说文学是时间的艺术、绘画是空间的艺术、雕塑是凝固的艺术，而园林景观是流动的艺术，即可“静观其变”，又可“步移景异”，无论是哪一种方式，都能够在时间的变换中给人以美的享受。造园艺术在其漫长的发展中，无论是中式的“师法自然、天人合一”，还是意大利的“台地式”、英国的“规则图案”、法国的“几何对称式”设计手法，最终都是以达到人的审美和娱乐为目的的。可见园林景观的设计与艺术设计是相通的，比如“红楼梦”里的大观园，造园完成后还要在所有的匾额上题上名字才算是圆满，把书法艺术和造园艺术进行了完美的结合。

园林景观设计的核心是规划设计，即用图文的表现方式来展示设计的成果，因此除了要有良好的手绘图表现能力、熟练的计算机绘图技能外，还要有扎实的文字功底，这些都是风景园林专业必须要掌握的学习内容。

5.3.4 风景园林空间尺度

（1）规划设计尺度

在规划设计的角度可以把景观设计分为六个尺度即在尼古拉斯 T 丹尼斯和凯尔 D 布朗所著的《景观设计师便携手册》上所阐述的区域尺度（100km×100km）、社区尺度（10km×10km）、邻里尺度（1000m×1000m）、场所尺度（100m×100m）、空间尺度（10m×10m）、细部尺度（1m×1m）。设计者只有具备对所有尺度的认识，建立一定的空间观念才能在设计中做到心中有数。

（2）社会距离

社会距离指人们在各种社会活动时需要保持的最小距离。根据社会活动的场所、场景和人物不同距离的尺度也不尽相同。比如亲密距离一般为 0～0.45m，指父母和子女或者恋人之间的距离，个体距离一般不低于 0.6m，否则会产生压迫感，另外，距离的大小要根据空间来设定，大空间里人之间的距离要求就大，反之则小。人的压迫感随着空间的大小而产生变化（图 5-3-8～图 5-3-11）。

图 5-3-8　亲密距离

图 5-3-9　个体距离

图 5-3-10　小空间距离

图 5-3-11　大空间距离

(3) 人体尺度

人在活动的同时对面前的空间有一个舒适的尺度要求，不同的活动内容对空间的距离要求是不同的，比如散步的前后最小距离要求是 10.5m 以上，购物的距离要求是 2.7～3.6m，公共集会的距离是 1.8m 等。具体的实际数据可参考《人体工程学》等相关书目。

5.3.5 风景园林空间设定

在园林景观设计中，要依据地形变化、空间大小、景观功能等条件进行独立的景观设计称为景观空间设定。在单一的空间设计中，要通过上面提到的基底、垂直面和顶面的围合形式来进行分类，通常由以下六种方式，分别是覆盖、设立、虚拟、围合、上升和下沉。

① 覆盖　指有形的顶面所遮挡的下部空间，具有一定的高度，但不宜过高，能提供一定的独立范围如“树影”“亭”(图 5-3-12)。

图 5-3-12　覆盖

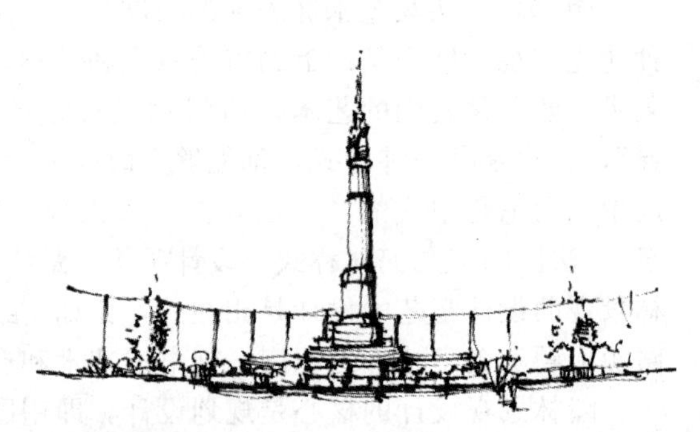

图 5-3-13　设立

② 设立　由具有明显高度的柱体所形成的边界不明显的空间，距离越近空间感越强，反之则弱。如“纪念碑”(图 5-3-13)。

③ 虚拟　指在视觉上具有一定通透性的空间，可以增加空间的尺度感，尤其适用于小型空间的设计，如“植物分隔、水体分隔”(图 5-3-14)。

图 5-3-14　虚拟

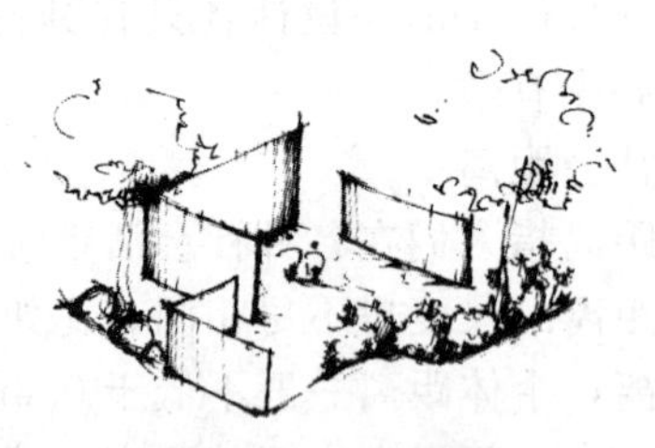

图 5-3-15　围合

④ 围合　垂直界面的空间运用，围合程度强，空间的封闭性就强；围合的程度低，空间围合性就低，并且与垂直面的高度有关，高于视平面的，围合封闭性强，低于视平面的或者平视的空间，围合封闭性低（图 5-3-15)。

⑤ 上升　高于地平面以上，可以获得较高的视域范围（图 5-3-16)。

⑥ 下沉　低于地平面以下，可以获得相对私密的空间（图 5-3-17)。

室外空间设计中，基底就是地球的自然表面，表现为地表的土层厚薄不均、干湿不定以及植被不同等，我们在设计时要注意遵从场地的自然状况，在保证不破坏自然地表的基础上进行设计和调整。比如道路设计，要做到尽量顺应自然地形而建，否则必然会导致耗资巨大或拆东补西的恶性循环。另外，在受到影响的地表区域，一定要进行大量的植被覆盖以防止水土流失和美化环境。

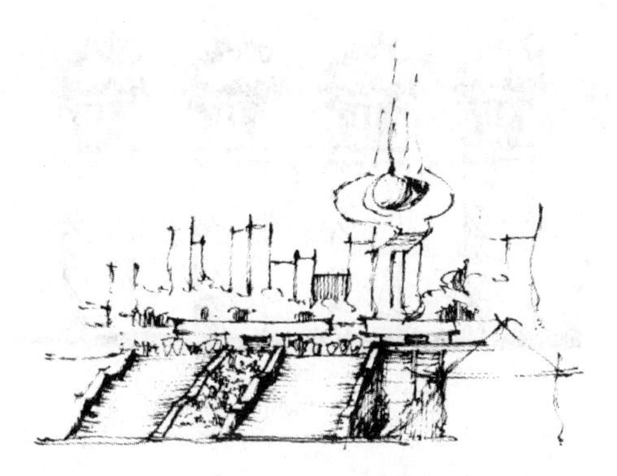

图 5-3-16　上升

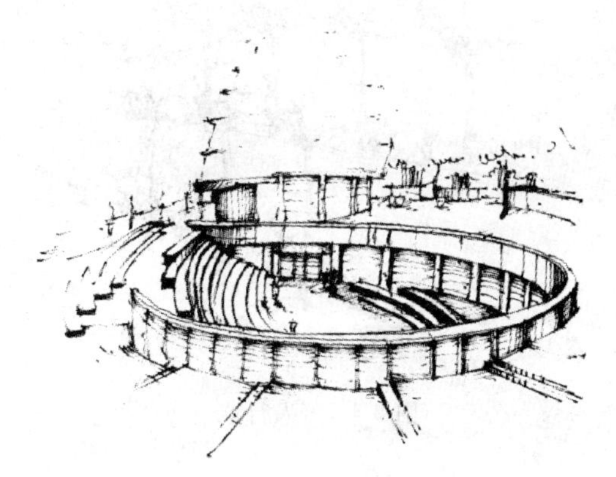

图 5-3-17　下沉

垂直面可以是一切具有高度的景观要素，比如植物、墙体、建筑等。当然这些垂直面限定程度要取决于这些垂直要素的高度，而垂直界面的高度又取决于观者的视觉控制要素。这些景观要素作为空间的分隔者、屏障、挡板或背景，在创造室外空间的过程中具有不可忽视的作用。垂直面容纳和连接着各个空间，给人造成虚实相接、场景不断变化的精神体验。通过垂直面的障景功能，让景观中比较突出的要素利用规划的处理手法，把远景、地平线或遥远的天际线等展现出来，这些垂直要素可以将用地区域延伸至空间的无限。

顶界面是指塑造外部空间时，视线透过垂直面延伸到与天空相接的虚拟围合界面。当我们身处在开敞的室外空间时，也可以把天空当做顶界面，把流云和微风当做围合面内的景观要素。如果身处在比较狭小的室外空间中，那么天空就不适合做为顶界面，我们需要利用顶面围合的特点、形式、高度以及范围等要素来进行空间限定，比如覆盖面较大的树冠、藤架或者一根木梁等。事实上，具有一定高度的垂直面就可以限定出既定空间的顶界面了。

5.4　空间设计的艺术原则

空间的设计过程是一个系统的过程，一个组织的过程。我们要想创造出理想的外部空间，一定需要有组织它们的原则，这些原则要贯穿于设计的始终，即从概念性方案到最后的细化设计过程。这些原则使得人们在感到需要变化和新奇的同时，在规律和重复中寻找惊奇和令人满意的艺术效果。当然，美是一种精神的感受，这种感受程度与个人的认识和经历密切相关。下面就介绍几种空间设计要遵循的艺术原则。

5.4.1　统一性和多样性

统一即是在设计中把所有单个的设计元素联系在一起，让人们能够易于从整体上理解和把握空间中的所有事物。统一原则包括对线条、形体、质地以及色彩的重复，比如把空间中相似的元素连接成一个线性的组合时，应用统一的方法能够很好地解决这个问题，让空间即有分隔又有联系（图 5-4-1、图 5-4-2）。

当然，一味地追求统一就会让空间流于平庸、单调而了无生趣，解决的方法是在统一的基础上进行景观的多重设计，比如引入一个水体，在引入的过程中，适当地设计几种不同的水体样式如瀑布、溪流、跌水等，让水面时而窄小、时而宽阔，那么就能打破水的单一印象，让景观生动起来（图 5-4-3）。

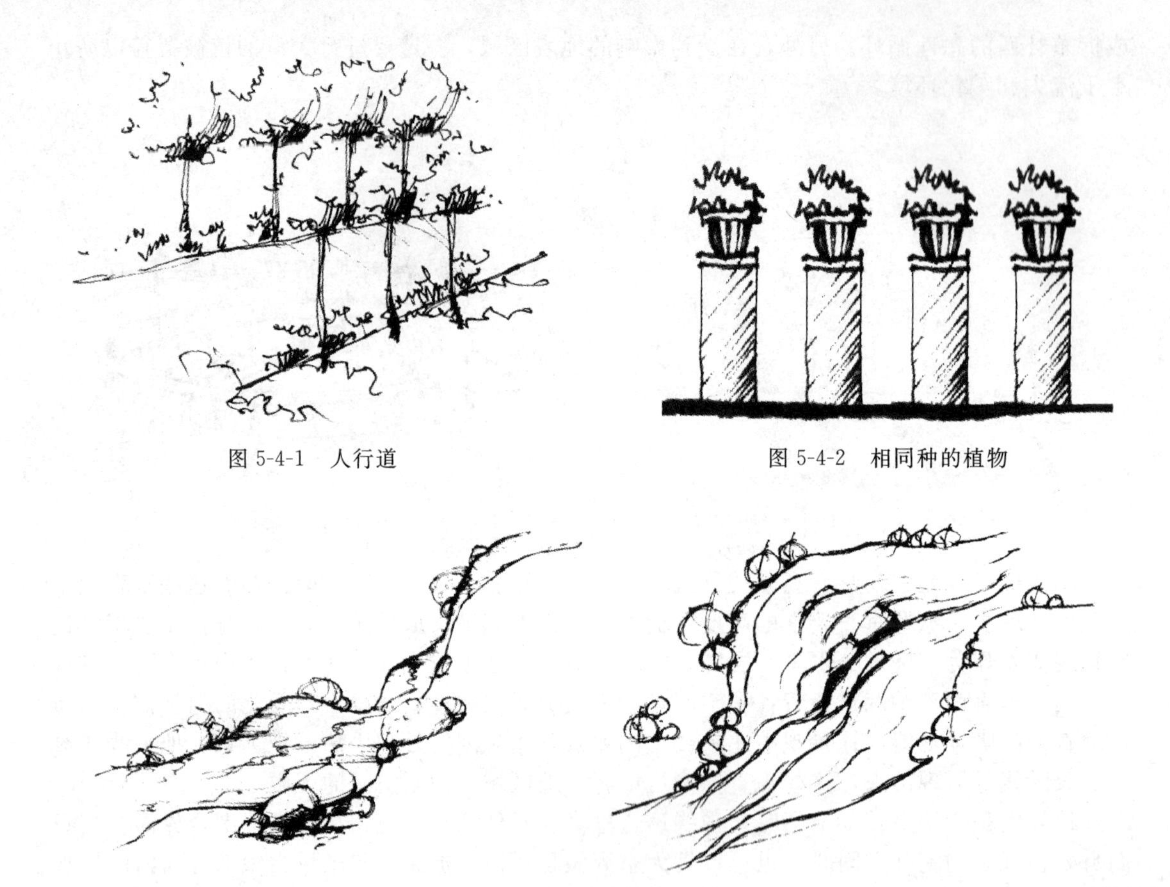

图 5-4-1　人行道

图 5-4-2　相同种的植物

图 5-4-3　水体的多样性

5.4.2　主从原则

主从原则是指在一个整体中，各部分之间在统一的基础上要有所区别，包括大小对比、形式对比、面积对比、色彩对比、位置对比等，要让人从视觉上感受到彼此的区别，进而引起人们探知的兴趣。没有主从区别就会流于单调，即便秩序感很强烈，仍然让人感觉毫无兴致（图 5-4-4）。

A：属于次要景观，建筑的体量，所处地理位置和周围环境相对都比较弱化；
B：属于主题景观，建筑位于较高点，体量较大，周围树木丰富，与地势融合

图 5-4-4　主从原则

在园林景观设计中也要有明确的主从关系，比如在公园中要有主要的景区和次要的景区，主要景区无论是从规模、基地处理、植物种类、园林建筑等都要与次要景区有所区别，

突出主题和重点。

5.4.3 均衡与稳定性原则

均衡指形体各部分之间或一个整体空间的各部分之间的平衡关系，分为对称均衡和不对称均衡两种形式。

① 对称均衡　有明显的轴线，形体在轴线的两边呈对称分布，这种由对称所产生的均衡称作对称均衡。这种对称均衡的形式具有严格的秩序性和稳定感，如法国、意大利等有许多古典园林都是运用这种手法，主题突出，给人以庄严、肃穆的感觉（图 5-4-5）。

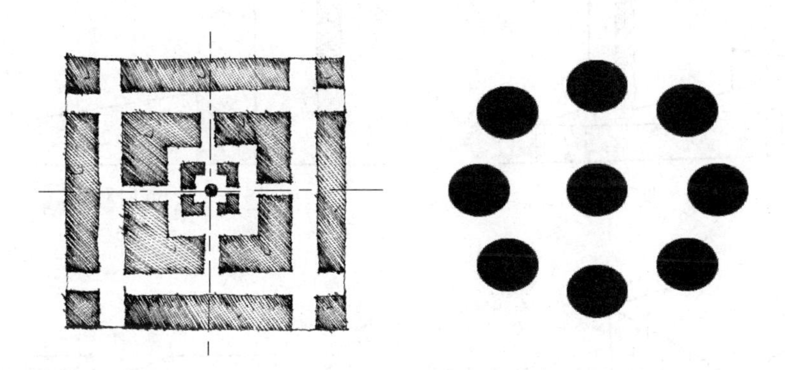

图 5-4-5　中心对称图形

② 不对称均衡　没有明显的中轴线，所有物体都是在不对称的情况下取得平衡。在园林设计中，体块大的形体如石块一般放置在离景观中心近的位置，体块小的物体一般被放置在离景观中心远的位置，这样取得视觉上的均衡。这在我国的传统造园手法中是最为常用的，以苏州园林为代表的江南传统园林和以北方园林为代表的圆明园、颐和园、拙政园等，都是以不对称的均衡形式存在的，园中的假山堆叠、水体流线、植物造景的布置等都是自然、轻松、随性的不对称形式来设计的（图 5-4-6、图 5-4-7）。

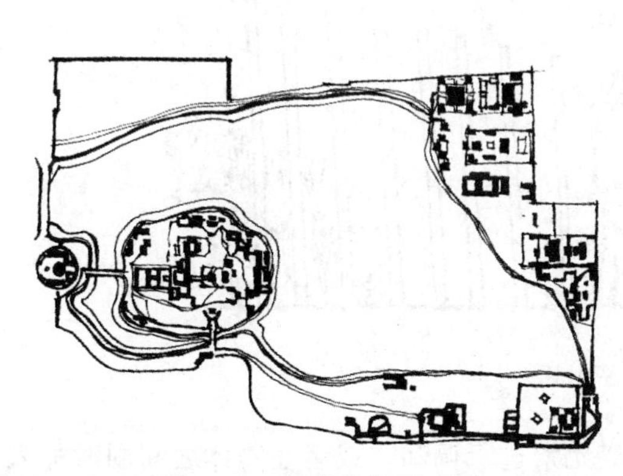

图 5-4-6　北京北海平面图

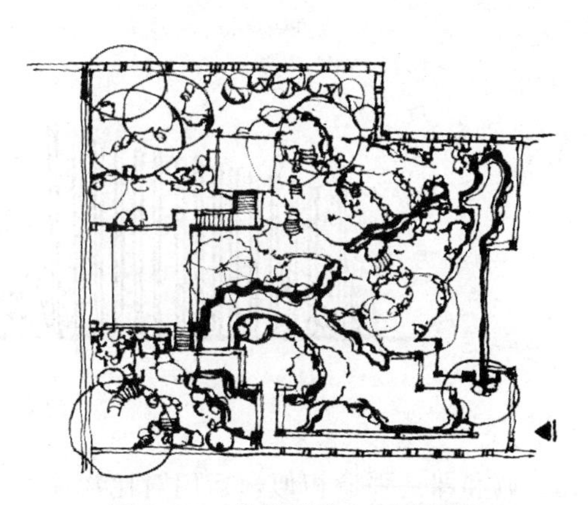

图 5-4-7　苏州环秀山庄平面图

在园林景观设计中，在构图中可以采用整体对称、局部不对称的形式或整体不对称、局部对称的形式进行综合运用，但要根据功能要求、因地制宜，不能为了满足形式需要而不顾大局。

5.4.4 对比与调和

对比即是强调差异，表现为两个或两个以上的物体所具有（例如材质、颜色、大小、曲直、质地、方向、虚实、明暗、疏密等）能给人强烈视觉感受的差异。把反差较强的两种要素和谐地配置起来，这种对比关系甚至能够让人感受到鲜明的统一感，即成功的对比（图5-4-8～图 5-4-13）

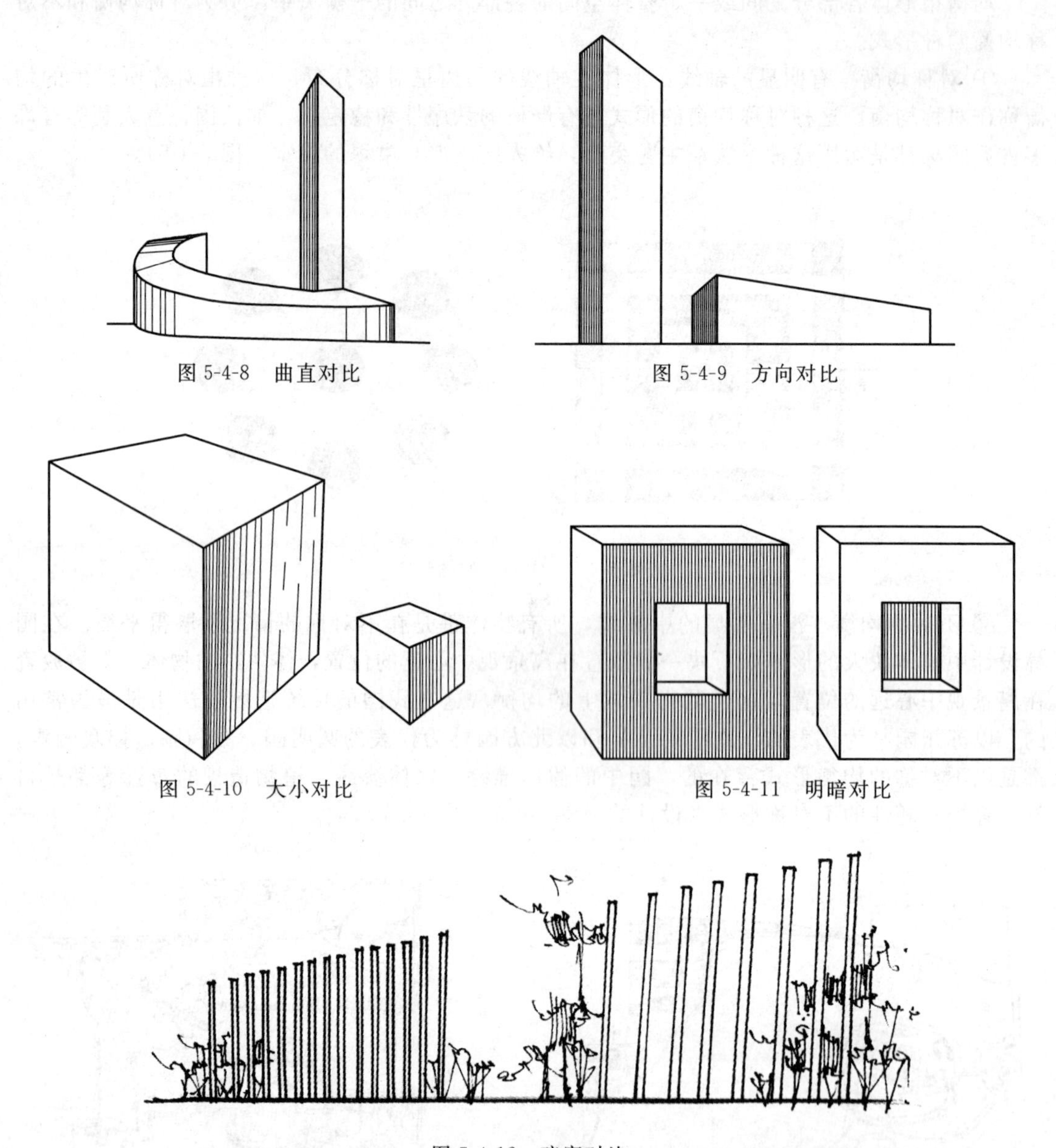

图 5-4-8　曲直对比

图 5-4-9　方向对比

图 5-4-10　大小对比

图 5-4-11　明暗对比

图 5-4-12　疏密对比

调和即是强调相似，运用对比物体之间的相似元素进行调和，或者在物体之间同时加入一种元素进行调和，这种调和表现为渐变、连续的变化，另外，调和也可以表现为一种极为微弱的对比。

5.4.5　节奏与韵律

节奏和韵律是指同一要素按照一定的规律进行重复运动的律动感，条理清晰、线条连贯，重复性、连续性是韵律的特点。韵律按其形式特点，可以分为以下两种类型。

① 重复韵律　指用一种或几种元素进行连续或者按照指定轴线重复排列而形成的一种

图 5-4-13　虚实对比

组合关系。组合中的每个元素都要保持相同的距离和形态，这种连续可以无限延长（图 5-4-14、图 5-4-15）。

图 5-4-14　路灯重复韵律

图 5-4-15　树木重复韵律

② 渐变韵律　指重复的每个元素在排列的过程中为了突破单调、乏味的视觉效果，按照一定的规律在某一方面或某几个方面产生变化，可以是距离、形态、色彩、方向、质地、高度等的变化（图 5-4-16、图 5-4-17）。

图 5-4-16　渐变韵律

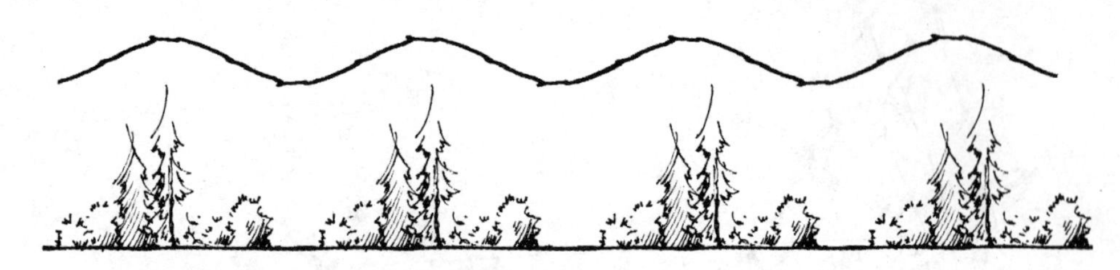

图 5-4-17 渐变韵律

5.4.6 比例与尺度

所谓比例是指自身的各个部分的长、宽、高之间的关系，通常用一个分数或者一个比率来表示，与实景大小一致的就是 1/1 或者 1∶1，是实景的一半大小则表示为 1/2 或 1∶2。比例的应用使大尺度的无法掌握的实景可以收纳在人为掌控的范围内，比如可以绘制一个区域、一个城市、一个国家或者更大的范围，为了将大尺度的场地放置于标准规格的纸张内，在景观设计中通常采用 1∶200 或者 1∶1000 的比例进行绘制，就是比实际尺度缩小 200 倍或 1000 倍。我们绘制的正投影图、平面图、立面图以及剖面图都是应用比例来完成的。决定比例关系的因素还有材料的性能、技术水平、形体构造、艺术形态、社会认知度等，比如就木质材料和混凝土材料来说，前者的比例关系就受到长度、粗细的制约，而后者制约性要小很多。

所谓尺度指的是自身与其他物体的对比关系，尺度适宜会感到舒适、愉快，尺度过小会感到压抑、郁闷，尺度过大会感到空旷、不稳定、孤独和恐惧（如图 5-4-18 所示的比例、尺度关系）。由此可得出结论，与人相关的内部空间的尺度极大地影响着人的情感和行为。

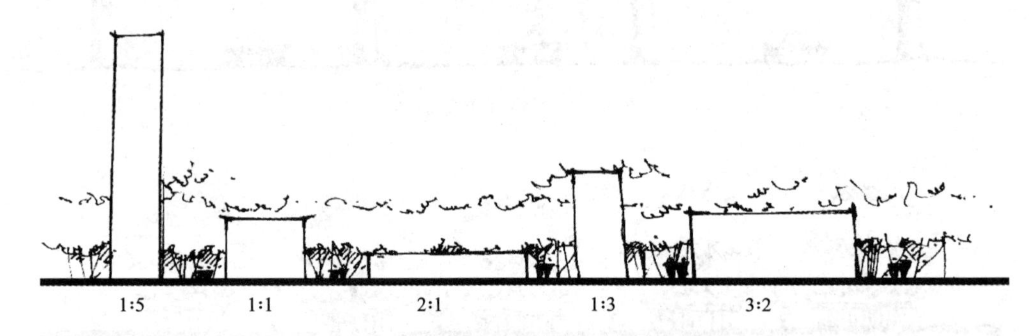

图 5-4-18 比例（单个形体自身的长、宽比值）和尺度（每个单体与整体环境的比值）

日本的设计师在长期的景观设计中总结出来一种符合人体固有尺度和个性化特征的空间，但是这种空间具有的特定性让其只有在特定的情况下才能体现出它存在的意义。比如新宿（Shinjuku）皇家花园（图 5-4-19），所有的设施及景观设计都以“精致”著称，但是国王不在的时候，它的精致反而显得落寞而变成缺欠。美国的范思沃斯住宅（图 5-4-20），由于建筑四面的玻璃幕墙具有的全透明的视觉观感，与室外的景观空间融为一体、一气呵成，它提供了一种内部空间和外部空间的平衡组合，使得两种空间互为补充、相得益彰，成为建筑的经典。

在设计中只有达到适宜的比例和尺度，才能做到让人感觉舒适，在微观和宏观的空间范围之间，我们可以将空间规划成无限大的形式，但要注意的是，空间的容积一定要符合所设计的各项指标的要求。

图 5-4-19　新宿（Shinjuku）皇家花园图

图 5-4-20　范思沃斯住宅

5.5　风景园林相关知识

5.5.1　风景园林与建筑

构成园林景观的最重要的一个要素就是建筑，最初的景观也都是围绕建筑而做的设计，二者相互补充，一方面是突出建筑的造型，另一方面是体现建筑所处的环境。只有将建筑和环境完美地结合起来，才能真正体现人类对于建筑的多重需求而不仅仅是为了建筑的庇护和防御功能。建筑的多重功能还包括实用、宜人、私密、开阔感和欣赏，这就要求建筑必须要回到自然当中——即便是人工在城市中所创造的“第二自然”。

人类在日复一日的忙碌的工作中，内心总是渴望有一块可以放松的清净之地。地方不必太大，只要远离城市的喧嚣即可，庭院的一角或者绿意盎然的露台都可以是这样的地方，既可以与自身的生活空间彼此联系，又可以独立存在，可以静思、品鉴、眺望、欣赏自然等。这就是人们内心对于自然的渴望。而只有将建筑与自然紧密地联系起来，才能让人们处于自然要素和自然环境中，并将自然带进我们的生活。无论是城市楼群、郊区住宅或者乡村小屋，每一种建筑类型在空间的处理上都有着可以让人接近自然的设计手法，比如屋顶花园建设的成功案例已经被人们认可并逐渐推广（图 5-5-1），但是这种方法并不是适用于任何地区；另一种案例是室内空间室外化，让室内空间向室外延伸，比如入口道路通向入口庭院、生活空间通向露台、游戏室通向庭院等，营造一种模糊的错觉，无形中增加了居住的尺度并满足了人们亲近自然的心理（图 5-5-2）。

图 5-5-1　屋顶花园

图 5-5-2　室外景观

另外，建筑的外部要有可提供人们活动的室外空间。这种空间可以小到楼间花园，也可大至运动场、游泳池或者是大片的可供人进入的绿地。无论用途如何，室外空间是人们生活中必不可少的场地，在对建筑和生活空间的设计中，要能真实地利用基地景观的特征和风貌，让其融合在一起达到浑然天成，才能让使用者真正地喜欢它。

5.5.2　风景园林与植物

植物构成了地球上生命的基本单位，在其生长、成熟、死亡、腐烂的过程中，给予了生态一个完整的循环系统，可以说植物是维系生态循环最为重要的一个因素。

在我们赖以生存的地球上，不论是海洋还是陆地，表面都是被薄厚不一的植被所覆盖着，并且植物是构成食物链的重要环节，为我们提供了必需的氧气和食物。因此，植物是形成人类生存环境的基本要素。

(1) 植物的分类

植物按其生长类型和种类可以简单地分为乔木、灌木、攀藤植物、草本植物和地被植物 5 类，每一种类又可以进行细分，如乔木可以分为常绿乔木和落叶乔木，灌木可以分为观花、观果、观枝干等，也可以根据叶形、花貌、果实形状、树皮、生长地域等再进行划分，在园林景观设计中，要进行适宜的植物种类选择才能达到良好的构图效果。

(2) 植物的配置

植物是构成景观设计要素的重要要素，可以说没有植物就没有美好的环境，随着季节的变化，植物或生机盎然、或色彩绚丽，都呈现出不同的季相特征，在设计中能够适当地进行植物搭配是保障设计成功的主要前提。

① 孤植　主要突出植物本身的三维立体景致，一般为高大的乔木，展示为个体 360 度的美感，适合各个角度的审视，与建筑、道路、水体等要素一样可以起到创立空间、分隔空间、变化空间的作用，观赏者可以通过不同的视角和视距对空间产生“移步易景”的空间变换。一般应用在庭院、广场以及大块的空地上。在选择孤植种类上要选择冠型优美、高大、季相变化大的树种，如银杏、雪松、合欢等（图 5-5-3）。

② 群植　在自然界中，任何植物群落都不是随意组合在一起的，而是在长期的历史进化过程中适应各种自然条件的结果，每个植物群落都有自己的特征，包括外貌、层次、色彩、结构等，植物群落的类型有林地、草地、疏林草地、灌丛、水生植物群落等，景观设计者要熟知这些自然的群落关系并在设计中加以运用，只有遵循这些自然植物群路的生长和发展规律才能做出适合生态发展的好的设计（图 5-5-4）。

图 5-5-3　孤植

图 5-5-4　群植

（3）植物的人工干预手段

大自然中的植物是多种多样的，但在人类长期的生产和生活过程中，只是依靠自然的植物种类还不能满足观赏、改善生态环境、造景、挽救濒危物种等的需求，因此需要通过人工的干预手段达到增加植物物种以达到人类需求的目的。比如人工培育的花卉可以延长花期、增加种类、改变花色等，这些无疑在景观设计的植物应用上更加丰富，效果更为突出。

① 植物的培育　植物的培育手段包括植物繁殖、移植、养护等几个方面，其中植物繁殖分为有性繁殖和营养繁殖两类，有性繁殖指用种子培育新个体的过程，又称种子繁殖，特点是产苗量大、成本低、苗木对外界的适应能力强。营养繁殖是利用植物营养体（根、茎、叶）的一部分培育出新个体的过程，可分为扦插、压条、埋条、分株、嫁接等方式，特点是能完好地保持母体的原有性状，获得早开花结实的苗木。移植是在一定时期把生长拥挤的较小苗木挖掘起来，按一定的株行距在移植区栽种下去继续培育的法。移植是培育优质苗木、提高苗木成活率的重要措施之一。景观设计师需要了解哪些植物适宜在特定的场地或者特定的场所生存，了解植物的培育方法是必不可少的。

② 植物的养护　目前植物的养护要分级别进行，比如草坪的养护分为一级养护、二级养护和三级养护，一级养护是最高级别的养护，要保证草坪的高度一致，含水量适度，没有枯死和黄叶，景观设计者要了解怎样进行植物的养护以保证植物的成活率及造景需要。

③ 植物的造景　景观设计师了解了一定的植物种类、种植手段、养护方法，那么就可以利用植物来进行造景应用了。首先要了解所要设计的园林性质以及功能要求，比如综合性公园和某一种专属性的公园，在植物的选择上是不同的，综合性公园集休闲、运动、游乐、集散等多种功能，需要有大面积的广场和草坪，需要休息的疏林或者密林、需要有遮阳的高大乔木等，而专属性的公园比如儿童公园则不需要大面积的广场和草坪，也不需要单独休息的林地了。其次选取能够满足生态需求的植物种类，任何一种植物搭配都要符合一定的生态需求，让植物正常生长，另外要为植物创造适宜的生态环境，比如街面的行道树要选择成活率高、抗性强、生长快的树种，邻水要选择怡情宜景并耐水湿的树种。第三是艺术性原则，在符合前两种要求后就要考虑植物的艺术性了，它包括植物的形态选择、色彩选择、层次搭配、季相特征等特点的强化，要让植物与周围的景致或者建筑相得益彰，并且要考虑到不同植物的生长状况用以造景，比如速生植物和慢生植物的搭配效果，观花和观果、观叶等植物的搭配效果，让植物的美通过艺术的手法达到最大的释放。

5.5.3　风景园林与人

景观的清晰度与人的行为有着密切的关系，作为景观设计者要明确景观的使用者和景观的服务对象才能更好地把握景观的设计定位，比如居住小区的景观设计和高速公路的景观设计，由于服务的对象不同，设计也存在差异，居住小区要满足居民的休闲、娱乐、观赏等需求，设计要细腻、丰富并富有情趣，高速公路由于车行的要求只要有大面积的色彩、植物的整体高矮等粗犷的变化即可，因为在高速公路上车行最低时速为 60km/h，在这个条件下任何细腻的景致都是即闪即逝，所以不适合做精细的景观设计。相反，过于精细的设计反而影响开车人的心境进而发生危险。

第6章 风景园林表现技法

本章重点：掌握风景园林表现的各种技法以及模型和计算机的应用。

本章难点：各种不同表现方法的熟练程度。

6.1 水墨表现技法

水墨渲染是用水调和墨所得到的浓淡深浅不同的效果来绘制的表现图，能够更快速、准确地表现物体的质感、光影、空间和厚度。

6.1.1 工具准备

(1) 选纸和裱纸

由于水墨渲染用水量大，在渲染的过程中要反复加量用以渲染逼真的空间效果，因此要选择吸水较好的水彩纸来进行，但要注意纸的质地，不能有晕染出现，否则影响渲染效果，尤其是边角或者转折处不能得到很好地表现（图 6-1-1）。

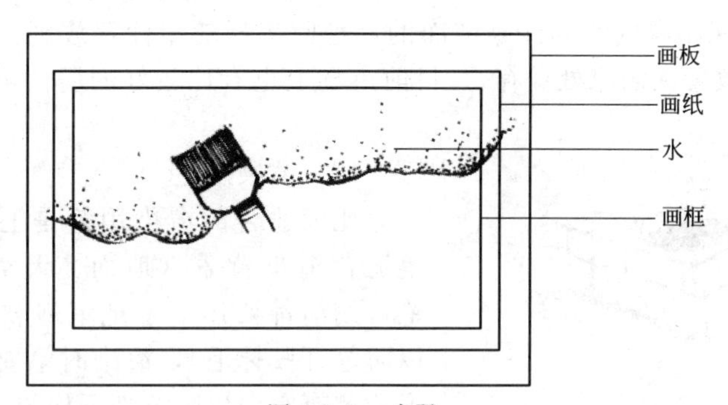

图 6-1-1 步骤一

为了让水渍不影响纸的使用效果，通常在渲染前要进行裱纸，裱纸的方法和步骤如下。

① 在纸的正面四周用硬铅笔（HB 以下）打 1.5cm 左右的线，然后先反面后正面用羊毛板刷或大号毛笔饱蘸清水在纸上从上到下依序刷满（注意刷一遍水且保证没有遗漏即可，以防纸起毛影响应用，水以不滴为准）。

② 把丁字尺固定到画板上，把纸沿尺子边缘放好，用纸胶带将四周固定好（图 6-1-2）。

③ 用干净的湿毛巾平铺在纸面以保证纸面湿润（图 6-1-3）。A3 图纸以下不用裱纸是为了纸张吸水干燥后能够保持平整，不影响绘图效果，在纸张变干的过程中会有褶皱出现是正常现象，平放阴干即可，不能用阳光晒干或烤干（纸面会有裂痕）。

(2) 墨和滤墨

墨有墨锭和墨汁两种，徽墨是比较好的墨锭，用的时候在砚台内用清水磨浓，然后用一段棉花条或者棉线用清水蘸湿，一端探入砚台内取墨，另一端放在准备好的小蝶内，

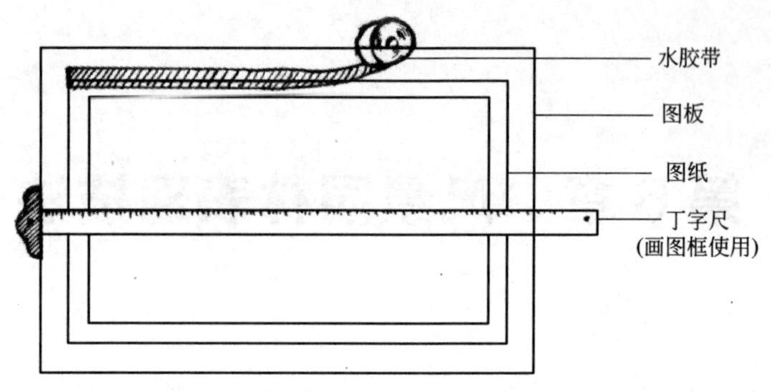

图 6-1-2　步骤二

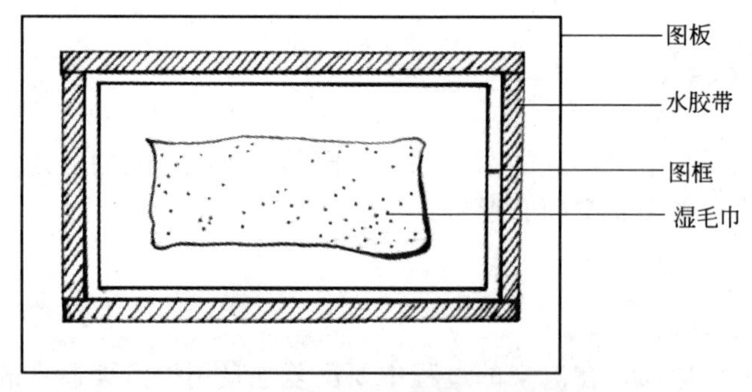

图 6-1-3　步骤三

让砚台和小碟有一个高差，方便墨汁流到小碟内。由于媒介的作用，墨汁里的沉淀和墨渣都被吸收了，确保小碟内的墨汁是纯净的，把收集好的墨汁存放到固定的小瓶里备用即可（注意要盖严并放置在阴凉处保存）。目前市场上也有比较好的墨汁可以不用滤墨直接使用（图 6-1-4）。

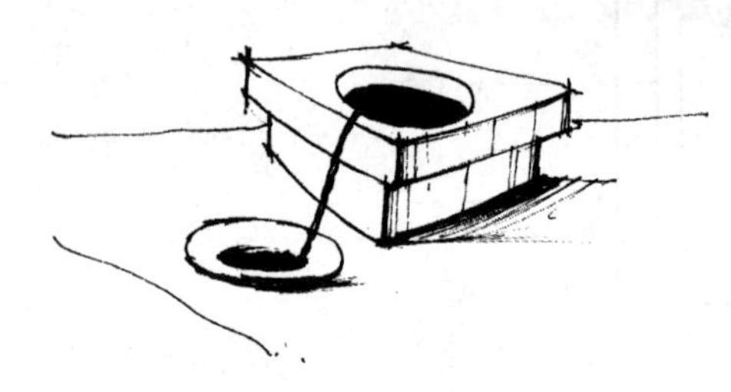

图 6-1-4　滤墨

(3) 渲染用笔

比较适合的渲染用笔是毛笔和水彩笔，水彩笔适合渲染背景（地面、天空等），不论是哪种笔，用前都要用清水把笔泡软待用（不能用开水以防笔开胶掉毛），渲染时笔要完全浸入到墨汁里不能留有空白以防渲染不均匀（图 6-1-5）。

(4) 图面保护

渲染是比较耗时的，要用先浅入深的方法多次渲染而成，而不是一遍画完，每一遍都要等纸张完全干透后才能进行，有时需要几天的时间，在这期间要保证图面的干净和整洁，具体在渲染时要在手肘下放置一张干净的纸以防手肘和图纸直接接触，不画时待图面晾干用干净的纸盖在上面以防灰尘和污染。

(5) 下板

图面完全干透后就可以下板了，在尺子的帮助下用锋利的壁纸刀沿铅笔线进行裁切，为了防止纸张开裂，要依序进行。

6.1.2　运笔方法

① 水平运笔法　按水平方向从左向右进行渲染的方法。适用于大面积渲染如墙面、地面、天空等（图 6-1-6）。

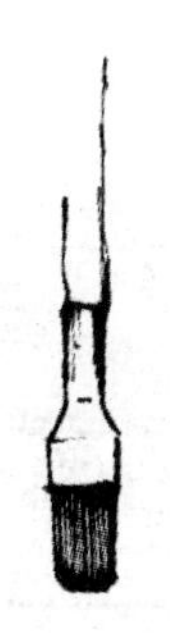

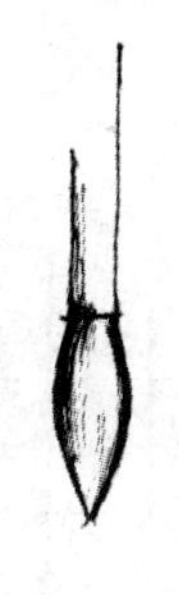

水彩笔
笔毛质地相对较硬，适用于渲染地面、天空等大面积的空间。

毛笔
现在大多使用羊毫毛笔，质地相对柔软，可以绘制大面积的渲染，也适用于细节、的勾勒。

图 6-1-5 毛笔和水彩笔

② 垂直运笔法 按垂直方向从上向下进行渲染的方法，为了防止墨水不均匀，长度不能过长（图 6-1-7）。

③ 环形运笔法 这是一种笔带动墨水进行二次混合渲染的方法，墨迹均匀，适合做退晕效果（图 6-1-8）。

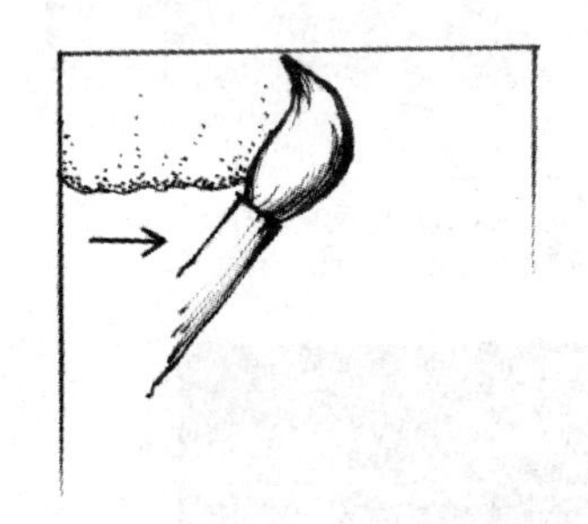

图 6-1-6 水平运笔

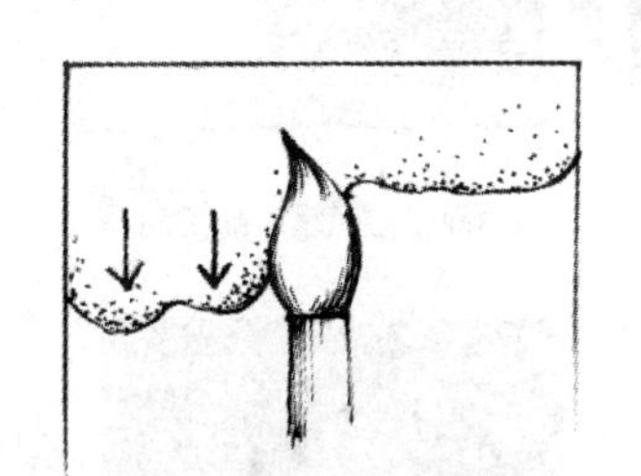

图 6-1-7 垂直运笔

图 6-1-8 环形运笔

6.1.3 渲染方法

① 平涂法 适用于快速渲染，多用于大面积的渲染方法，表现表面均匀的物体，同一面积用色在调色时要一次性调够，防止产生色差影响画面效果。

② 退晕法 适于表现光影效果，可以根据需要由浅入深或者由深入浅进行表现，空间感强，画面丰富。

③ 叠加法 是一种比较费时但效果厚重的表现方法，调和一种较浅的墨水，根据物体的光影变化增加渲染遍数而得到的渲染效果。

6.1.4 渲染步骤

① 用硬铅笔在裱好的纸上绘制铅笔稿，注意尽量不要用橡皮擦涂，手肘不要和纸面接触。

② 先用清水或比较浅的墨水涂底色，底色是一幅图最亮的颜色（在色彩中是图面的基色。用以限定整幅图的色彩偏色）。

③ 由主要形体到次要形体依次进行局部绘制，表现空间和光影效果。

④ 进行整体调整，突出主体。

6.1.5 渲染常见病例

见图 6-1-9。

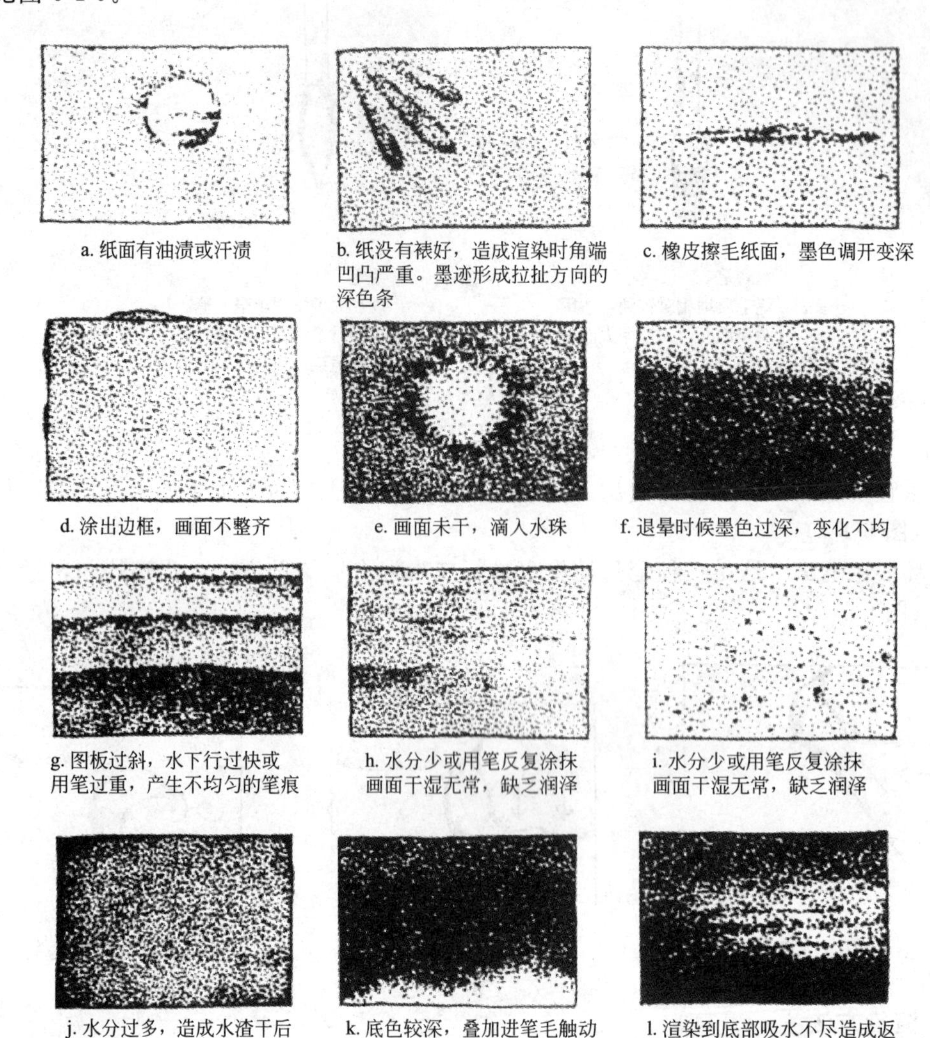

a. 纸面有油渍或汗渍

b. 纸没有裱好，造成渲染时角端凹凸严重。墨迹形成拉扯方向的深色条

c. 橡皮擦毛纸面，墨色调开变深

d. 涂出边框，画面不整齐

e. 画面未干，滴入水珠

f. 退晕时候墨色过深，变化不均

g. 图板过斜，水下行过快或用笔过重，产生不均匀的笔痕

h. 水分少或用笔反复涂抹画面干湿无常，缺乏润泽

i. 水分少或用笔反复涂抹画面干湿无常，缺乏润泽

j. 水分过多，造成水渣干后有墨边

k. 底色较深，叠加进笔毛触动底色，退晕浑浊

l. 渲染到底部吸水不尽造成返水或笔尖触动底色留下白印

图 6-1-9 水墨渲染常见问题

6.2 色彩表现技法

6.2.1 色彩表现种类

在景观设计中，色彩表现是经常要用到的手法，由于易于识别，也是最具说服力的表现方式，图纸的色彩表现种类有很多种，水粉、水彩、彩铅、马克笔等，渲染最常用的是水彩，快速表现最常用的是马克笔。

① 水粉　具有覆盖性，表现效果厚重，空间感强，颜色可以先浅后深，也可先深后浅，可以反复表现不影响效果。缺点是不易于表现，要求有一定绘画基本功（图 6-2-1）。

② 水彩　颜色透明，适用于颜色的多层叠加表现，适合大面积渲染，尤其表现天空、地面效果好，渲染要先浅后深，高光要预留，遍数不能过多，一般为 3 遍左右，否则画面

灰，缺乏美感（图 6-2-2）。

图 6-2-1　水粉颜料　　　　图 6-2-2　温莎牛顿水彩颜料

③ 彩铅　适合于初学者，表现随意，但色彩可选择性小，通常和水彩一起运用增强画面效果（图 6-2-3）。

图 6-2-3　touch 马克笔

图 6-2-4　彩铅

④ 马克笔　使用方便，效果明显，适于快速表现，注重透视和光影效果，是景观设计的常用表现工具（图 6-2-4）。

所有上面水墨渲染的方法都适用于色彩表现。

6.2.2　色彩表现程序

在园林设计中，无论是利用哪种色彩表现都要遵循一定的方法来进行，这样才能做到事半功倍的效果。下面就开始介绍表现程序。

(1) 注重基色效果

在园林表现中，无论是表现局部还是整体，也不论是表现建筑还是室外景观，都要为图面定一个基色用以控制整个图面的色彩走向，比如表现“春、夏、秋、冬”的四季印象，就要让图面有清新、浓烈、厚重、冷冽的色彩印象，这些都要在基色上得以表现，也可以用色纸来代替基色，这种方法适用于快速表现。

制作基色的方法是用水粉或水彩颜料（最好是水彩）调成占有整个图面大面积的色彩（整个图面中最浅的颜色）均匀地从上到下进行刷涂，一般是 2 遍就可以了，这是制作基色的最简单的方法（图 6-2-5）；另外就是制作退晕效果的基色，比如“高远的天空”要从上到下、由深到浅地进行退晕，比如图面左后两侧有大树的渲染时要从左到右、颜色要有变化，能和环境融合在一起（图 6-2-6）。

图 6-2-5 空间基色

图 6-2-6 渲染效果

（2）突出光色对比

任何一副表现成功的效果图都要突出光色的对比，这样可以更好地表现空间和质感，给人强烈的视觉感受（图 6-2-7）。

(a) 强光源

(b) 正常光源

(c) 柔光源

图 6-2-7 光色对比效果

（3）主从关系明确

在图面上一定要注意主景和配景的主从关系，强调主体、弱化客体，这样可以突出要表现的内容，引导性强、节约绘图时间。

（4）强调冷暖关系

色彩最重要的表现即是“冷、暖”关系的处理，要根据光照时间来确定冷暖效果的表现强度，好的效果图能够让人直接感受到时间的概念，比如“清晨、黄昏、中午，灯光、阳光、烛光”等。但不论是哪一种效果，都离不开颜色的冷暖表现。

当然，颜色的冷暖不是很容易就能理解并运用得当的，要通过学习一定的色彩知识、细致地观察理解、孜孜不倦地学习和不断地练习才能够最终达到目的。目前，有很多学习园林、建筑、规划的学生在大学二、三年级的时候都要到手绘班去学习表现能力，把这个过程当做是学习色彩的主要渠道。其实不然，如果已经有很好的色彩基础，那么作为提高表现能力是无可厚非的，但是只是为了学习就是得不偿失，没有必要。

(5) 图面整理

很多人都认为这一步无关紧要，实际上这一步至关重要，虽然在绘图时我们已经很用心地在注意了，可是仍然会有不尽如人意的地方存在，比如过分地关注了某一个自己感兴趣的局部，那么就要在图面整理这一步重新审视全图，突出要突出的部分、弱化不必要的部分，达到整体图面的和谐统一。

6.3 钢笔表现技法

钢笔表现技法分为尺规表现和徒手表现两种方式，尺规作图指墨线图表现方法，适用于各种施工图表现（建筑平面图、立面图、剖面图等）；徒手画表现效果，指运用钢笔笔尖画出的线条来表现物体或场景的一种表现方式，方便、快捷，适用于快速表现、设计灵感记录等，相类似的可以用美工笔、针管笔、签字笔等，但初学者还是比较适合用钢笔进行练习，因为钢笔线条要更稳重、效果更好。

6.3.1 徒手画表现形式

(1) 记录草图

记录草图是一种随时都可以记录的表现形式，通常是设计师和艺术家都比较喜欢的表现方式，方便、快捷、随意，多通过绘画手段来完成。让人可以置身室外，通过简单的透视和线条，为人们提供真实的场景和感受，便于观察、理解和记录（图 6-3-1）。当然这个过程也可以用照相机来进行捕捉，这是最为直接、简单的记录方式，但是由于照相机收到景框和各种镜头的限制，只能做到机械地拍摄，从拍摄欣赏景色的角度来说是不可或缺的形式，但从设计记录的角度来说，就不能突出某些设计师需要突出的局部特征，因此这种形式不是认知

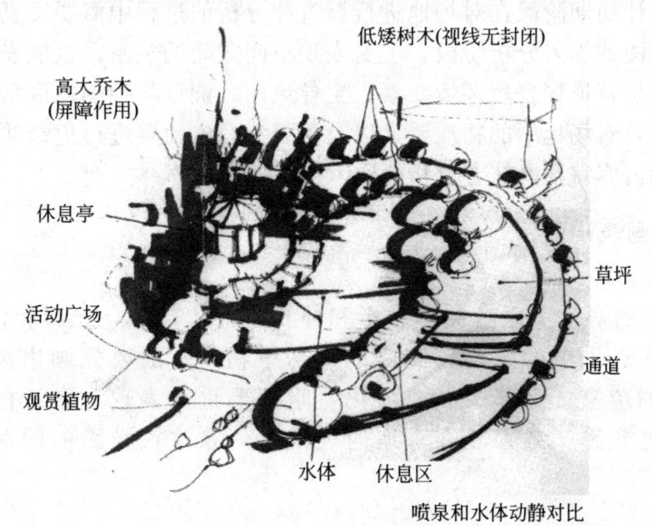

图 6-3-1 记录草图

场景的有效方法。

记录草图方式为设计师提供一种可以不断进行观察的手段，引导设计师进行思考，这是个对未知场地不断了解和熟悉的过程。可以说记录草图记录的不仅仅是场景和场景里的某一个要素，而是一系列的时间片段，是设计师对场地的认知记忆的记录。这些片段可以让设计师更好地与人交流思想和向人传递有意义的信息。

(2) 概念草图

概念草图是一种思考和与人交流设计思想不可缺少的表现方式，通常可以采用一些数据或者列表的方式进行。泡泡图就是目前最常用的设计概念草图，在园林景观设计中的应用非常频繁，可以清晰地展示场地内不同部分的不同设计内容。

另外，概念草图可以有效地表达空间布局、功能分区、交通流线组织等。在方案设计之前，概念草图可以避开表现可能会起到干扰作用的繁琐细节，并进一步把那些对设计有帮助的要素进行灵活运用。有了大量概念草图的设计，可以对最终设计方案的形成起到积极的促进作用，毕竟概念设计是设计方案的来源（图 6-3-2）。

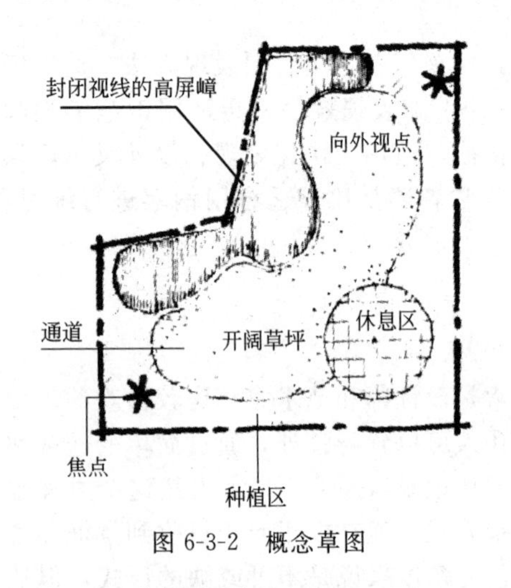

图 6-3-2　概念草图

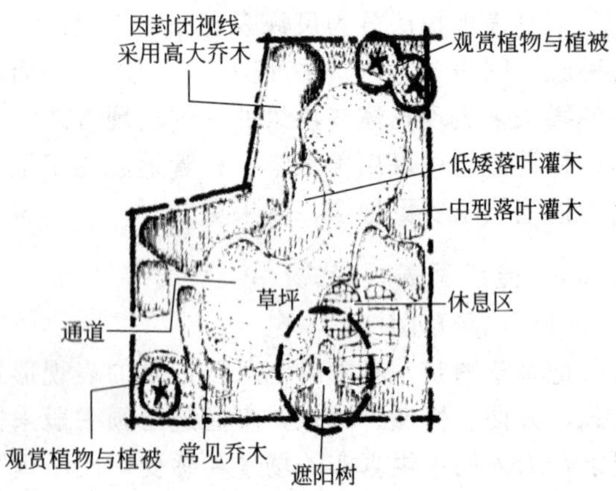

图 6-3-3　分析草图

(3) 分析草图

分析草图是设计初期阶段在对场地进行调查和分析的过程中需要反复进行绘制的一种草图形式，是概念草图的深入分析阶段，主要表现空间之间的关系，也能表达出更多的场地信息，比如场地的自然特征如自然环境要素、主导风向、濒危物种栖息区划分等都可以通过分析草图来进行分析，对场地中的物质要素以及重要涉及方面要进行记录并加以标识，形成有关场地的一系列的内容特征的综合分析草图（图 6-3-3）。

6.3.2　钢笔徒手画表现图例

(1) 植物

主要表现黑白的对比关系，突出光影和体积。对比越强，光影和体积感就越强，反之则弱。例如处在近景中的或比较突出的单株植物，一般要先画出树干，依据光照效果注重表现树冠的疏密，亮部少画或弱化，暗部要重点表现。靠近树干的部分颜色要接近以表现体积感和影子效果。在草地的表现中，在注重光影的同时要注重虚实处理（图 6-3-4）。

(2) 水体

水本身没有任何颜色，但颜色又最丰富，因为它能反射天空、地面以及周边环境的

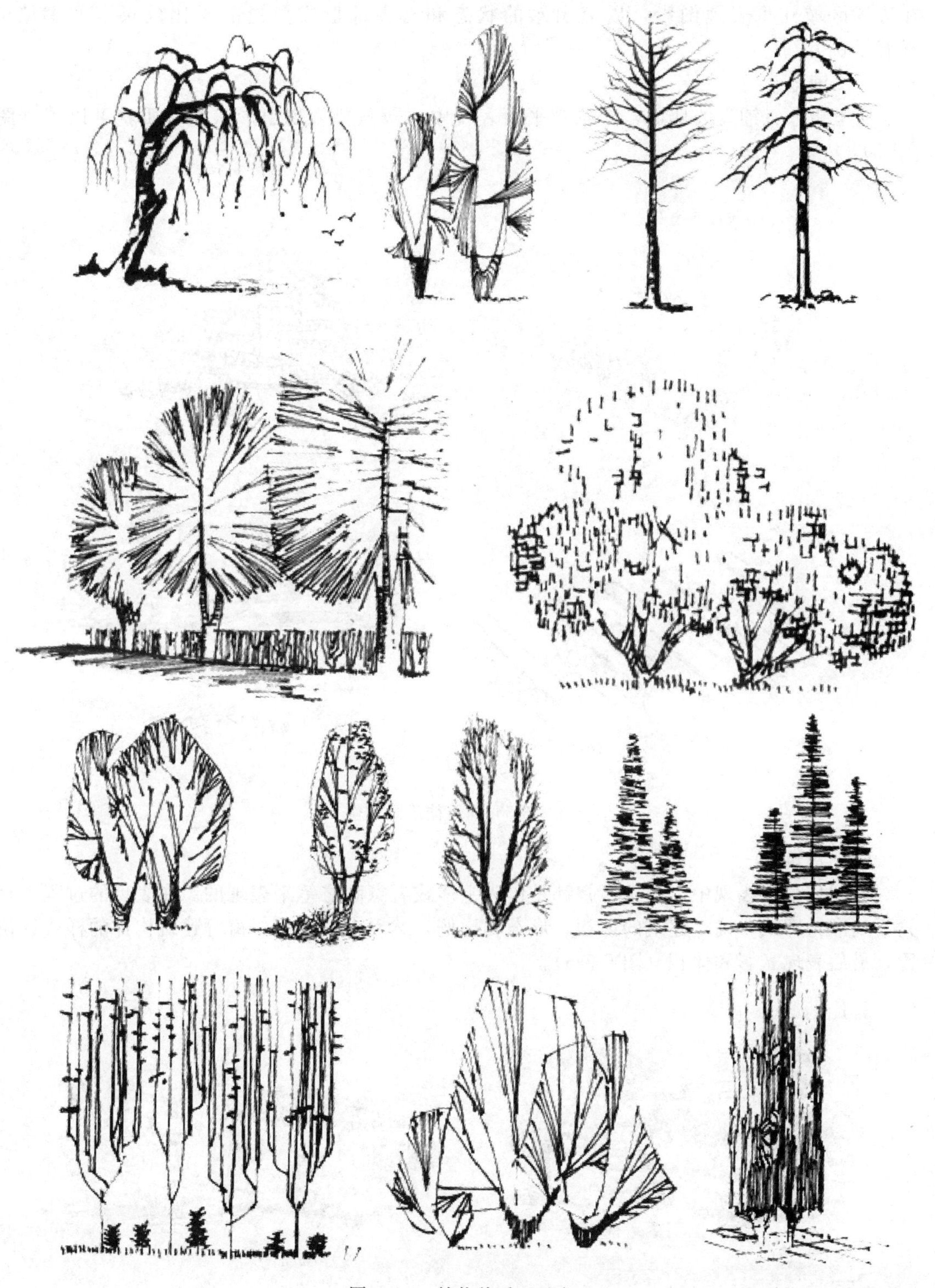

图 6-3-4　植物徒手画示意

任何颜色；水本身没有固定形态，但形态又最多，因为它有溪、潭、河、湖、瀑布、跌水等多种形式，每种形式又呈现出多种姿态；水是透明的，我们用波光粼粼来形容水的透明，因此我们在表现水时，要注意在受光区域留出一些空白以表现光照效果，在边界区域注重表现倒影，以突出水的状态和与亮部形成黑白的对比效果（本书第 5 章有示例）。

(3) 铺地

这里指人工铺设的地面，在景观平面表现中一般只要表现出形状和材质就可以了（图 6-3-5）。

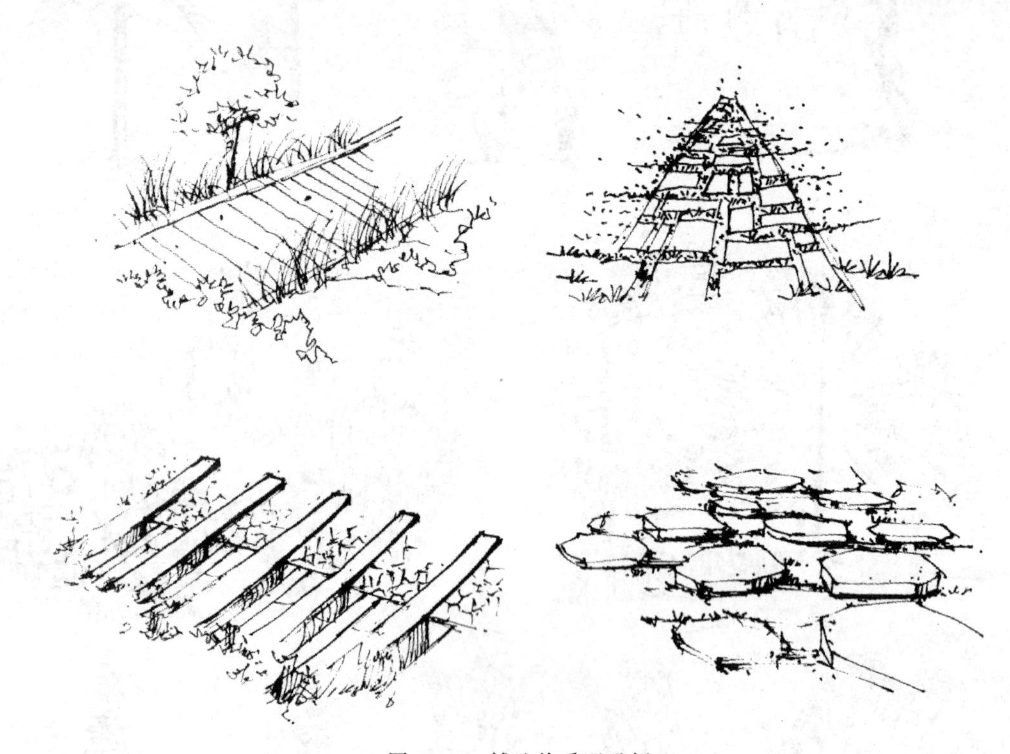

图 6-3-5 铺地徒手画示例

(4) 建筑物

在园林景观表现中，建筑通常都是作为主体或者点睛之笔来表现的。在表现的过程中首先要找准轮廓线，确定建筑的体积、形态和比例，然后在确定门、窗等建筑构件的样式和位置，最后表现光影和体积（图 6-3-6）。

(a) 景观为主体　　(b) 建筑为主体

图 6-3-6 景观建筑徒手画示例

① 钢笔景观表现——平面图例　见图 6-3-7～图 6-3-9。

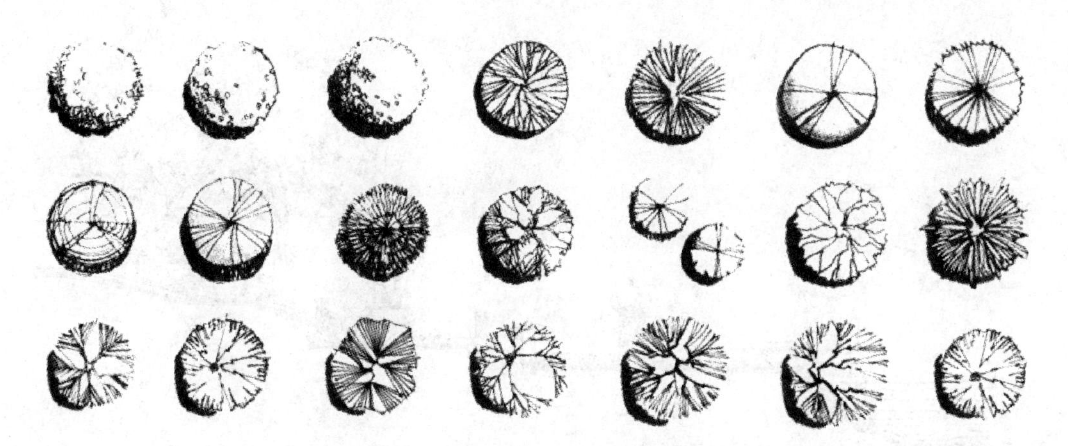

图 6-3-7　树的平面表达示例

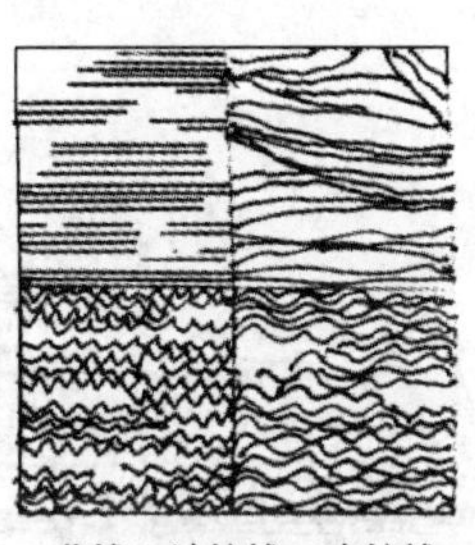

曲线，波纹线、水纹线直线的形式直接表现水体

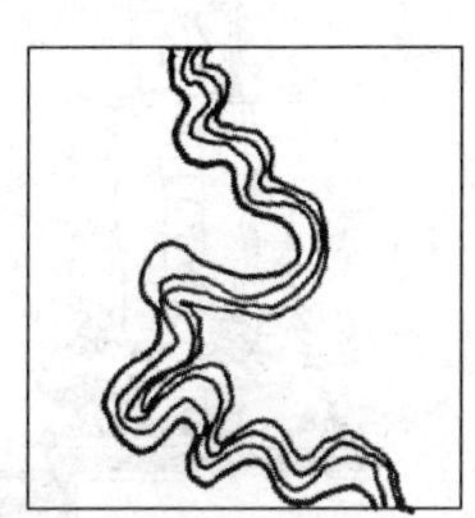

用等深线直接表现水体

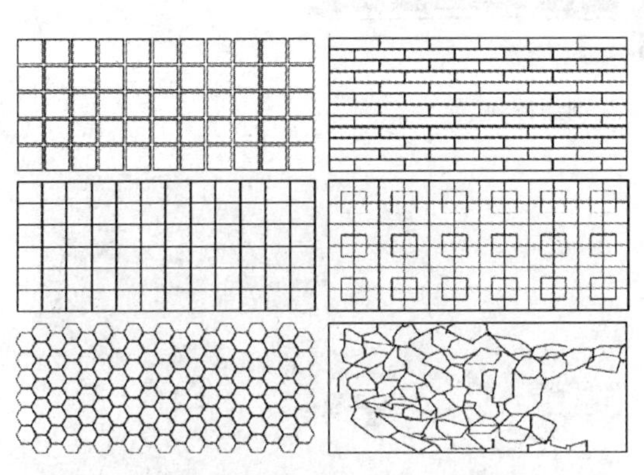

图 6-3-8　几种铺地的平面表达示例

涂黑、色彩平涂的方式直接表现水体

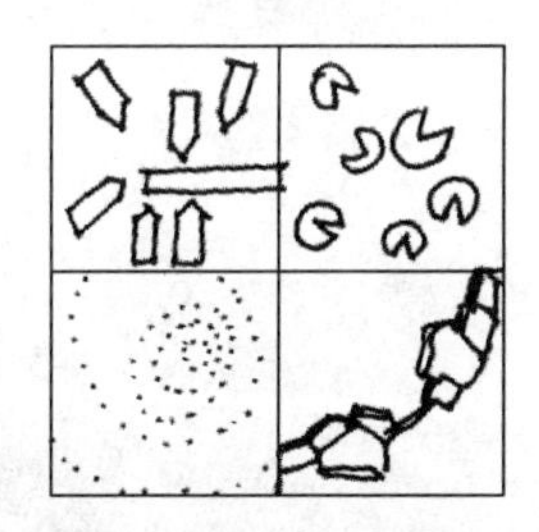

用驳岸、水生植物、水纹展开线和船只等间接变现水体

图 6-3-9　水体的画法

② 钢笔景观表现——立面图例　见图 6-3-10。

图 6-3-10　钢笔景观立面图例

③ 钢笔景观表现——剖面图例　见图 6-3-11。

④ 钢笔景观表现——效果图表现图（图 6-3-12、图 6-3-13）

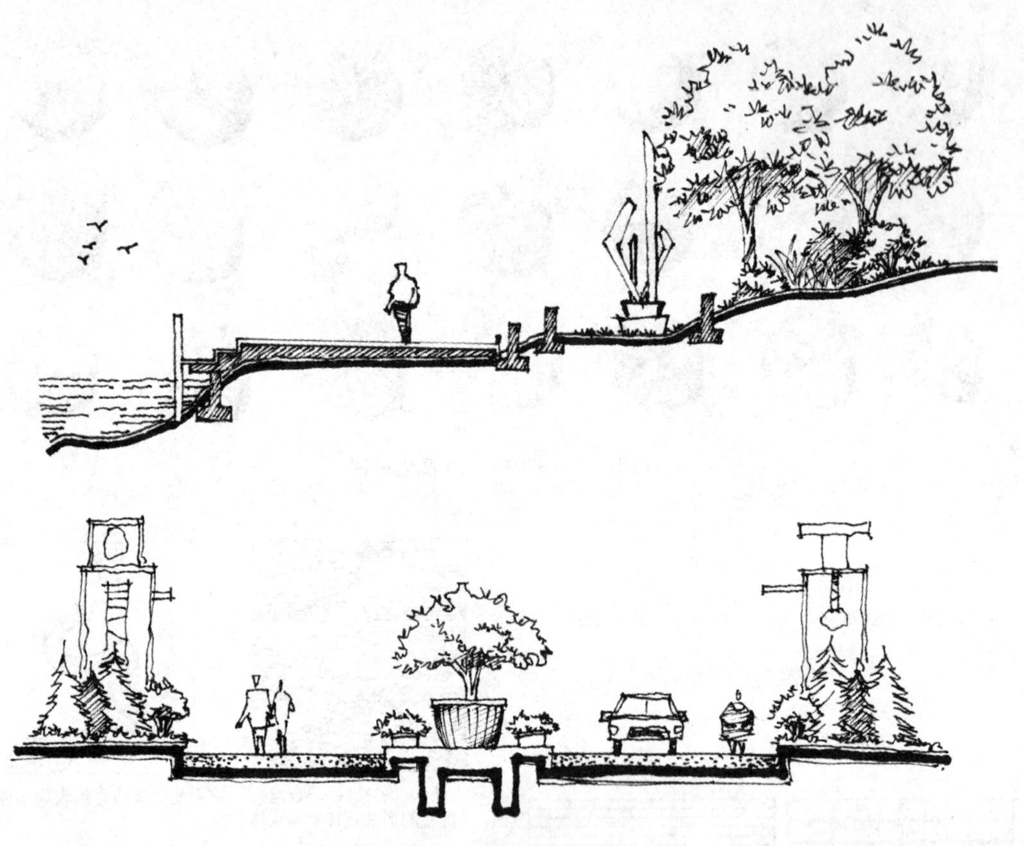

图 6-3-11　钢笔景观剖面图例

图 6-3-12　钢笔点绘

图 6-3-13　钢笔表现

6.4 钢笔淡彩表现技法

钢笔淡彩表现技法是钢笔和水彩、马克笔或者彩色铅笔混合运用的一种表现方式，效果简洁明快，适合于快速表现。方法是先用钢笔线条画出所要表现的场景，然后在需要重点刻画的部位运用水彩、马克笔或彩色铅笔进行渲染，让图面更赋予美感。

6.4.1 钢笔淡彩表现图的特征

钢笔淡彩表现图有以下特点。

① 具有钢笔线条为主、颜色为辅的特征。线条要整洁且要用长线表达，给渲染留有余地。

② 注重图面基色的渲染，效果要完整统一，不能流于分散。

③ 强调图面的层次感，注意表现近景、中景、远景的虚实关系。一般在色彩表现中由于中景的色彩表现丰富，通常作为图面的中心，近景一般采用局部表现突出距离感即可，远景作为陪衬要弱化，色彩变化要少。

④ 色彩要以浅、淡雅、概括为主，不要覆盖线条。

⑤ 在亮部适当“留白”，用以突出图面对比效果。

6.4.2 钢笔淡彩表现图的作图步骤

① 构图　钢笔淡彩和其他任何形式的绘图一样，在绘制之初就要根据所要绘制的内容，比如场景的大小来确定构图的比例、透视、空间等，以保证图面的视觉效果。图面过大则空间感弱，不透气，令人紧张，图面太小则感觉空，内容少，不舒服。

② 打底稿　为了图面的比例、透视准确，可以先用铅笔进行底稿绘制，然后再用钢笔描绘，线条要整洁、流畅。

③ 定基色　用以维持图面的色调，保证图面效果统一。

④ 渲染主体　突出主体明暗的黑白对比效果。

⑤ 分层次　表现近景、中景和远景的色彩关系，用以表现空间距离。

⑥ 整体调整　突出主体，弱化环境，进一步让图面和谐统一（图 6-4-1）。

(a) 钢笔线稿

(b) 铺大关系

(c) 刻画细部

图 6-4-1　钢笔淡彩作图步骤

6.5 模型表现技法

这种表现形式是一种最为直接的展示空间、认识尺度的方法，是一种按实际比例缩小的微缩景观，能够有效地帮助学生树立平面到空间的转换意识，通过模型的制作，能够发现一些平面上发现不了的弊病，如高度带来的视觉上的遮挡问题等。目前模型已经广泛地运用到了建筑设计、景观造型以及城区规划等领域，让人身临其境地感受到三维空间所创造的真实环境。

此类模型注重地形的处理，表现造园、建筑、理水、堆石、植物配置等造园要素的综合表现，生动、美观。

6.5.1 模型材料选择

园林模型涉及的材料相对要比较丰富，要有木材类、塑料类、纸品类、植物类以及自制材料等，木材类材料分为线材、板材和块材，适合做建筑类的模型使用；塑料类材料分为有机玻璃、苯板、塑料泡沫、塑料薄膜等，适合做地形、建筑局部等；纸品类材料分为各色卡纸、植绒纸、瓦楞纸、玻璃纸等，适合做建筑以及地面、景观小品等；植物类材料是指用于直接使用的植物模型，但由于植物的比例有一定限定并且价格比较高，所以在初学时不建议使用；自制材料是指在模型制作中有些元素不能够直接从上述材料中直接找到合适的，因此要根据设计内容自己制作以便使用。

6.5.2 模型制作过程

首先要根据设计内容按一定比例制作模型的平面图、确定模型的大小，然后制作模型底板，底板要注意留边框并要根据地形要求来确定是否加复合层，用以来确定高差比例，这一步很关键，将直接影响模型的制作质量。方法是利用刀、剪子、锯、黏合剂等把制作底板的材料进行切割、黏合，制作出符合设计内容的底板来；其次要分别制作所有模型个体，这一步可以根据个体所在的位置来进行制作，比较靠边的或者不重要的个体可以不必制作得很精致，这样可以节省制作时间和经费；第三是在底板上标注各主要构件的位置，进行个体和地形的粘合，根据设计内容把制作好的个体逐一地粘合在制作好的地形上，一定要严格固定住以防碎裂；第四要进行植物布置，用提前制作好的模型树进行整体布置，可以依据实际的位置和美感对植物进行修剪以达到最好的视觉效果；第五要对模型中出现的颜色进行整理，要符合整体的色彩要求，不能有太过跳跃的色彩出现；最后要从模型的整体美感考虑，对模型中出现的所有元素进行综合地调整，突出优势、弱化劣势。

6.6 计算机表现技法

目前，计算机辅助设计已经成为设计师进行设计的必要工具。计算机可视化技术的快速发展大大为设计师节省了大量的时间和精力，同时，加强了对于材料和真实场景的认识。人们通过 CAD 的制作来最大限度地表达真实的场景，通过 PS 来进行渲染和补充，或者用其他的设计软件来帮助表达与真实场景相仿的效果。计算机不仅可以绘制工程图纸，还可以用于采集信息、制作图表、制作图片以及生成动画，科技的发展让一切都变成了可能。

虽然，计算机有着无可比拟的作用和不可思议的效果，但是我们仍然需要手绘的图纸。不论是哪种方式，其实都不过是设计师进行设计的一个手段或者方法，计算机是，图纸也是。除此以外，设计师还要用到模型、草图、速写本等工具，这些都是计算机所不能替代的（见书后彩图 6-6-1、彩图 6-6-2）。

图 6-6-1　sketchup 绘图

图 6-6-2　3DMAX 效果图

第7章　景观设计类型与案例分析

7.1　概述

景观设计类型可以从尺度上分成宏观、中观、微观三类。

宏观尺度的景观规划关注区域性的问题，如土地使用和自然土地地貌的保护，还会涉及土地生态环境的规划与资源评估，需要对社会、自然、文化等各方面有全面的认识和把握，主要包括绿地系统规划、城市风貌规划、国家森林公园规划、河流流域景观规划、旅游区规划、栖地保育、自然保护区规划等。

中观尺度的景观规划设计更多关注城市或片区范围内的问题，需要满足宏观尺度下的定位，还要考虑微观尺度下的使用，主要包括城市公园、城市广场、居住区、城市道路绿化、滨水区、主题园等的设计。

微观尺度的景观设计更关注细节，需要考虑人的尺度、心理、行为等问题，还要考虑设计的可实施性、可操作性，主要包括街头小游园、花园、庭院、古典园林等的设计。

本章主要从中微观尺度介绍景观设计的类型及相关案例，包括广场设计、公园设计、滨水景观设计、附属景观设计、建筑环境设计、道路景观设计共6种类型，每种类型的功能和需求不同，设计时需要充分考虑每种类型的特点。

7.2　广场设计

广场是指由建筑物、道路、山水、绿化等围合或限定形成的开阔的公共活动空间。按性质分类可分成：纪念广场、文化广场、游憩广场、市政广场、商业广场、交通集散广场等。广场设计要点有：注重与周边环境以及街道在空间、比例、交通组织上的协调与统一。其他各类景观中，广场承担了大部分的交往活动，是公共空间设计的关键。

为组织好广场中的人流，需要了解人群的使用目的，一般有通行、停留与终点目的，有利于对广场进行合理地定位与分区。既要以人们的需求为导向来设计，还可以通过设计合理引导人们的使用行为。而广场上的设施，还要充分考虑人的使用习惯与舒适度。

7.2.1　911国家纪念广场

(1) 项目概况

景观设计师：Michael Arad& PWP。

项目位置：美国，纽约，曼哈顿。

甲方：曼哈顿下城开发公司。

项目规模：约8英亩（1英亩=4046.86平方米）。

年份：2006年。

（2）项目背景

该项目坐落于 911 事件（2001 年）世贸双塔遗址上，是重建世贸中心工程的一部分。为了悼念死者，后经多方讨论，决定在此处建立一座纪念广场（图 7-2-1）。

（3）项目解析

概念“倒影缺失”（Reflecting Absence），力图通过两个下沉式空间，暗示曾经存在的“双子大厦”，让人联想到两座大楼消失后遗留下的痕迹，同时营造一种强烈的缺失之感，这种无可名状的、深度莫测的虚空要表达的是一种永远逝去的心痛、悲伤无助的感受。

图 7-2-1　鸟瞰图

纪念园由 3 个主要部分组成：纪念池、纪念广场以及纪念展览馆（图 7-2-2、图 7-2-3）。

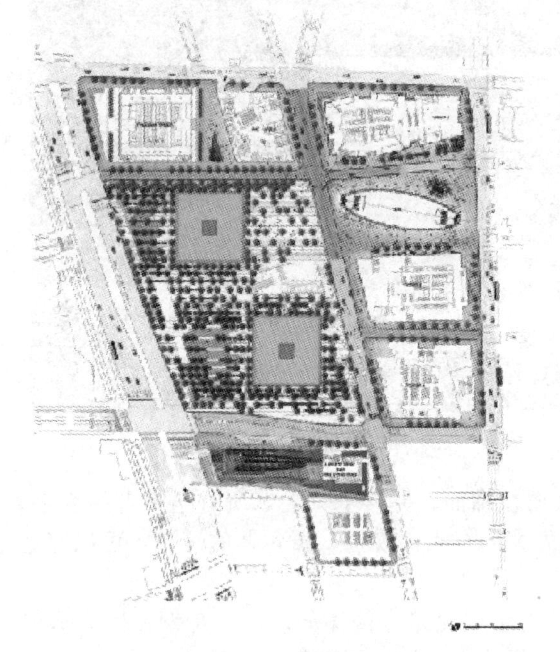

图 7-2-2　总平面图

图 7-2-3　剖面图

① 纪念池　水池边长约 200 英尺（1 英尺＝0.3048 米）、面积约 1 英亩，位于原世贸中心“双子大厦”的位置。池深约 30 英尺，瀑布从池壁四周内侧倾泻而下。在水池的中心部分是个正方形看似无底的深渊（void），象征着那永远弥补不了的损失（图7-2-4）。

② 纪念广场　环绕纪念池四周的，是一个占地约八英亩的纪念广场。广场的设计理念是：平整。它为死难者的亲人及参观人群提供一个有沉思、纪念氛围，但不压抑的集会和休息空间。整个设计所用的材料为：单一品种的树木、石材、草皮、地表植被和金属栅栏板。目的都是为强化这种平整、单一却不单调的效果（图 7-2-5）。

③ 纪念展览馆　设计由 Davis Brody Bond 建筑设计事务所承担，由玻璃和钢结构为主，极具现代感。主要展览空间设置在纪念园地下，通过一个设在地面的入口进入展览馆内，减少了地上空间体量，将地上空间尽可能地提供给游客进行户外活动（图 7-2-6）。

④ 大瀑布景观　巨大的高差，让大瀑布格外壮观。水流的不断漫下，让人能感觉到时间的

流逝不再复返，也以此缅怀曾经的“双子大厦”与遇难者，更深刻地理解生命的意义（图 7-2-7）。

图 7-2-4　南跌水池鸟瞰图

图 7-2-5　平整的纪念广场

图 7-2-6　纪念馆建筑外立面

图 7-2-7　大瀑布

⑤ 青铜铭板　跌水池的护栏上，使用了金属板饰面，并镂空刻上了所有遇难者的名字，美国人民悼念亲人遇难者家属可以在这里悼念失去的亲人。晚上，黄色调的灯光，可以穿透镂空的名字，让其散发出光芒。

⑥“上帝留下”的十字架　“双子大厦”是钢结构建筑，倒塌的原因，是钢体因大火燃烧的高温而融化。这是遗址废墟中最后尚矗立着的两根支柱（图 7-2-8）。

图 7-2-8　上帝留下的十字架

图 7-2-9　双塔的重生——镭射激光景观

⑦ 双塔的重生　两束高能量的镭射激光，射向深邃的夜空，宛如双塔重生，并慰藉着遇难者的在天之灵（图 7-2-9）。

⑧ 橡树林　纪念广场使用了具有象征意义的美国国树——橡树作为唯一的树种。精心选择过的树枝形态在透视方向上会形成一条条的“拱廊”，唤起人们对山崎实在原世贸中心底层所设计的具有标志性的柱廊的印象，以这样的方法来通过森林来延续对原有建筑的记忆。树干的密度形成的错觉加深了广场的深度和尺度感，也柔化了广场周边建筑的形象，营造出一个可以沉思冥想的神圣区域，为来访者集会提供了相对安静的场地（图 7-2-10）。

图 7-2-10　橡树林

图 7-2-11　水循环系统

⑨ 水循环系统　这一高度可持续性的绿色空间，与其南侧的解放教堂、圣保罗教堂的庭院和规划中的自由公园一起构成一个巨大的雨水收集系统，广场下的储水箱储存雨水和融雪，通过特别的循环泵和喷灌系统来满足树林和草皮的浇灌需要。跌水池中央的“黑洞”，实际上的作用是汇集水体以供不断循环流动，同时通过水泵不断地把水体抽回到池壁顶部的蓄水槽，瀑布的效果才能实现（图 7-2-11）。

911 国家纪念广场充分考虑了自身和周边环境的关系，宏观上，将周边巨大建筑体量纳入到纪念池的尺度把握上，形成合乎比例的空间关系，产生触动人心的震撼效果。微观上，注重人的使用，从人的尺度出发设计纪念广场，精心营造和谐的绿色空间和交往场所。同时，将街道和各建筑出入口纳入到广场的人流组织中，通过研究人群的使用目的，进行一定的分区，形成互不干扰但又有一定互动和渗透的空间和交通流线。

7.2.2　基隆海洋广场

（1）项目概况

景观设计师：Vicente Guallart Architecture& J. M. Lin Architect。

项目位置：中国，台湾，基隆。

甲方：基隆市政府。

项目规模：约 $4950m^2$。

年份：2009 年。

（2）项目背景

随着时代的变迁及邻近竞争港口的窜起，基隆港由于港区腹地狭小且紧邻市区，港务联外运输交通系统不便所造成海运优势的逐渐式微，1992 年提出兴建“海洋广场”之构想作为港区转型之机，重塑基隆港门户形象，宣传海洋文化。

（3）项目解析

“海洋广场”是以基隆内港构筑的开放空间为主体向外延伸，透过港区水域空间的再发展，妥善利用其丰富珍贵的水岸景观，将基隆港转型为观光及亲水性港口，勾勒出基隆市的城市印象（图 7-2-12）。

图 7-2-12　鸟瞰图

在港口最内湾处，铺设一宽度 15～30m 的平台。平面构图较为规则简洁（图7-2-13）。该广场的成功之处在于，一是综合协调了基地与周边道路、天桥、高架路、货运码头、建筑以及水岸的关系，缓解商业及交通最瓶颈地区的都市空间压力，并成为周边场所的黏合剂和过渡区（图 7-2-14）；二是强化城市入口意象，营造城市方向感及增加自明性。将现有的都市活动相连接，提升其品质，并成为基隆的城市特色。与此同时，延伸视觉空间，并增加民众亲近水域的机会。从剖面可以看到，广场很好地处理了港口码头业务和游人的观景效果，互不干扰（图 7-2-15、图 7-2-16）。

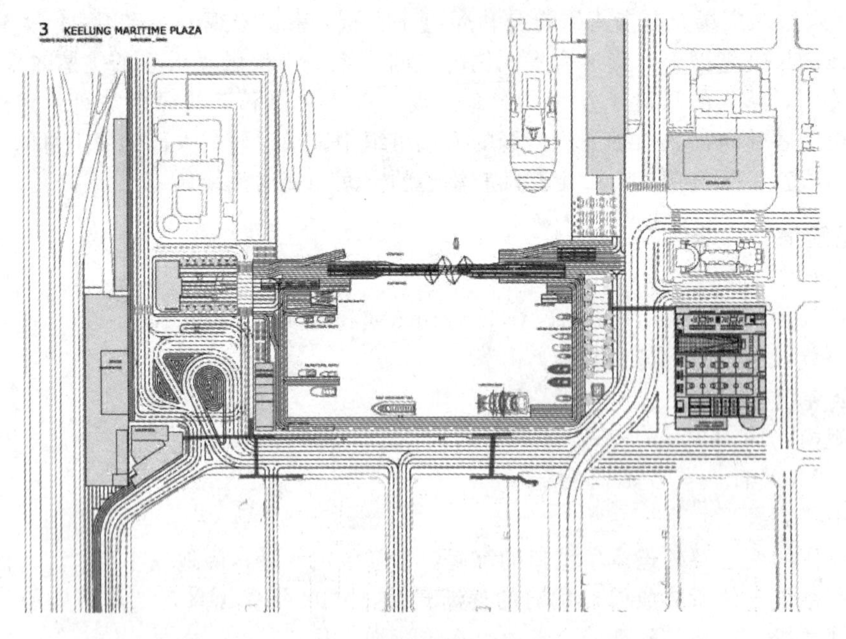

图 7-2-13　总平面图

① 装置艺术　基隆港边的海洋广场，特别用英文字母“Keelung”，打造成大型装置艺术，晚上灯箱通电时，还会发出炫目的七彩光芒（图 7-2-17）。

图 7-2-14　与周边环境的关系

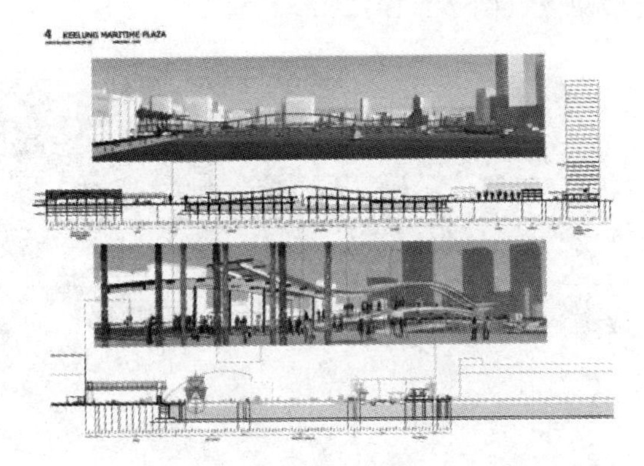

图 7-2-15　剖面图

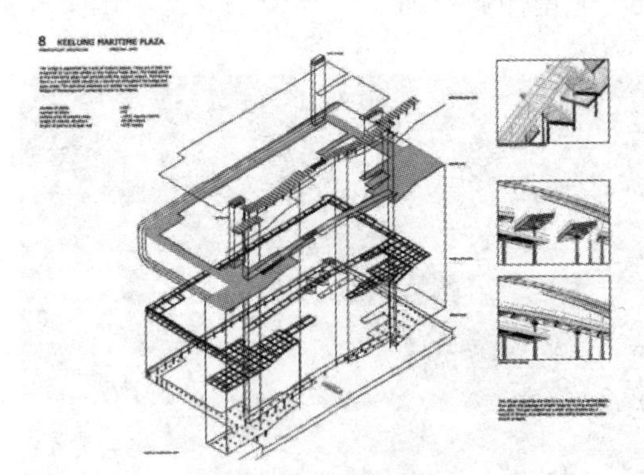

图 7-2-16　构造分析图

图 7-2-17　装置艺术

② 雕塑　雕塑选用木质材料，跟场地铺装融为一体，石块状的造型象征海面上的礁石，暗示海洋文化的主题（图 7-2-18）。

图 7-2-18　雕塑艺术

7.2.3 巴黎共和国广场

(1) 项目概况

景观设计师：TVK 工作室。

项目位置：法国，巴黎。

甲方：巴黎市政府。

项目规模：$3600m^2$。

年份：2013 年。

(2) 项目背景

共和国广场是法国巴黎著名广场之一，在市中心偏东北方向，处于三区、十区、十一区的交界处。这个广场跟多数的圆形广场不同，它呈现长方形，长 280m，宽 120m，且是西北—东南倾斜方向。广场中心有共和国女神大型塑像（图 7-2-19）。

图 7-2-19 改造前

图 7-2-20 改造后

(3) 项目解析

重建广场的设计理念是希望打造一个具有多种功能的城市开放空间。项目创造了占地两公顷、开敞空旷的公共空间，建成之后共和国广场成为巴黎最大的步行空间（图 7-2-20）。

在此次设计中，法国的 TVK 工作室在共和国广场创建了一个更大的步行广场，包括一个新的咖啡馆、一处水景和超过 150 棵树（图 7-2-21）。广场的功能得到丰富，各个地块都有一定的使用功能（图 7-2-22）。

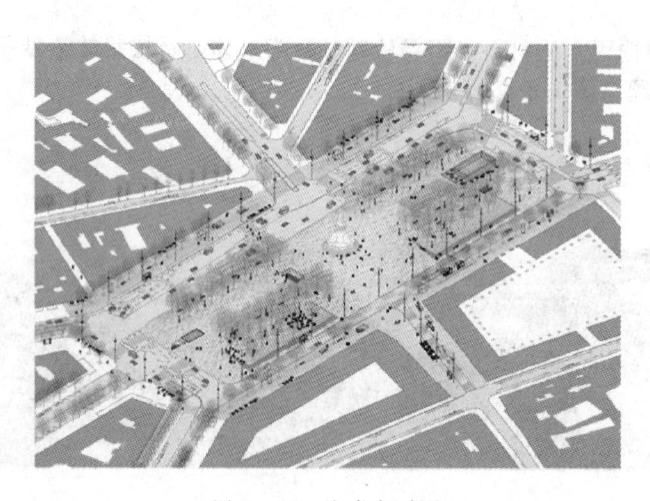

图 7-2-21 方案鸟瞰图

图 7-2-22　功能的排布

一方面，广场延续了原有强烈的轴线感，除了位于广场中心的玛丽安雕像外，在东西向轴线上安排了镜面水池、展馆以及一排排的树木，形成了一个强大的线性关系（图 7-2-23）。

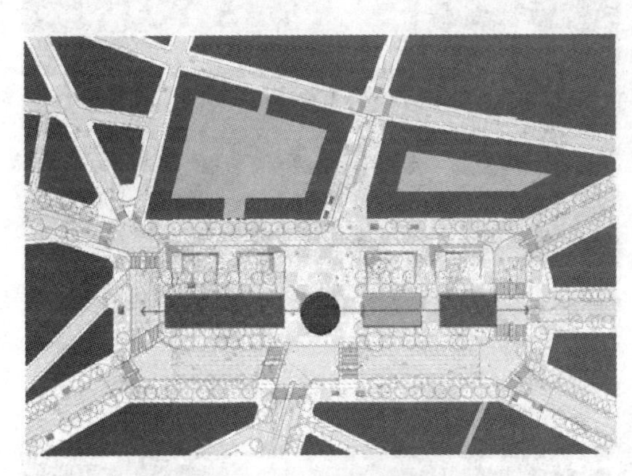

图 7-2-23　强化的轴线

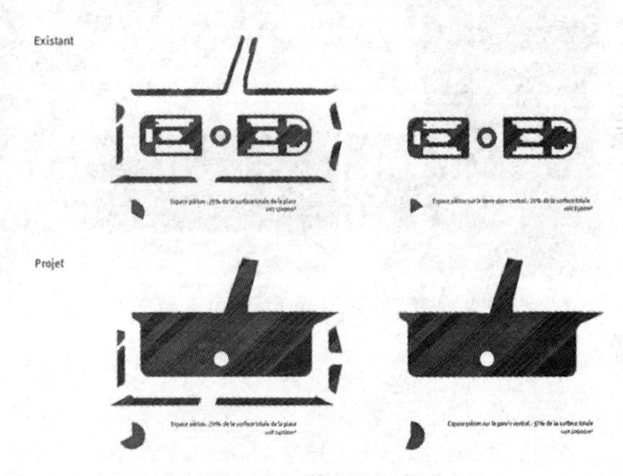

图 7-2-24　道路的梳理分析

另一方面，TVK 工作室对广场最大的干预体现在使其更加适应周围的道路布局，并增加广场的面积，创造更多行人优先空间。项目移除了交通岛，使广场不再受制于机动车交通影响。现在新的广场最大程度地避开了汽车交通，创建一个大规模的景观平台，成为一个具有多种功能用途的开敞空间（图 7-2-24）。

① 展馆　广场的西南部分有一处大约有 162m^2 的展馆，占地 9.29m×18.2m，高 3m 的建筑四周墙面是透明的玻璃，与环境融为一体。这是一个独特的建筑，建筑屋顶是厚 0.75m 的白色薄块，与环境相得益彰，面向广场的一侧向前悬挑了 8.7m。展馆的构思和设计也是有 TVK 的建筑师完成的。它的室内装饰则是由 NP2F 的设计师设计的。为了与广场的设计风格保持一致，展馆的设计放在了最后一个阶段完成。它具有可扩展性和适应性，也是一个强大的存在。展馆内部有一个以“世界与媒体”为主题的咖啡馆，它的完全模块化的室内可以举办各种各样的节日、社会和文化活动，并可以在所有的季节和天气里灵活使用（图 7-2-25）。

② 镜面水池　水池处在玛丽安雕塑和展馆之间，起到了很好的衔接和过渡作用。水池前是极佳的拍照地点，水池的镜面效果反射出玛丽安雕塑的倒影，充分考虑到了尺度和比例的关系（图 7-2-26、图 7-2-27）。

图 7-2-25　展馆的设计

图 7-2-26　镜面水池的设计

图 7-2-27　道水池和雕塑的关系

③ 铺装　广场的地面由不同颜色和大小的地砖铺设而成。广场较为密闭的领域主要采用较暗的铺装颜色，而开放区域则采用较浅的铺装颜色（图 7-2-28、图 7-2-29）。

图 7-2-28　铺装的变化

图 7-2-29　较浅的铺装

④ 台阶及座椅　整个场地非常的平整，只有一个大约为1%的非常平缓的坡度，通过局部台阶巧妙地进行了过渡。座椅和台阶都是体块化的处理，简洁大方（图 7-2-30、图 7-2-31）。

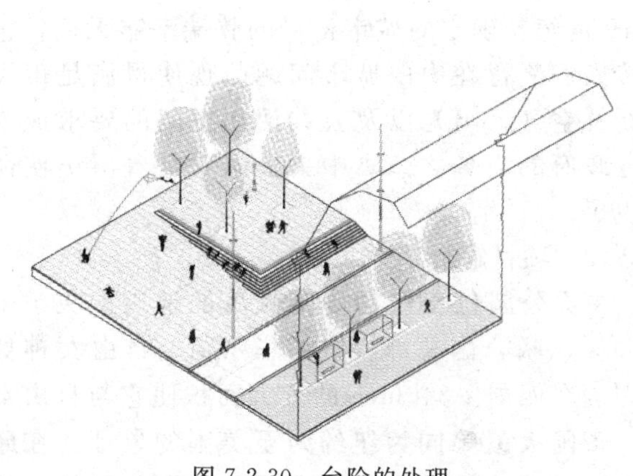

图 7-2-30　台阶的处理

图 7-2-31　体块化的座椅

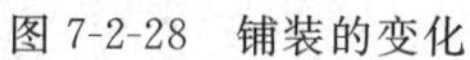

7.3　公园设计

公园，现代一般是指政府修建并经营的作为自然观赏区和供公众的休息游玩的公共区域。具有改善城市生态、防火、避难等作用。在《城市绿地分类标准》（2002）与《公园设计规范》（1992）中，给出了不同类型的公园的定义、用地比例、公园设施等内容。《公园设计规范》（1992）还对公园中各类要素的设计进行了详细的规定。公园绿地可分为：综合公园、社区公园、专类公园、带状公园、街旁绿地。

公园绿地与其他几类绿地相比，有两点比较突出：一是注重与整个城市的关系，公园设计应该在城市总体规划和绿地系统规划的基础上进行，这将决定公园的性质与定位，进而影响公园的具体设计；二是有比较确定的目标人群，需要深入研究不同人群的行为，设计时可以充分考虑人的需求，而另一方面，设计师还应通过设计规范和引导人的行为，取得环境效益、社会效益、经济效益的平衡。

例如儿童活动区周围设置静态的交流区域，为照看孩子的大人提供闲聊、休憩的场地，同时兼顾看护孩子的视线需求；在快速穿行的道路两侧不适宜设计私密交谈的场地，静坐观赏、小型聚会以及情侣约会等场所需要设计在静态活动区域，避免大量人流的干扰。此外，还要考虑发生灾害等事件时公园作为应急场地的特性，为防灾避灾提供场地。

公园设计的主要规范：《公园设计规范》CJJ 48—1992、《城市绿地分类标准》CJJ/T 85—2002、《风景园林图例图示标准》CJJ 67—1995、《无障碍设计规范》GB 50763—2012。

7.3.1 纽约中央公园

(1) 项目概况

景观设计师：Frederick Law Olmsted，Calbert Vaux。

项目位置：美国，纽约，曼哈顿。

甲方：纽约市政府。

项目规模：340hm^2。

年份：1856年。

(2) 项目背景

19世纪50年代，纽约等美国的大城市正经历着前所未有的城市化。人口骤增，环境恶化，不断被压缩的公园绿化等公共开敞空间使得19世纪初确定的城市格局的弊端暴露无遗，包括传染病流行在内的城市问题凸现使得满足市民对新鲜空气、阳光以及公共活动空间的要求成为地方政府的当务之急。中央公园肩负着历史使命诞生了。

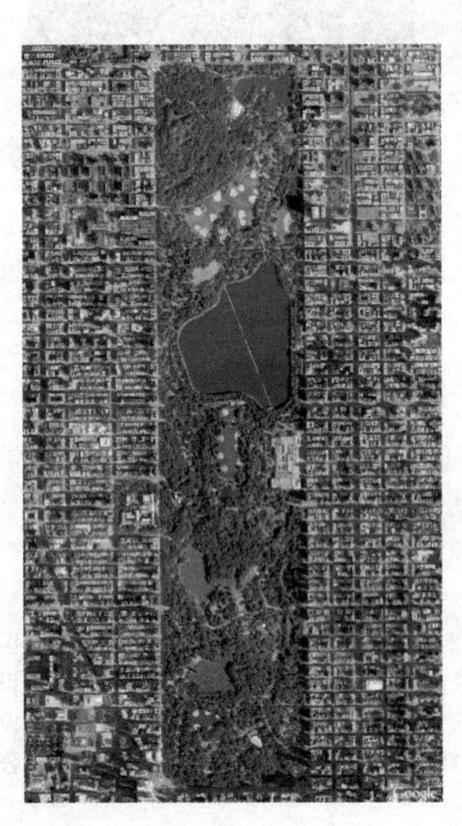

图 7-3-1 总平面图

(3) 项目解析

中央公园位于纽约曼哈顿岛的地理中央，帝国大厦、联合国总部、纽约华尔街、自由女神像等围绕在四周。340hm^2 的宏大面积使它与自由女神、帝国大厦等同为纽约乃至美国的象征。在摩天大楼林立的纽约曼哈顿岛上，中央公园是一块难得的绿洲，它犹如纽约的肺部，把这座城拥挤嘈杂城市里的浑浊空气吸收尽，滤去渗透在闹市生活中的各种有害物质，然后向城市各处输送新鲜的氧气，使周围的楼房、街道充满无限生机(图 7-3-1)。

① 设计理念　自然式的风格，很好地吸收了英国公园运动理念；景观公共性与平等，强调公共和开放，提供普通公众身心再生的空间。这在当时是划时代的变革。

② 穿园交通　由于中央公园地处曼哈顿闹市中心，这一地理位置的特殊性，使设计师们意识到必须合理地处理好公园与城市之间的交通关系以及规划好园内的道路。在现今汽车泛滥的世界上，许多城市都为穿园交通而困扰。该设计根据地形高差、采用立交方式构筑了四条不属于公园内部的东西向穿园公路，既隐蔽又方便，又不妨碍园内游人的活动。至今人们仍认为在组织和协调城市交通方面，这一设计不愧是一个成功的先例（图 7-3-2、图 7-3-3）。

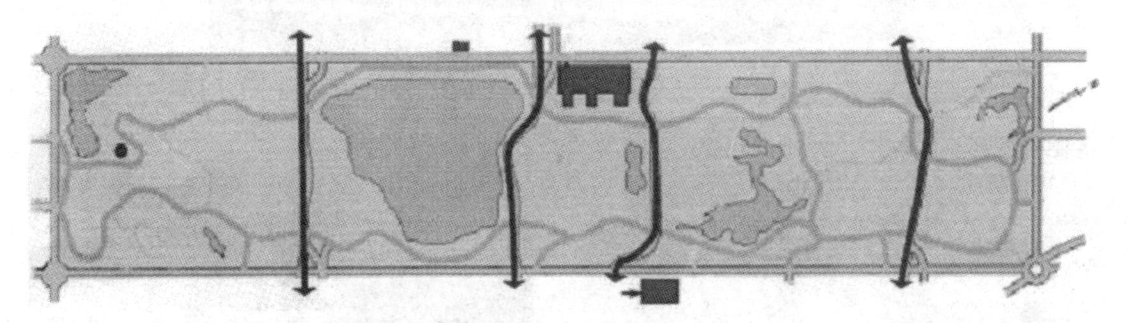

图 7-3-2　穿园道路

图 7-3-3　穿园道路实景

③ 园路　中央公园内有一条长 10km 的环园大道，深受跑步者、骑自行车者以及滚轴溜冰者喜爱，大道禁止机动车驶入（汽车要通行有规定时间）。有比较密集的二级和三级路网，道路基本上都是曲线的连接平滑，形状优美，公园内部道路网的组织考虑到能均匀地疏散游人，使游人一进园就能沿着各种道路很快达到自己理想的场所。直到现在，中央公园的交通网络基本上还保留了原来的框架（图 7-3-4、图 7-3-5）。

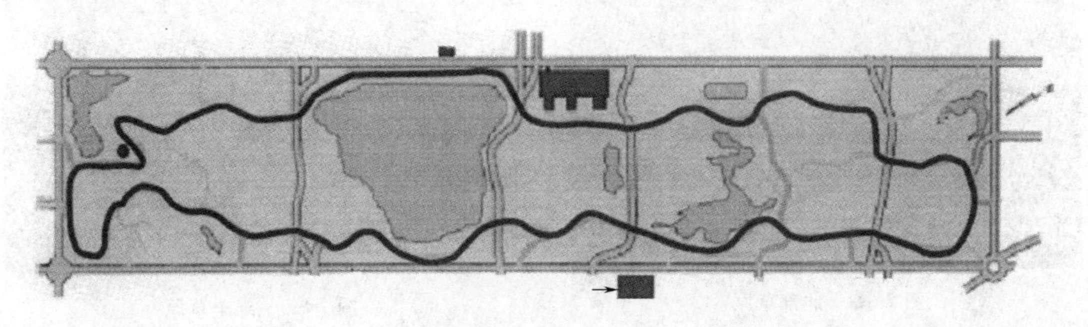

图 7-3-4　环园大道

④ 水面和原地形的处理　如水面处理，特别注意了让它能反映风卷云行的大自然动态；在处理地形时，巧妙地保留了相当一部分裸露岩石，使它们非常得体地成为自然园景的一个

图 7-3-5　环园大道实景

重要组成部分（图 7-3-6、图 7-3-7）。

图 7-3-6　杰奎琳水库

图 7-3-7　保护水域

⑤ 注意植物配景　尽可能广泛地选用树种和地被植物，强调一年四季丰富的色彩变化。大片地区采取了密植方式，并以常绿树为主，如速生的挪威云杉，沿水边种了很多柳树和多花紫树。花灌木品种十分繁多，还开辟了大片的草地和专门牧羊草地。正是由于在开创时就重视园艺，经过百余年的培育、更新和发展，今日公园的面貌仍旧保留了它原有的自然风格（图 7-3-8、图 7-3-9）。

图 7-3-8　北部草原

图 7-3-9　绵羊草原

⑥ 提供开展各种文体活动的场所　中央公园是第一个为公民提供开展文体活动的公园。当时，设计师们特意划出了一些空地，随后经过几十年的建设，这些空地都已陆续建成各种各样的球场及娱乐活动场地（图 7-3-10～图 7-3-13）。

图 7-3-10　拉斯科溜冰场

图 7-3-11　网球场

图 7-3-12　戴拉寇特剧院

图 7-3-13　动物园

7.3.2　上海辰山植物园（植物园）

(1) 项目概况

景观设计师：瓦伦丁，瓦伦丁城市规划与风景园林设计事务所。

项目位置：上海，松江。

甲方：上海市政府与中国科学院以及国家林业局、中国林业科学研究院。

项目规模：207.63hm^2。

年份：2011 年。

(2) 项目背景

早期植物园的主要功能为教学和科研。但是随着全球气候变暖，生态系统受到威胁，植物种类急剧减少。此时，植物园已经不能仅仅局限在植物的科学收集和引种，而应转变为构建一个多样性的植物生存空间。既要展示植物世界的奇妙，也要能够对濒危植物进行保护，并能够唤醒人们的环保意识。上海辰山植物园在这样一个时代背景下孕育而生。

(3) 项目解析

辰山植物园的定位是以华东区系植物收集、保存与迁地保育为主，融科研、科普、景观和休憩为一体的综合性植物园。总占地面积 200hm^2，其中植被区 123hm^2，水体区域 34hm^2，铺装区 36hm^2，建筑区 5hm^2（图 7-3-14）。

① 设计理念　“华东植物、江南山水、精美沉园”。在满足教学、科研、保护等植物园基本功能的基础上，尊重了中国传统的园林艺术理念，将园区因地制宜地融入现有的山水环境中，保护、保持和恢复场地的自然特性和文脉，强调可持续地利用自然资源和为人服务的宗旨（图 7-3-15）。

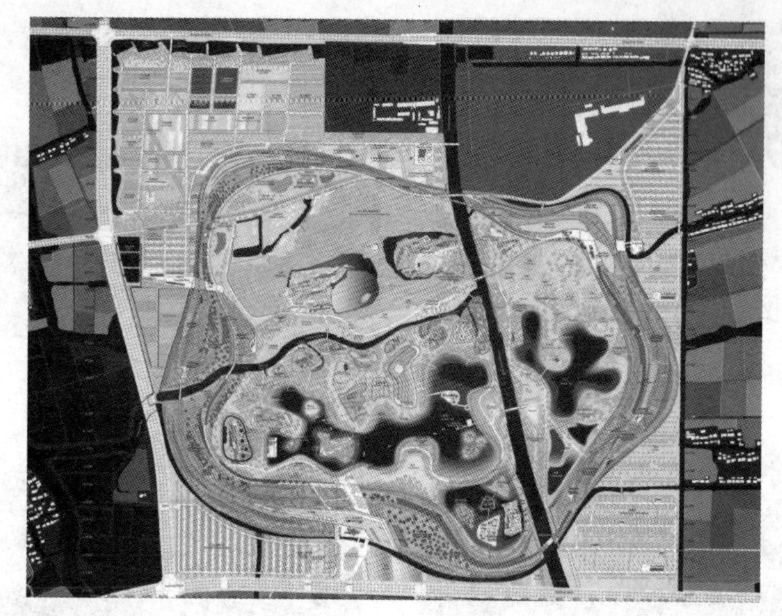

图 7-3-14 总平面图

图 7-3-15 鸟瞰效果图

② 总体布局 设计方案因地制宜，将植物园布局成中国传统篆书中的“园”字，极富中国特色。植物园的空间构成清晰，三个主要空间构成要素——绿环、山体以及具有江南水乡特质的中心植物专类园区，反映辰山植物园的场所精神。这个绿环形象征着世界。绿环内的山峦以及倒映着蓝天的湖泊展示了江南水乡特质的景观空间。这些充满活力的空间与周边环境融为一体，尽现自然之美（图 7-3-16）。

③ 功能分区 上海辰山植物园分中心展示区、植物保育区、五大洲植物区和外围缓冲区、辰山五大功能区（图 7-3-17、图 7-3-18）。

④ 植物规划 辰山植物园植物系统园设计有别于上海植物园系统园和其他同类专类园，舍弃营造大面积的树木园，旨在相对集中地展示，并突出展示的全面性和科学性，不刻意强调乔木、灌木、藤本和草本。除了规划布局上有独到之处，其品类之多实属罕见，上海辰山

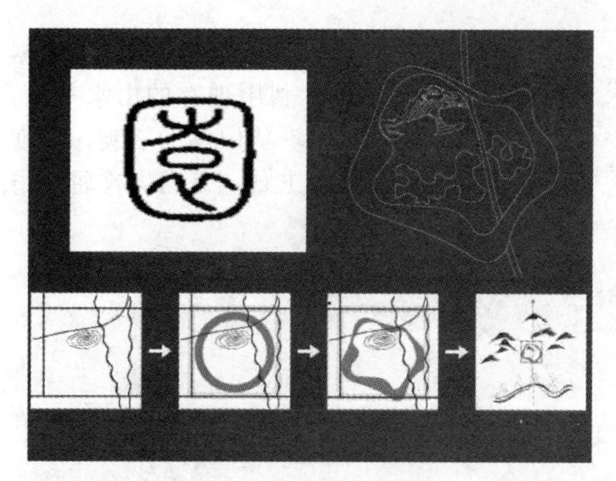

图 7-3-16　总体布局概念

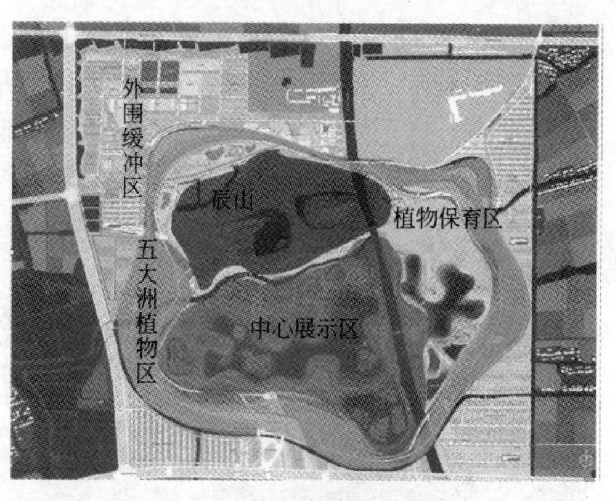

图 7-3-17　功能分区

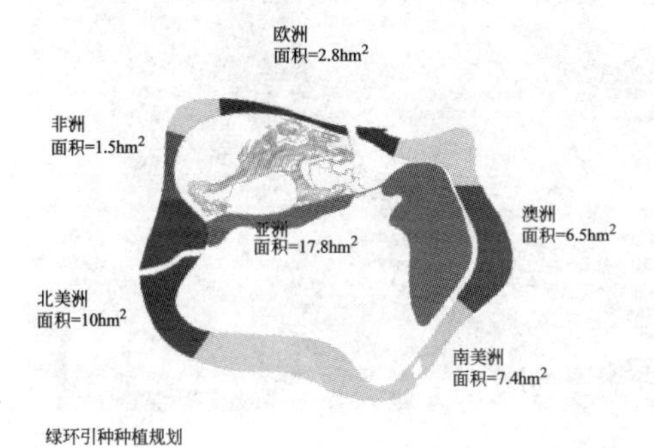

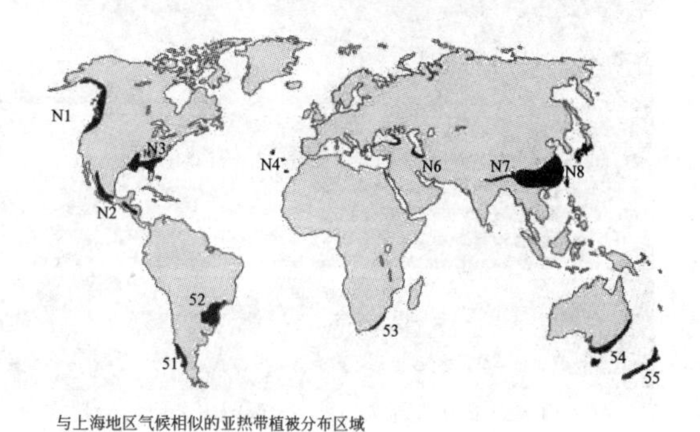

图 7-3-18　引种五大洲的植物形成绿环

植物园也由此成为拥有华东区系植物最多的植物园。通过地形的塑造，为植物的生长创造了丰富多样的生境，形成乔木林、林荫道、疏林草地、孤赏树、林下灌丛以及花境等多层次的植物生长空间。共设置约 35 个植物专类园，包含了水生植物专类园、沉床花园、岩石草药专类园、儿童植物园、能源植物专类园、月季园、春花园、秋色园、观赏草园等（图 7-3-19）。

图 7-3-19　水生植物园平面图

⑤ 矿坑花园　位于辰山植物园的西北角。矿坑原址属百年人工采矿遗迹，设计者根据矿坑围护避险、生态修复要求，结合中国古代“桃花源”隐逸思想，利用现有的山水条件，设计瀑布、天堑、栈道、水帘洞等与自然地形密切结合的内容，利用现状山体的褶皱，深度刻化，使其具有中国山水画的形态和意境。矿坑花园突出修复式花园主题，是国内首屈一指的园艺花园（图 7-3-20、图 7-3-21）。

•入口　▲矿坑花园入口　▲保留出入口
•分区　Ⓐ深潭区　Ⓑ镜湖区　Ⓒ台地区
■景点

图 7-3-20　矿坑花园平面图

图 7-3-21　矿坑花园鸟瞰

7.3.3　德国威斯巴登儿童游乐场（儿童公园）

（1）项目概况

景观设计师：ANNABAU 建筑与景观事务所。

项目位置：德国，威斯巴登。

甲方：威斯巴登市绿地、农业及林业办公室。

项目规模：3250m^2。

年份：2009—2011 年。

（2）项目背景

项目位于德国威斯巴登的一个公园内，是一个充满活力与趣味的儿童游乐场。它如同一座可参与互动的大型雕塑，深受当地儿童的喜爱。这座游乐设施是一个空间艺术作品，它构成了一个大型的空间结构，由于与众不同的外形和设计感，为该市创造了一个重要的地标景观，同时也是一个极具吸引力的游乐场，并为游客提供一系列复杂的游戏活动（图 7-3-22）。

图 7-3-22 游乐场近景

图 7-3-23 威斯巴登城市的历史形态

（3）项目解析

场地最重要的儿童游乐设施攀爬网的灵感源自于威斯巴登城市的历史形态，这一结构为五边形，钢管的起伏依据场地的城市环境、入口环境或眺望点而设。设计充分考虑了儿童的安全、尺度以及趣味性（图 7-3-23）。

广场由 3 个基本组成部分构成（图 7-3-24、图 7-3-25）。

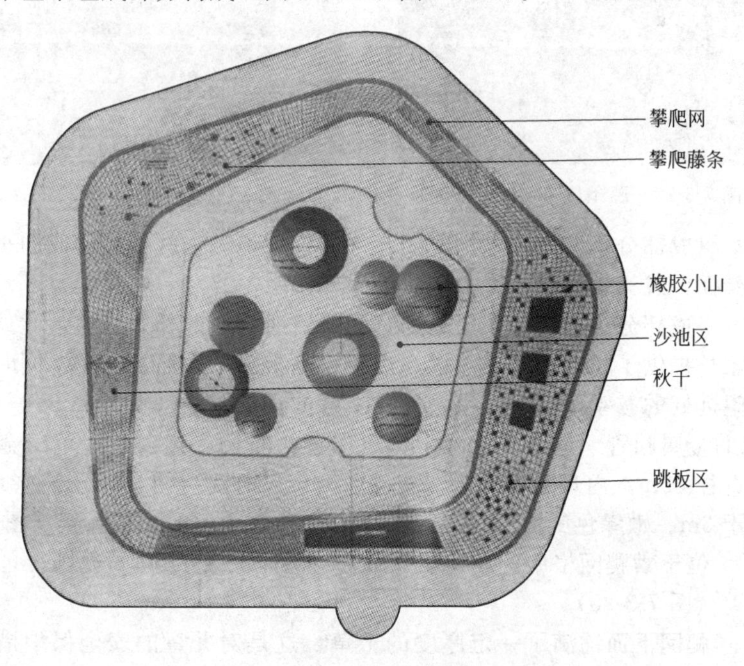

图 7-3-24 总平面图

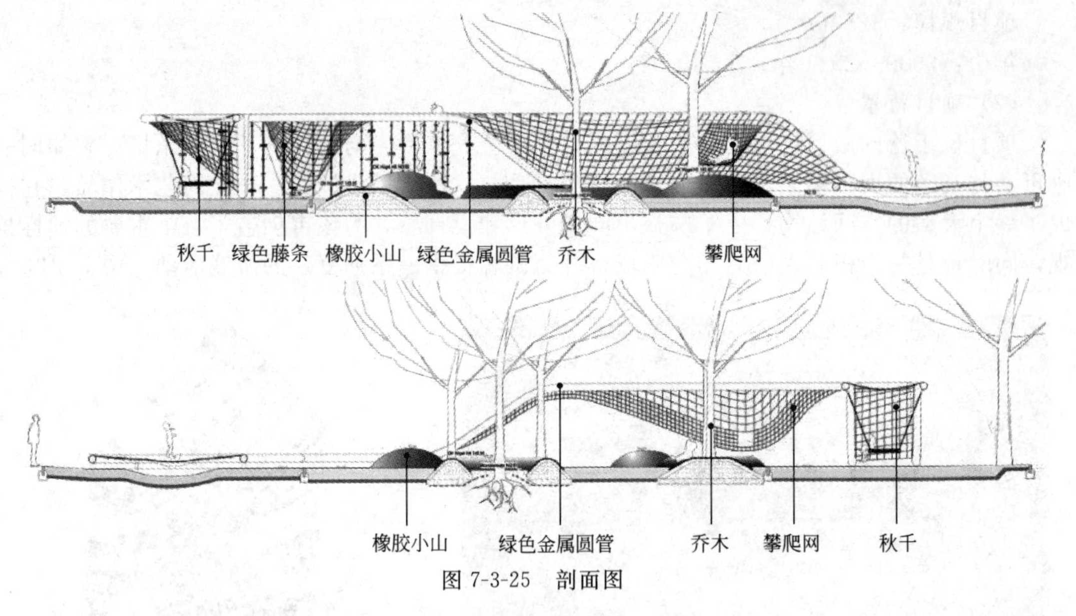

图 7-3-25　剖面图

第一个基本组成部分是一个立体构架，它由两根在树丛间蜿蜒浮动、距离和高度相平衡的绿色钢管构成。此结构中部为一个由密实的攀爬网围成的环型，可供儿童开展一系列的游戏活动。环内有 6 个主要的游乐活动停留点，如藤条花园内有攀登的藤条、秋千，陡峭的攀爬墙（图 7-3-26）。

图 7-3-26　藤条区

图 7-3-27　中心的沙池区

第二个基本组成部分是由攀爬结构封闭起来的模拟地貌，软橡胶构成的小山和圆环被沙坑环绕，树丛簇拥，成为较年幼儿童的游乐设施（图 7-3-27）。

第三个基本组成部分为环绕游乐广场的宽阔通道所构成的林荫大道，此处为来到这里看护孩子玩耍的家长提供了长凳。家长可以一边在树下乘凉一边照看孩子，同时此处良好的视野还可用来眺望远处的教堂，鸟瞰城市，形成良好的视觉景观（图 7-3-28）。

① 嫩绿色的金属圆管　整个儿童游乐场以绿色为基调，犹以嫩绿色的金属圆管最为醒目。整个结构直径 35m，内环长 88m，外环长 108m。钢铁结构悬臂在某些地方长达 23m。钢管结构不高于 3m。嫩绿色鲜活明快，完美地表达出游乐场的欢乐气氛（图 7-3-29）。

② 小跳板　位于攀爬网格中的小跳板，赋予了小孩子们攀爬的规则，也能够很好地训练他们的专注力（图 7-3-30）。

③ 干草　攀爬网下面铺满了一定厚度的干草，这是对儿童的安全保护措施，其成本比胶垫低得多（图 7-3-31）。

图 7-3-28　休息区

图 7-3-29　嫩绿色的金属圆管

图 7-3-30　跳板区的孩子们

图 7-3-31　攀爬网下垫着的干草

7.3.4　莱姆维滑板公园（运动公园）

（1）项目概况

景观设计师：EFFEKT。

项目位置：丹麦，莱姆维。

甲方：丹麦莱姆维市政府。

项目规模：约 $2200m^2$。

年份：2013 年。

（2）项目背景

2013 年初，莱姆维市计划将城市海港前的一块闲置的工业用地改造为休闲娱乐的运动公园。为了满足当地居民的需求，丹麦莱姆维市政府与景观设计团队 EFFEKT 合作，把临海港的一块坐落在美丽环境中的闲置工业用地改建成众望所归的娱乐休闲地（图 7-3-32、图 7-3-33）。

图 7-3-32　区位图

图 7-3-33　闲置的工业用地

（3）项目解析

考虑到原本场地的棕地条件，不适合植物的生长环境，引入了同样需要硬质场地的滑板活动。这块娱乐休闲地通过“滑板＋公园”的概念，被打造成为一个新型的、可适应不同年龄段市民各种需求的多功能城市公园区，成为一个受欢迎的新型社会空间，吸引城市滑板人群和居民们（图 7-3-34）。园区位于海港，提供了一个沿海活动区。按设想的“滑板＋公园”的概念作为一个社交聚会的空间，它将成为城市滨海发展的催化剂，通过娱乐活动，使这废弃的区域促进着城市和海港的文化交流（图 7-3-35）。

图 7-3-34 “滑板＋公园”的概念

图 7-3-35 鸟瞰实景图

莱姆维滑板公园主要有两大功能区：滑板区和绿地活动区（图 7-3-36、图 7-3-37）。

① 滑板区 从滑板爱好者的需求出发，通过丰富的微地形塑造，设计不同难度和动作要求的场地。从场地自身条件出发，狭长的平面并没有限制住活动的范围，“S”形的运动路线在交汇处提供了更多的路线可能（图 7-3-38）。

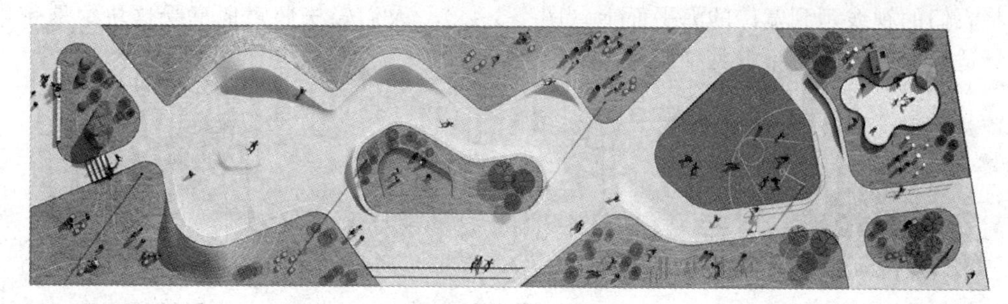

图 7-3-36　总平面图

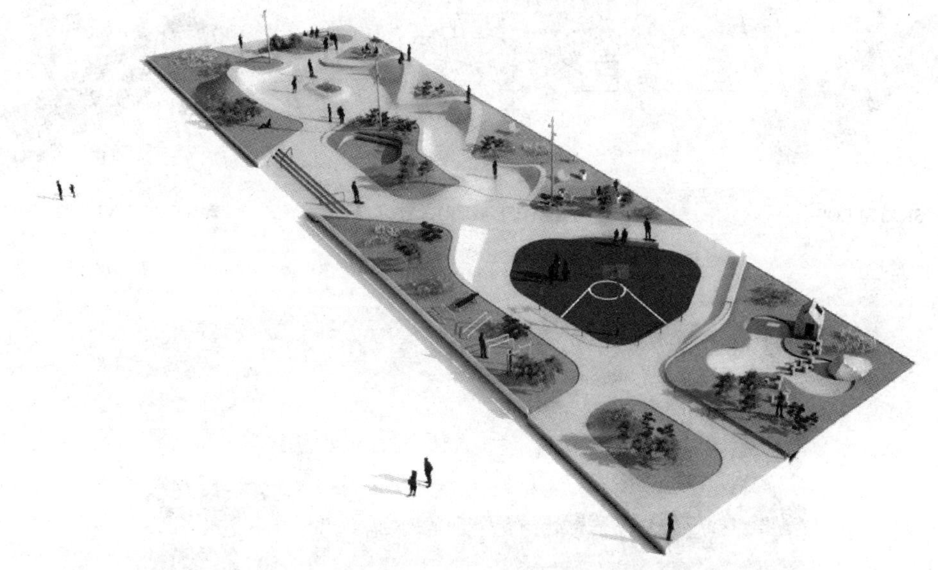

图 7-3-37　模型渲染图

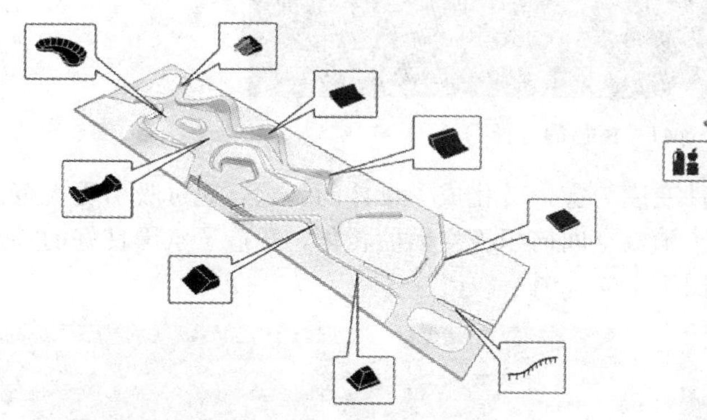

图 7-3-38　滑板区不同的地形塑造

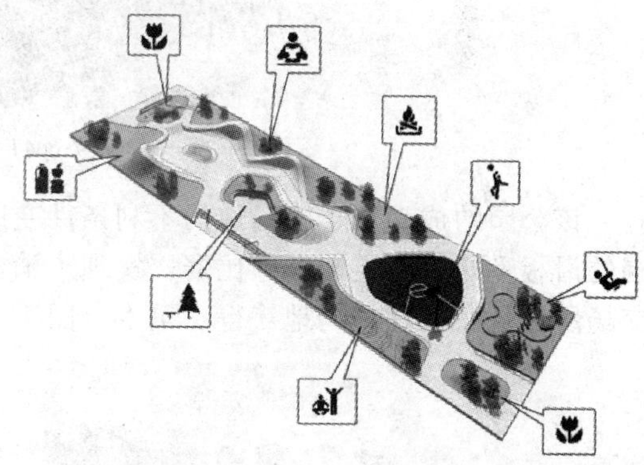

图 7-3-39　绿地活动区的游人行为

② 绿地活动区　在不影响滑板主题的同时，通过一些小空间的点缀，增加了活动的内容。活动区的开辟满足了更多人享受户外空间的要求，增加了公园的人气，丰富了公园的功能，提供给周边社区居民一个方便交流互动的平台（图 7-3-39）。

公园游人园路、滑板路线、游憩活动的交织并没有让场地产生混乱感，反而通过流线引导人的行为，将各个零散的地块有机地串联在一起，成为一个紧密的整体（图 7-3-40）。植物种植方面，没有高大乔木，只有环绕滑板区的块状草坪绿地和部分灌木、小乔木，开阔的视野将人们的视线延到宽广的海平面上（图 7-3-41）。人们轻松惬意地享受这块绿地带给他们的舒适和愉悦，同时不自觉中也成了滑板爱好者的观众。

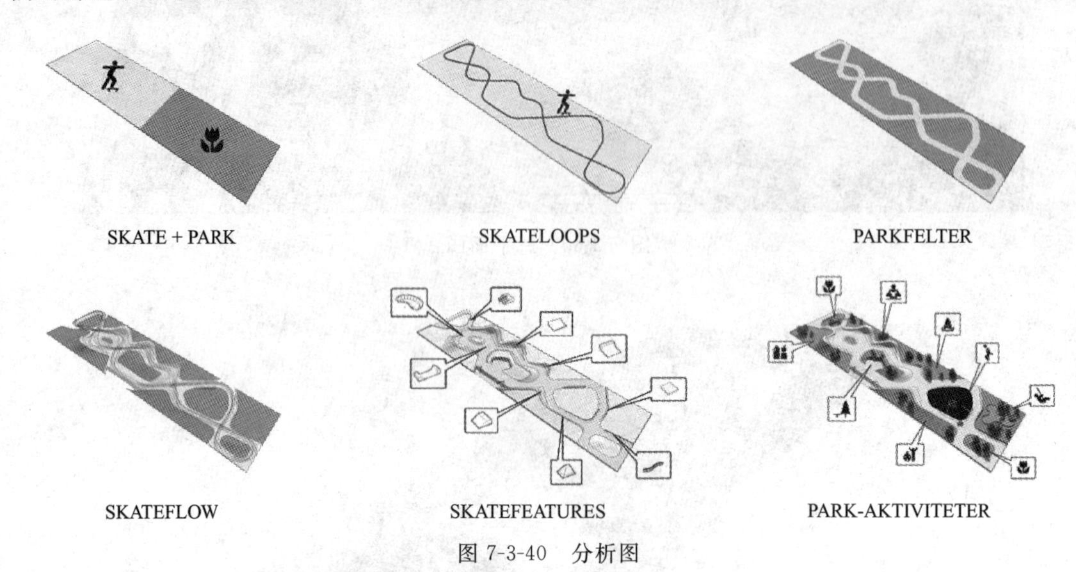

图 7-3-40　分析图

图 7-3-41　植物的选择

该公园的成功在于将场地的不利条件变废为宝，转化成了设计的创意，通过吸引更大范围的滑板爱好者，定期举办比赛，实现了消极空间向积极空间的转化，塑造了氛围良好的社交场所，从而使这块场地获得了重生（图 7-3-42、图 7-3-43）。

图 7-3-42　滑板比赛

图 7-3-43　儿童活动

7.3.5 西雅图奥林匹克雕塑公园（雕塑公园）

（1）项目概况

景观设计师：纽约 Weiss | Manfredi、美国查尔斯·安德森景观设计事务所。

项目位置：美国，西雅图。

甲方：西雅图市政府。

项目规模：约 3.44 万平方米。

年份：2007 年。

（2）项目背景

1970 年代以前，公园所在地为石油公司优尼科（加州联合石油）占有。优尼科迁出后，该地皮因地下藏有有毒物质，长年丢空（图 7-3-44）。后来西雅图艺术馆建议把该空置用地改建成公园，以解决西雅图闹市区中缺乏休憩用地的问题。公园的设计将城市与滨水区重新连接起来，设计师为人们营造了一个由建筑、基础设施和公园共同组成的整体景观形态的公共空间，它为未来的城市改造树立了榜样。

图 7-3-44　改造前

图 7-3-45　鸟瞰图

（3）项目解析

设计最大的创意是巧妙地采用一个不间断的“Z”字形“绿色”平台，这个增强型的地表结构将原本场地割裂的三部分连成一体。原有的公路和铁路以及它们的使用功能得到了保留，而在其之上，设计师呈现的是以雕塑户外展示为主导的公共空间（图 7-3-45）。

西雅图奥林匹克雕塑公园成功塑造了一个与城市连接、与自然和谐、与艺术融合的公共环境，加强了场地和城市地貌的联系，并把城市和滨水联系起来。该项目很好地将极简主义雕塑的性格和公园的风貌协调统一在一起。通过巧妙的“Z”字形设计，解决了过境交通（铁路线和城市主干道）和场地的关系，将零碎的场地捏合成一个整体。地形的改造也是出彩的地方之一（图 7-3-46）。

①“Z”字形道路　“Z”字形的游览线路顺应地形，很好地把城市天际线、远处白雪覆盖的奥林匹克山和脚下碧波荡漾的艾略特湾联系在一起，形成极佳的观景场所（图 7-3-47）。

② 植物规划　设计者规划了 3 种植物群落的花园，很好地再现了当地的生态景观。从展馆到海滩连接有三个特色分明的区域：一座茂密的丛林，一座落叶林，一座海边花园。参观者在这样的人工化地形上，不出城市，同样可以领略到山野郊外的野花浪漫（图 7-3-48～图 7-3-50）。

图 7-3-46　平面图

图 7-3-47　“Z”字形道路

图 7-3-48　植物规划

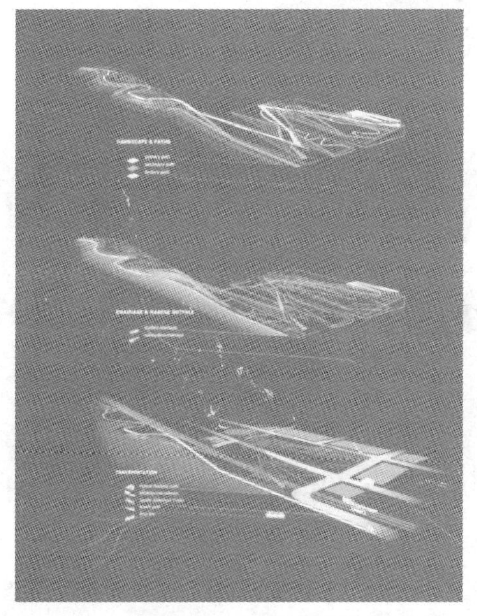

图 7-3-49 硬质景观、给排水和交通分析图

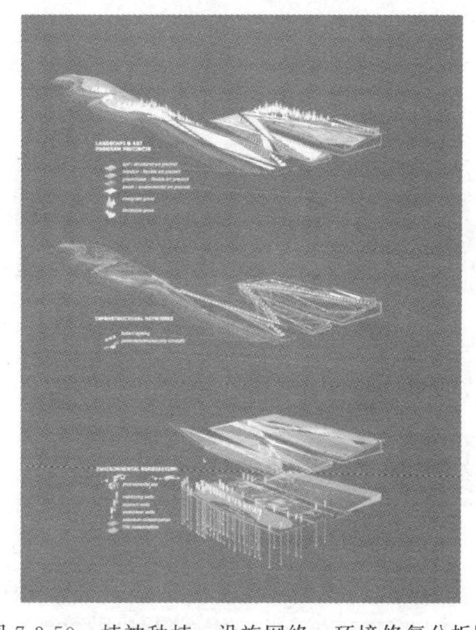

图 7-3-50 植被种植、设施网络、环境修复分析图

③ 艺术博物馆　艺术博物馆正立面简洁现代，结构本身都成了立面构成的一部分，侧立面延续这种构成，形成统一的整体。非常酷的建筑立面照明，像海浪，更像心脏跳动的感觉。展厅设计也非常简洁，一色的白色钢构，现代感很强（图 7-3-51、图 7-3-52）。

图 7-3-51 艺术博物馆

图 7-3-52 建筑侧立面

④ 驳岸改造　设计师对防波堤进行了改造，同时为大马哈鱼和滨水植物提供了更好的生活环境。设计师不但从大的层面将城市与滨水区重新连接起来，而且创造出边界丰富、与自然相融合的滨水空间，丰富的滨水空间可以满足不同人群的需求，创造了更好的亲水边界（图 7-3-53、图 7-3-54）。

图 7-3-53 滨水空间

图 7-3-54 滨水休闲步道

⑤“鹰”雕塑　亚历山大·考尔德的雕塑可以说是动感与构成的完美结合，它们那不可思议的、像天鹅般的优雅，使得这些雕塑品简直成为奇特的动物处在物质与生命之间（图7-3-55）。

图 7-3-55　雕塑“鹰”

图 7-3-56　雕塑“唤醒”

⑥“唤醒”雕塑　理查德·塞拉是极简主义艺术大师，以金属板材组构壮观抽象雕塑而闻名。雕塑窄小的通道开始变得越来越宽，而且光亮，使人们突然感觉到舒适。用康德的话来说是“伴随着忧郁和恐惧同在的颤栗的快感”（图 7-3-56）。

⑦ 天桥两侧的廊架　天桥两边的廊架既确保了防护安全，又能提供很好的遮阳挡雨功能，同时也构成了雕塑公园一道亮丽的风景线。最大的亮点体现在图案和材质的叠加处理，让人感觉既是艺术又是材质本身（图 7-3-57）。

图 7-3-57　富有质感的廊架

图 7-3-58　富有雕塑感的座椅

⑧ 富有雕塑感的座椅　户外也大量布置有这种红色富有雕塑感的座椅，同时兼具实用功能（图 7-3-58）。

⑨ 预制混凝土板　预制混凝土板一方面是构建地貌的元素，最重要的是能在视觉上最大限度地减少与艺术雕塑的竞争（图 7-3-59）。

⑩ 富有画面感和张力的挑台　通常遇到这种悬挑结构，结构工程师会画一个渐变不等高的梁，这种看似稳定的结构无形中扼杀了张力，此处挑台平整的底部所带来的震撼值得我们深思（图 7-3-60）。

雕塑公园以营造公共空间为出发点，将建筑、基础设施等多维城市系统整合成复合、叠加、整体性的景观形态（景观场域）。这种多层面、立体化的城市公共空间体系成为一种新型的城市物质形态和空间结构。它为我们重新组构大尺度的人为环境、缝合日益碎片化的城市肌理提供了可能。

图 7-3-59　低调的预制混凝土板

图 7-3-60　富有画面感和张力的挑台

7.4　滨水景观设计

滨水空间指“与河流、湖泊、海洋比邻的土地或建筑，亦即城镇邻近水体的部分”。按其水体性质的不同可分为河滨、江滨、湖滨和海滨。它的空间范围包括水域空间及与之相邻的陆域空间，对人的吸引距离约为 1～2km。滨水空间往往具有表达城市形象与内涵的作用，也是公共活动频繁发生的地方。

滨水空间一般呈条带形，设计的重点是处理好边界的问题：与陆地的关系，与水的关系。

要处理好滨水空间与陆地的关系，从定位上要准确判断滨水空间的土地使用功能与发展模式。具体需要处理交通、沿岸建筑、市政管线等问题。

要处理好滨水空间与水的关系，需要了解当地的水利水文状况（包括最高水位、最低水位、防潮水位等），技术上保证城市及滨水空间的安全与生态友好。

滨水空间应在安全性的前提下提高亲水性，公园广场中也常有一些临水的空间也需要以亲水性作为设计重点。在此类空间中对人群吸引力最大的是水，如何设计驳岸，处理人与水的关系，满足人们的亲水要求是人性化设计的一个体现。首先应该依据城市与水的不同关系，对于设计区域的亲水需求进行研究。其次，根据人在距水面不同距离所达到的不同感知效果进行景观设计，满足不同距离下对于水的感知需求，有效地安排各类型的亲水活动。

滨水空间设计相关规范：《城市蓝线管理办法》2006、《中华人民共和国河道管理条例》1988、《公园设计规范》CJJ 48—1992、《无障碍设计规范》GB 50763—2012、《中华人民共和国防洪法》2009、《防洪标准》GB 50201—1994、《中华人民共和国水法》1998。

7.4.1　多伦多中心滨水区（硬质驳岸）

（1）项目概况

景观设计师：West 8 urban design & landscape architecture and DTAH。

项目位置：加拿大，安大略省，多伦多。

甲方：Waterfront Toronto。

项目规模：横跨 3.5km。

年份：2006—2011 年。

（2）项目背景

多伦多中央滨水区位于安大略湖畔，有 3.5km 长，在几十年的开发建设中一直无法连成整体，城市的各部分分开发展，本项目通过为中央滨水区打造一个在建筑和功能方面都统一而明晰的形象来弥补过去规划的不足（图 7-4-1）。

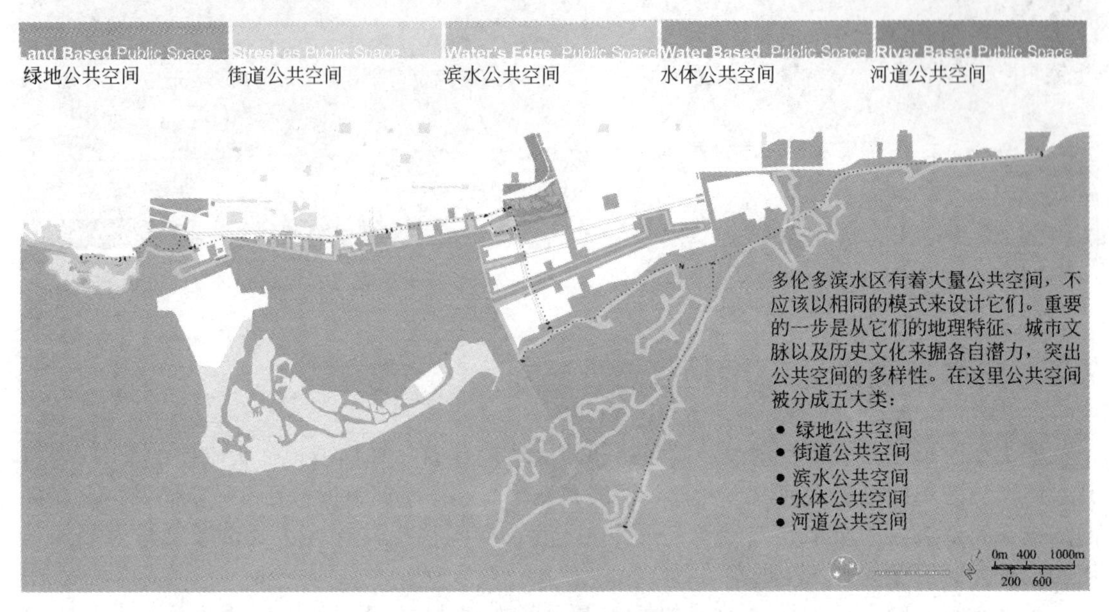

图 7-4-1　规划及分析

（3）项目解析

荷兰 West 8 与 DTAH 事务所合作，借助强大而简洁的设计语言来克服现有的视觉噪声，强调连贯性和连续性，并营造一个新的“多元化滨水区”，包括初级滨水区、次级滨水区、漂浮滨水空间和城市文化区。其中，初级滨水区由一条连续滨水散步道和一系列步行桥构成；次级滨水区则由更新的皇后码头大道、新城市散步道和内港尽头的公共空间构成；漂浮滨水空间则由一系列漂浮元素组成，并提供新泊船点和沿湖公共空间；城市文化区则将滨水区与附近多元化的多伦多小区紧密相连。

为确保所有设计元素和提供的活动内容能够在公共领域中可持续地发展下去，设计师营造了一个公共、多元化和表达多重体验的滨水空间。在一个设计中，如何处理边界显得至关重要，当然也是一个方案最容易出彩的地方。本项目中设计师通过置入连续的公共通道，巧妙地阐述了城市与水的联系：不是生硬的边界，而是生动的、充满活力的新的空间。

其中最著名的是三座波浪桥：士巴丹拿波浪桥、Simcoe 波浪桥与 Rees 波浪桥。设计的灵感来自安大略湖优美蜿蜒的岸线，在街道与水岸之间创造了一个新的公共空间，人们可以从不同的角度和高度欣赏湖水与城市。为了使沿湖的公共区域保持一种前后连贯的美感以及统一协调的外观，波浪桥以及约克码头和约翰码头的改造，均采用两种木材：经久耐用的蚁木和有着防水特性的胶合黄雪松板材。当然，每一个波浪结构都是独一无二的，有着不同的曲率，也代表着不同的活动与体验（图 7-4-2、图 7-4-3）。

士巴丹拿波浪桥（SpadinaWaveDeck）以简洁的方式连接了皇后码头大道与安大略湖，波浪桥的形状构思精巧，有趣的曲线形在不断变化，长 57m 的弯曲长椅沿湖边而设，与湖水有着不同程度的接触，也为人们带来新的体验（图 7-4-4）。

Simcoe 波浪桥（Simcoe WaveDeck）位于湖边的 Simcoe 大街西侧，起伏巨大的剧场空间是它的特色，人们常常在这里聚集、表演，充满活力与人气（图 7-4-5）。

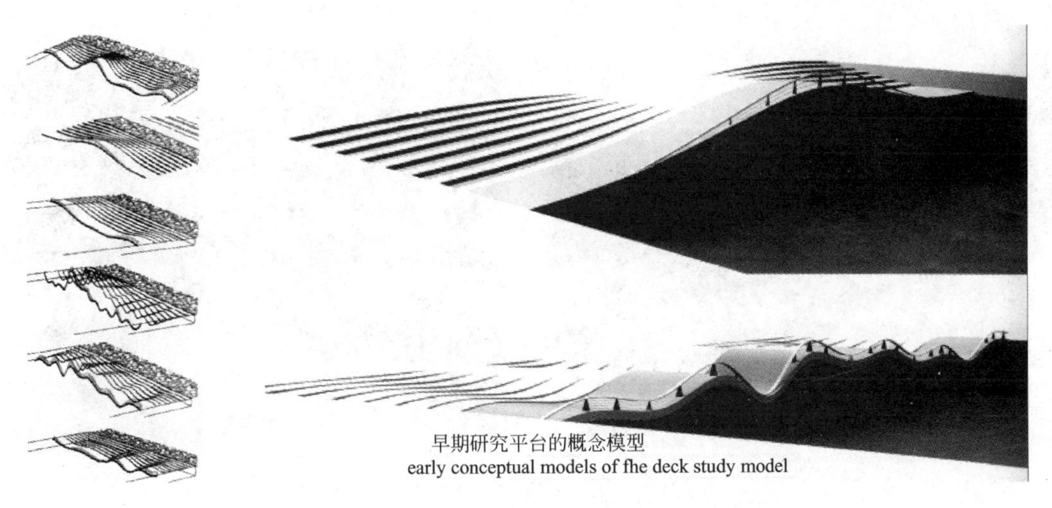

图 7-4-2　波浪桥形态生成

图 7-4-3　剖透视

图 7-4-4　士巴丹拿波浪桥

图 7-4-5　Simcoe 波浪桥

Rees 波浪桥（Rees WaveDeck）是一个集艺术美和功能性于一体的公共空间。人们可以对其空间做出不同的解读：剧院风格的台阶可以作为观众席，也可以作为夏令营或附近航海学校的学习空间。桥中心的一部分没有设围栏，这是为了方便从桥上登上小船（图 7-4-6）。

图 7-4-6　Rees 波浪桥

7.4.2　大同文瀛湖生态公园（软质驳岸）

（1）项目概况

设计公司：AECOM 北京、深圳、伦敦景观团队。

项目位置：中国山西大同。

甲方：大同市城乡规划局。

项目规模：632hm^2。

年份：2008—2012 年。

（2）项目背景

文瀛湖是山西大同市周边一处少见的天然洼地，也一直是大同市重要的水库之一。然而，工业和城市的快速发展导致地下水位的快速下降，过低的地下水位已无法再自然地为文瀛湖进行湖水补注，10km^2 的文瀛湖面积缩至不足 1km^2、深度不过数十厘米的浅滩，甚至大部分原水域被周边农民非法占用。其后，借由自 21 世纪初开始施行的南水北调工程和一连串水利建设为契机，大同市于2008年施行文瀛湖湖底的不透水层的建设，以确保引水后地表水不会进一步地流失，为文瀛湖重生工程形成了保障。

（3）项目解析

大同市的整体规划将文瀛湖定位为一个服务于未来城市新区的城市公园（图7-4-7）。因此，设计师的理念是：注重其生态效益，使文瀛湖成为大同市的城市绿肺；注重公园与城市生活的关系处理，使其水岸空间成为市民的休闲游憩场所。以上述理念为依据，设计师采取了将湖岸环境一分为二的手法——西侧为城市面，约占总面积四分之一；南、北、东侧为自然面，约占总面积的四分之三。

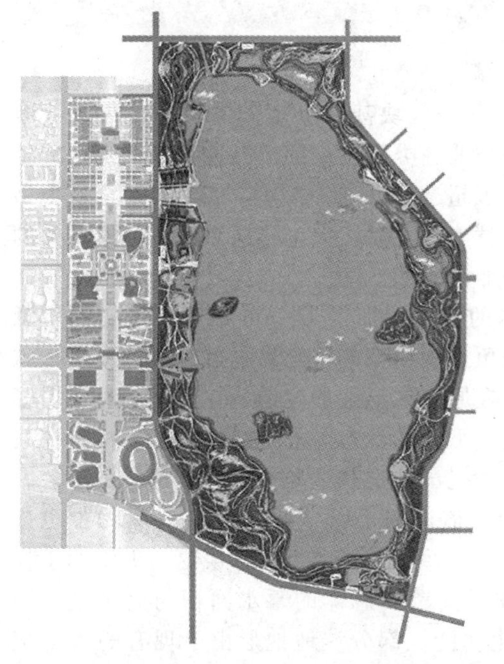

图7-4-7 文瀛湖公园平面图

图7-4-8 雕塑广场

湖泊的西面是城市广场与未来的城市中心。博物馆、美术馆及歌剧院等文化设施的设置势将带来大量的人群，因此文瀛湖主要的入口设置在公园西侧，并且视野开阔，从城市面到湖边一览无遗。为延伸城市广场文化中心的主题，主入口广场南北侧建置了一个雕塑广场（图7-4-8）。场地内设置了一些符合场地精神的雕塑，形成城市到自然景观的一处过渡地带。

图7-4-9 大眺台

主入口广场南侧的大眺台（图7-4-9），顺着地形挑出堤岸，直达离水面12m高的地方。人们到达此处会有截然不同的视觉体验——向东南眺望是水天一色的自然风光；而西南向则是城市繁复的天际线。此外，亲水平台、入水台阶与滨水步道等于此均有建置（图7-4-10、图7-4-11），这方便人们从事各种亲水活动，也是在北方城市中少有的滨水体验。

图 7-4-10　滨水处理

图 7-4-11　滨水处理

湖水的东面则与西面不同，以静态活动为主，部分区块甚至限制人的活动。在这片区域，设计师期望在最大程度上建立鸟类、水禽与小型哺乳类和昆虫的栖息地，恢复当地的生态价值。东侧用地中最大的一个特点就是有一个面积超过 $10hm^2$ 的“鸟岛”，其完全是为鸟类的栖息而建造，除了定期维护以外，一般时间人类不能上岛，完全将这个区域留给鸟类的栖息。鸟岛周边则是一系列的浅水区与滩地，以增加水禽的活动面。

在御东新区的规划设计中，周边的道路比原本的标高增加了 1～4m 不等。最初的用意是希望在文瀛湖的周边开车经过时，不论从哪个视角，视线都能很容易越过现有的堤岸，欣赏这中国北方少有的大型湖泊。然而原本的堤仅是在原有地形上加建的，在道路加高与堤等高的状况之下，道路与堤之间的原有地形反而形成了下洼的状态，若不加以改善，行走在其中反而无法欣赏到湖岸美景。针对这一问题，设计师提出把这些洼地变成水体这一做法，因此原先阻绝视线的堤岸，变成了让人们行于水中的一道道的长堤（图 7-4-12），无形中也扩展了在文瀛湖的行走体验。此外，由于地形的关系，这些洼地正临近引水渠道，上游的水在引入时也带进到这些洼地（图 7-4-13）中，这增加了文瀛湖总体的蓄水面积与蓄水量。同时，这些洼地中的湿地植栽，也提供了湖水的净化功能。部分洼地地形由于现有的大量植栽，不适合转化成水体，设计师也适度地在其中设计了雨水花园来帮助雨洪管理以及补注地下水资源。

图 7-4-12　堤岸

图 7-4-13　洼地

城市中的水岸空间在缺水的北方是弥足珍贵的资产。而水岸空间不是仅仅是让人走近水，也应该注重其生物的多样、资源持续的生态系统。在文瀛湖的景观施工接近尾声时，整个湖区已经吸引超过上千的水禽前来定居与觅食，包括上百只的天鹅。

7.5 附属景观设计

校园内的开放空间主要有公共草坪、主广场和建筑附属空间等，其使用者是学生和教职员工，因此，校园开放空间应首先考虑步行的尺度来进行设计。在校园里的各个角落，设置不同类型的开放空间，满足学生学习、交流或者举行社团活动的需求。尺度不宜过大，但数量应该多，分布在校园的各个角落。此外，校园里的开放空间还应该是富有学术气息和人文特色的。例如宽阔的草坪可以让学生休息、交流，浓密的树荫下也是学生们喜爱的交流空间。

《城市居住区规划设计规范》(2002) 中这样定义：居住区内绿地，应包括公共绿地、宅旁绿地、配套公建所属绿地和道路绿地，其中包括了满足当地植树绿化覆土要求，方便居民出入的地上或半地下建筑的屋顶绿地。

居住区内绿地应符合下列规定：

一切可绿化的用地均应绿化，并宜发展垂直绿化；宅间绿地应精心规划与设计；

绿地率：新区建设不应低于30%，旧区改建不宜低于25%。

宅旁绿地是住宅空间的延续，属于半公共半私密的空间，不同的居住区类型的宅旁绿地有不同的结构布局。

居住区景观设计的主要规范：《城市居住区规划设计规范》GB 50180—1993 (2002)、《城市绿地分类标准》CJJ/T 85—2002、《无障碍设计规范》GB 50763—2012。

医院附属空间是比较特殊的一种开放空间，它应该是以患者主导的，兼有辅助治疗功能的一类空间。在景观设计上应该体现对患者的精神关怀：以静态景观为主，重视私密性，同时在植物配置方面要注意落叶、花粉、蜜蜂等的影响，避免带来的二次伤害。

根据患者的不同类型，在景观设计当中应有不同的侧重点。在儿童医院当中，应充分考虑儿童活泼好动的特点，着重设计儿童的活动场地和家属的陪护设施，配以花木分隔；宜设置简单的活动设施、养鱼池、开阔的草坪，为多年龄段的儿童提供活动空间；植物的种植上宜采用无伤害、同时引人注目并能迅速生长、季相变化明显的植物。专为老年人服务的专科医院，针对老人的心理状况，设计时应考虑设置雨棚、连廊等遮蔽设施；注重树木的种类、色彩、质感及香味的搭配，保持欣欣向荣，维持、促进生机，给老人精神鼓励。

7.5.1 深圳万科第五园

(1) 项目概况

设计师：易道规划设计有限公司，北京市建筑设计研究院王戈，澳大利亚柏涛建筑设计公司赵晓东。

项目位置：深圳市龙岗区坂雪岗片区。

甲方：深圳万科房地产有限公司。

项目规模：13.1hm^2。

年份：2006年。

(2) 项目背景

随着全球本土化时代的到来，越来越多的建设强调传统与现代的结合。深圳万科第五园吸纳了岭南名园、北京四合院等众多中式建筑、房屋布局及园林布置的精华，辅以现代的设计特色，强调对本土文化的继承与发展，以形成独具特色并具有实用性的现代新中式风格。

(3) 项目解析

在全球本土化过程中，设计师很容易局限在对传统形式上的刻意模仿，而忽略了实际上的功能和其内在的涵义。在本项目中，设计师从中国人的生活习惯着手，结合地方气候特点，通过在“岭南四园”的基础上探索一种新型的、南方的中国式的现代生活模式。其内敛、幽静的气息也深受文化人士和知识分子的喜爱（图 7-5-1)。

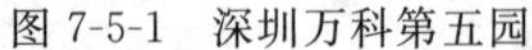

图 7-5-1　深圳万科第五园

图 7-5-2　标识小品

整个社区由中央景观带分隔而成两个边界清晰的“村落”，由一条简洁的半环路将其串联。两个“村落”各又有在传统村落中常见的牌坊等小品作为标识物，以增强领域感（图 7-5-2)。村内各个住宅围合成不同的院落（图 7-5-3、图 7-5-4)，并以幽深的街巷将各个院落相互串联，以期形成尺度宜人、亲切柔和的邻里空间。每栋住宅又有各自层叠的小院，形成住户自己的私密花园空间。这个社区强调中国传统民居中内向、收敛的空间氛围，通过由街坊——街巷——大院——小院——内院的空间层次上的过渡，加强住户的归属感和邻里氛围的营造。

图 7-5-3　公共院落 1

图 7-5-4　公共院落 2

社区的整体色调素净、雅致，遵循中国传统的“粉墙黛瓦”的原则，以黑白灰形成整个社区的背景色。在植物的选择上则多以枝杆修长、叶片飘逸、花小色淡的种类为主，突出简洁、明净的空间特色，如：竹、垂柳、桂花、迎春、菖蒲、鸢尾等，并多有层次丰富的植物配置。其中，竹子为该社区的基调，主景、背景都有运用，如在实墙前、花窗后、小路旁、拐角等处大多选择栽植竹子，用以打破建筑单调的立面效果，同时对狭窄空间也起到加深空间层次的效果（图 7-5-5、图 7-5-6)。

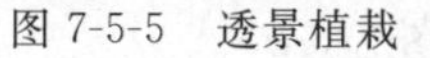

图 7-5-5　透景植栽

图 7-5-6　竹子的运用

在对墙面的处理上，设计师采用了“双层”墙面的处理手法——内外墙面相互分离。内侧墙面多采用实墙的形制；而外立面则多根据通风遮阳、借景、透景、框景等原则，形成变化丰富的外立面，与院落中的景致相映成趣（图 7-5-7、图 7-5-8）；同时，内侧和外侧墙面的中间形成“灰色空间”，可成为室内外空间的过渡。同时，岭南温暖的气候为室内外空间的相互融合提供了前提条件，也成为颇具地方特色的造景手法之一。

图 7-5-7　外墙面与院落中的景致

图 7-5-8　外墙面变化

7.5.2　Alumnae 山谷景观修复

（1）项目概况

景观设计师：Michael Van Valkenburgh Associates，Inc.。

项目位置：美国，波士顿，Wellesley College。

甲方：Wellesley College。

项目规模：5.36hm^2。

年份：1997—2004 年。

（2）项目背景

建校之初，这里曾是环境优美的农场和废弃的耕地。园艺师 HenryRepton、Durants 和 Frederick Law OlmstedJr 先后提出保留树丛、溪谷、草甸和丰富的植物群落的构想。可惜学校后来没有实施这一规划，校园环境污染日益严重，山谷沦为被“遗忘的地带”，是污染最为严重的地带，由于污染物几十年的堆放和沉积，污染的治理成为首要问题。除了土壤污染对环境的破坏，校园中的另一个环境问题是无序布置的停车场。由于缺乏大型的停车场，车辆只有以线性的方式停放在车行道上或教室和宿舍旁的一些硬质铺装场地上。它们不但割裂了学生的步行与休憩空间、影响了校园环境，而且削弱了建筑群的整体性和校园空间与景观的和谐（图 7-5-9）。

图 7-5-9　改造前

（3）项目设计

研究发现，校园中心“棕地（Brownfield）”是步行活动中的一个焦点，如果把“棕地”改造成绿色山谷，它将成为学生们校园生活中与自然联系的视觉纽带。但这块区域正好被停车场占据，于是设计师便预想设计一个新的停车场，把汽车迁出，再对其进行生态景观改造，为学生和行人创造沿着山谷弯曲起伏的步行空间，重新诠释了“行人至上”的观念。

① 校园中心区规划　校园中心区的规划（图 7-5-10、图 7-5-11）主要体现在三个方面。

Alumnae山谷景观修复岛瞰图
Wellesley学院，Wellesley，马萨诸塞州(美图)

1—西部沉淀池；6—划艇斜坡；11—工业废水收集区；
2—渗透盆地；7—溢流石滩；12—物理楼服务区；
3—溢流湿地；8—香蒲湿地；13—大学中心出入平台；
4—上层入水口；9—沼泽集水池；14—停车场入口；
5—下层入水口；10—东部沉淀池；15—访客停车场

图 7-5-10　校园中心区规划

一是反映山谷地形特征，中心山谷区是由连绵起伏的绿色山谷组成，步行道路蜿蜒其中，没有笔直大道和大型广场，只有与自然融合的地貌景观，让学生们用自己的方式去体验、去发现、去接触自然。二是恢复山谷的自然生态循环系统，对长期存在的有毒土壤采用移走、分解、封盖手段，将其恢复为良性土壤；利用植物净化和水文循环等系统构建生态湿地环境。三是调整校园公共设施，新建戴维斯停车场，为“棕地”的生态改造创造了条件，还学生一个舒适的步行空间。

图 7-5-11　校园中心区鸟瞰图

② 地形塑造　Wellesley 校园的周围是典型的冰川山谷，为了延续此地域的独特景观，设计师参照冰川地貌，重塑冰蚀山丘及峡谷，改造支离破碎的景观，让山谷新景观与周围自然环境融为一体（图 7-5-12）。

图 7-5-12　地形塑造与景观修复

③ 污染土壤处理　设计师根据不同区域的污染程度，以不同的方式和技术处理有毒土

壤。把石油污染土壤移出进行处理；将部分建筑碎片污染的土壤移至中心山谷区堆放，并掩埋于良性土壤之下，形成起伏的山谷地形，其上进行草甸种植，通过工程技术手段净化其污染；在焦油污染土壤中加入良性土壤进行改造，逐步提取出焦油；设计一个净化池来处理涂料污染的土壤（图 7-5-13、图 7-5-14）。

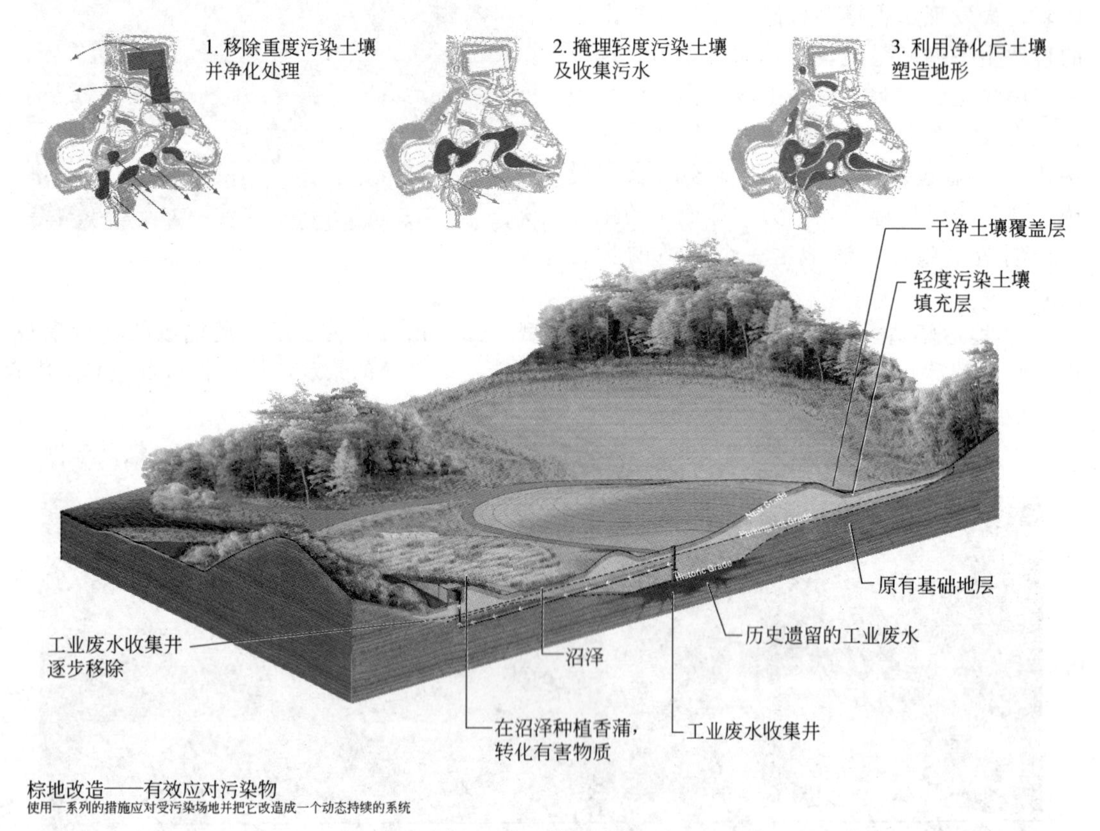

图 7-5-13　棕地改造 1

图 7-5-14　棕地改造 2

④ 水文循环系统　Alumnae 山谷作为 Wellesley 校园和慰冰湖之间的连接，被附近的道路分割得支离破碎。改造后，山谷再次变成一片连绵的湿地，经过上游和水体一系列的沉积，经过混植的牧草、莎草和香蒲等水生植物，治理受污染的径流，并让其缓缓流到湖中，同时用土工材料密封污染的土壤，防止水过早返回到原始的地下水位。校园环境的改造中，设计了两

处香蒲沼泽净化系统：一处有一亩多香蒲沼泽，夏天能长到六英尺或更高，为谷地中心带来了鸟类和其它野生动物；另一处香蒲沼泽则包括泥沙前池系统、入渗盆地和溢流沼泽地，它们取代了以前直接将污水排入湖里的水管，控制污染物的排放（图7-5-15、图 7-5-16)。

图 7-5-15　生态系统修复 1

图 7-5-16　生态系统修复 2

7.5.3　日本宝冢太阳城疗养院

(1) 项目概况

景观设计师：SWA。

项目位置：日本，大阪。

甲方：Health Care Japan Co.，Ltd。

项目规模：3.07hm^2。

年份：2012 年。

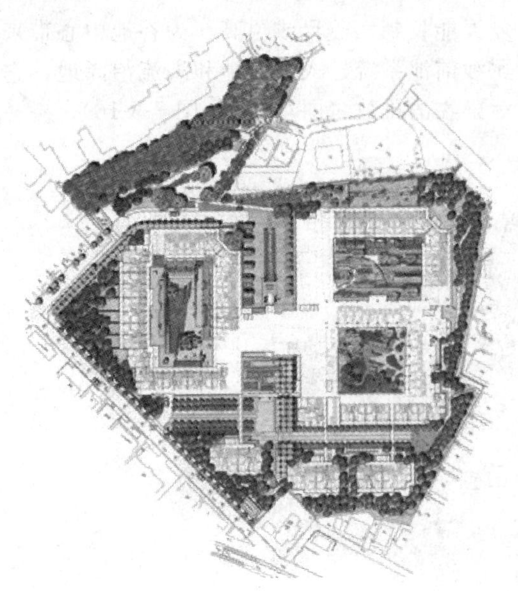

图 7-5-17　平面图

(2) 项目背景

日本有 20%的人口是 65 岁以上的老年人，对高品质老年住宅社区的需求越来越大。与美国不同，日本不断增加的老年人口要求质量越来越高的老年公寓。为提供“在地老化”的大型持续性照顾老年人社区进行场地规划和景观设计，将成为日本和海外景观设计师的一项重要工作。80%的客户群体来自于疗养院周围半径 10km 范围内，大多数客户都是放弃了自家独门独户的房子和私人花园，来这个公共居住地享受 24h 的服务和照顾。

(3) 项目解析

宝冢太阳城疗养院位于日本大阪市郊的一个高级住宅区，是一个新建的持续性关爱老年人社区。共 300 个单元的三层建筑围合出几个内部庭院景观（图 7-5-17）。通过修建地下停车场节省了许多空间，SWA 巧妙地利用高差来解决高度限制，并将建筑以阶梯状排布使之和谐地融入周围的社区。项目场地的西边树木繁茂，为场地提供了天然屏障，同时也成为一个供社区使用的公园，是该项目的配套设施。

住宅和公共建筑的布局是围绕五个庭院进行的。入口和喷泉庭院按进入的先后顺序成轴向排列，在主题和感官上都有联系。一条源自山坡上的水道将入口庭院一分为二，消失在建筑的入口门廊之下（图 7-5-18），然后在下一层的喷泉庭院重新出现，穿过一个色彩鲜艳、纹理井然的现代模纹花圃花园，继续流向下坡。水流为两个庭院增加了动感和光的变化，这个项目展示了过往水文学是如何经过重新的整合与当代建筑风格融为一体的（图 7-5-19）。

图 7-5-18　入口

图 7-5-19　喷泉庭院

竹院（图 7-5-20）与喷泉庭院在同一层。竹院是一个安静的观赏花园，从住户单元、室内游泳池和健身设施处都可以欣赏到这里的风景。庭院公共区域的一端是一个石平台，为那一翼的居民提供活动空间。

其它三个庭院，设计风格是私人住宅式的，设计独特且易于辨认。盆景庭院（图 7-5-21）与入口庭院在同一层，可通过图书馆过去。这个庭院整体高于建筑，需要把所有的植物抬高种植。盆景庭院被设计成居民展示其家庭盆景的艺廊，与外围的漫步小道、宽敞的露台空间、一个背靠大型植物种植池的架空草坪结合在一起，满足了为大型户外聚会提供空间的功能需求。

图 7-5-20　竹院

图 7-5-21　盆景庭院

地形庭院（图 7-5-22、图 7-5-23）主要供分别位于景观庭院三侧、有 27 个私人单元的护理中心和位于剩余一侧的餐厅等的公共空间使用。护理中心为有康复需求的独立生活的居民和长居在此的居民提供 24h 护理服务。景观设计中充分考虑这个群体的各种需求，包括抬高景观使它们更容易被那些行动不便或长期卧床的老人们看到。树木种植和紫藤架为上方独立居住单元带来了绿荫、提供了隐私与供欣赏的景致。

图 7-5-22　地形庭院 1

从炎热潮湿到寒冷多雨，日本比较极端的气候，意味着必须在建筑内部配备大量的日常服务和社会设施，以满足居住的需求。对注重天人合一的日本文化而言，在室内观赏引人入胜的“花园”景观，是日常生活的重要组成部分。景观设计师设计的庭院布局和设计方法，都意图满足这些需要，同时也为容纳更多的居民活动和大型聚会提供空间。

该场所作为一个老年疗养设施的功能同时提升了周围的居住环境——将经保护的森林小径设计成一条带有翻新照明设施与座椅的公共通路，改善了行人通道，而无需增加额外的交通或要求大笔的社区资源投入。该场地坚固的设计和建造，将在未来的岁月里为很多代的老年人服务，提高他们及住在附近的家人的生活质量。

图 7-5-23　地形庭院 2

7.6　道路景观设计

道路景观是围绕城市道路由地形、植物、构筑物、绿化小品等组成的带状景观，除道路本身的绿化外，还包括道路边界、道路两侧一定范围内形成的区域、道路段相接处及道路与道路相交处形成的道路节点景观设计等。此外，道路历史文化等有关人文景观方面的要素也是构成城市道路景观的重要内容。

城市道路景观分为五类（表 7-6-1）：道路绿带、街头绿地、步行街景观、滨水带道路景观、高速公路景观。

表 7-6-1　城市道路景观分类

道路绿带景观	道路绿带是指道路沿线范围内的带状绿地。道路绿地分为分车绿带、行道树绿带和路侧绿带。 行道树绿带主要为行人及非机动车庇荫，在弯道和道路交叉口，树木的树冠不得进入视距三角形范围内，以免遮挡驾驶员视线，影响行车安全
街头绿地景观	街头绿地又称街旁游园，它是指城市道路红线以外供行人短暂休息或重点艺术装饰街景的小型公共绿带。位于市区内，周围环境条件较差，路面辐射温度较高，空气干燥，交通车辆排放废气多，加上空中、地下管线比较复杂等不利因素，因此树种选择更为严格： ①适地适树，多采用乡土树种，移植时易成活，生长迅速且健壮的树种； ②要求管理粗放，病虫害少，抗旱性强，抗污染； ③地被植物应选择茎叶茂密，生长势强、病虫害少和易管理的木本或草本观叶、观花植物； ④草坪选择覆盖率高、耐修剪和绿期长的种类
步行街景观	步行街是指城市道路系统中专供步行者使用，禁止或限制车辆通行的街道。 步行街景观设计需要与两边的建筑整体考虑，从建筑内部空间，到建筑外立面、广告，再到街道空间、路面、设施与照明，形成有层次的整体
滨水带道路景观	属于滨水空间景观的一种
高速公路景观	高速公路景观设计，要在完成“高速”的功能的前提下，创造良好的视觉形象和生态环境。 两侧带状绿化是建设绿色通道工程的主体，景观环境再造、协调公路与周围环境关系的基本措施。 中央隔离带绿化对遮光防炫、诱导视线起着重要的作用。 服务区集加油、修理、餐饮、住宿、娱乐为一体，其绿化设计主要起到空间划分和观赏的作用

在街道空间设计中，合理的街道的休息空间的间距和空间结构也有利于交往活动的进行。有的空间可以让行人驻足停留，停下来参与活动；有的则要防止聚集，让行人快速通过。一般来说，人行道上休息空间的结构包括三种：带型空间、街角广场、围合空间。在街道的休息空间中，也应该关注容纳人的活动，并提供观赏活动的空间。在步行街上，应该按一定间隔设置座椅或树池等供行人休息或观赏他人活动，座椅不宜无遮蔽地放在道路中央，而应该背靠建筑，面向中心，与乔木或花坛等能提供遮蔽作用的小品结合布置。

城市道路景观相关规范条例：《城市道路绿化规划与设计规范》1997、《城市道路设计规范》CJJ37—1990、《无障碍设计规范》GB 50763—2012、《公园设计规范》CJJ 48—1992。

7.6.1 上海淞沪路（城市干道）

（1）项目概况

设计师：上海广亩景观设计公司。

项目位置：中国，上海。

项目规模：景观面积 200000m^2。

年份：2007 年 2 月。

（2）项目背景

淞沪路为新江湾城的主干道，其道路红线宽 35m，南起五角场，北至黄浦江边的军工路，贯穿新江湾城南北。其沿途区域建筑功能丰富，在代表新江湾城形象的同时，也担负着作为复旦大学新校区迎宾大道的使命。文化、经济在这条道路上相互串联，有着集防护、休闲、观赏为一体的城市生态风景林带道路需求。

（3）项目解析

设计师力求在风格上与淞沪路东侧已建成部分协调统一，同时延续“生态、绿色、绚丽多彩”的设计理念，以绿意盎然的生态片林为基调，加以丰富多彩的自然视觉景观，通过对植物群落的营造形成绿色生态走廊（图 7-6-1、图 7-6-2）。设计师以自然景观为原则，较少硬质景观，并多选择乡土树种以期达到低成本养护。在照明方面也延续自然为主的主题，多用柔和、节能的照明系统，与整体风格形成统一。

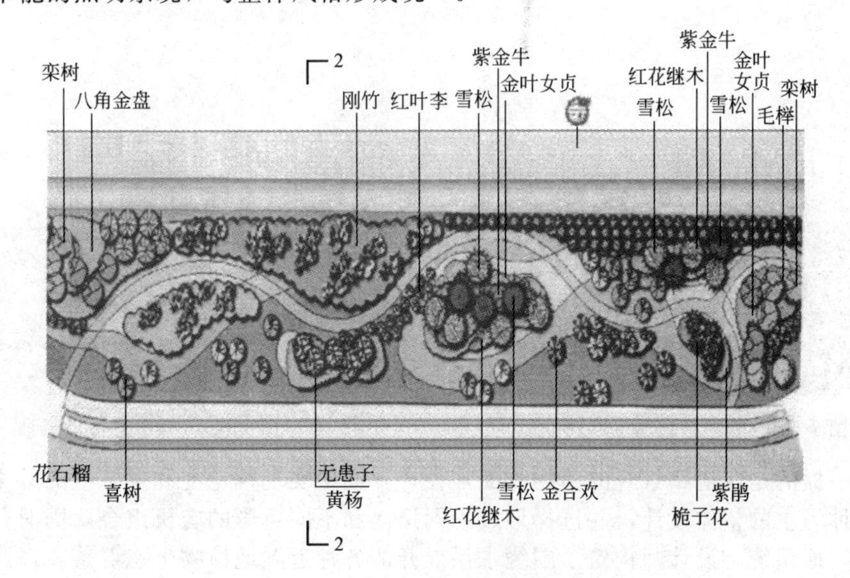

图 7-6-1 淞沪路局部设计剖面图

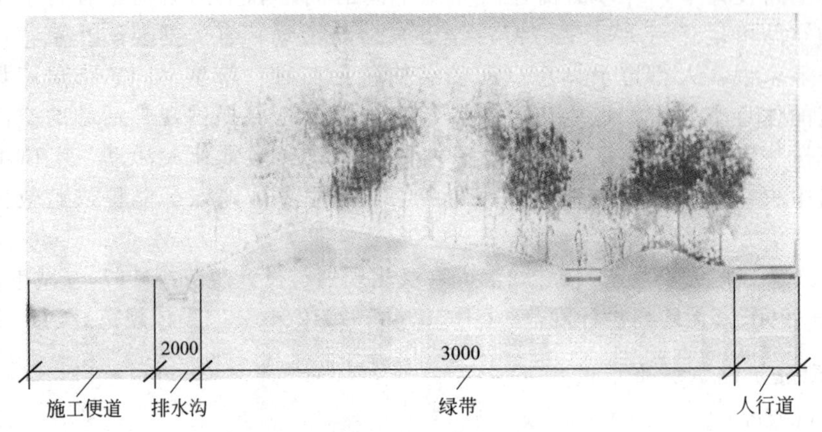

图 7-6-2 淞沪路局部设计剖面图

道路的总体空间布局为一水、两径、三脉、六景。其中一水是指景观带中原有的一条小溪，其最终汇入地段内的中央公园。设计师利用丰富的湿地植物营造出鲜活通畅的绿色水景，同时利用雨水收集技术收集雨水为旱季创造良好的湿地景观的条件（图 7-6-3）；两径是指非机动车道边的直行道和景观绿带内的一条园路。园路在景观带中跟随地形曲折蜿蜒，并结合绿化、水景塑造变化丰富的空间景观（图 7-6-4）；三脉是指人、水、绿化在景观带中的相互交融，人的活动空间与水景和植物的生态型和谐兼顾（图 7-6-5）；六景指的是以特定的植物组合和反映江湾地区历史的主题小品（梅坞起舞、桃花流水、幽篁森森、枫林秋染、水清木华、似水流年），形成淞沪路的主要景致。

图 7-6-3 淞沪路景观带小溪

图 7-6-4 淞沪路景观带园路

图 7-6-5 淞沪路活动场所

值得一提的是在道路景观的植物方面，设计师期望实现视觉上和生态上的并举。选择以观赏性物种为主的整体设计，并选择形成不同层次和不同色彩的有机组合。同时，为延续道路周围的湿地系统，设计师构筑了围绕水系展开的各种近湿地植物生态群落，以减少水土流失并涵养水源。

① 乔木　景观带外围由于地势较低，因而采用耐阴的湿生树种为主，并模拟自然生态群落，如墨西哥落羽杉落、水杉、湿地松等的混植。在园路两侧设计师采用常绿乔木与落叶乔木沿路不规则布置，或散植或孤植，使之给行人带来不同的氛围感受。

② 灌木　以春（春梅、桃花、海棠等）、夏（紫薇、夹竹桃、夏鹃等）的花卉植物的色彩为点缀，以含笑、蚊母等常绿灌木为背景，以弥补季相变化带来的色彩上的不足。

③ 地被　在乔木林下，以大片阴生或半阴生的混植的野生花卉混植（如紫花苜蓿、紫茉莉、萱草等），以吸引鸟类和蝶类动物在此栖息，有利于增加物种多样性。在水系边则营造多种湿地植物群落组合（如菖蒲、水葱、灯芯草等）。部分地段采用耐践踏的草类，为人们提供可亲近自然的机会。

④ 藤本　用“乔木悬藤”的设计手法选用长春蔓和络石等耐阴类藤本花卉植于乔木之下，或安置于石边，形成藤蔓缭绕的野趣。

7.6.2 上海古北步行街（商业步行街）

（1）项目概况

景观设计师：SWA 集团洛杉矶办公室。

项目位置：中国，上海。

甲方：上海古北集团有限公司。

项目规模：4.6hm^2。

年份：2005—2009 年。

（2）项目背景

项目坐落于上海西部长宁区，是一个成功地将城市车行道转化为一条 700m 长的步行圣地的范例。开放空间的线性特质及其超越场地边界之外的连接性与延展性能够为周边街区带来积极的变革（图 7-6-6）。

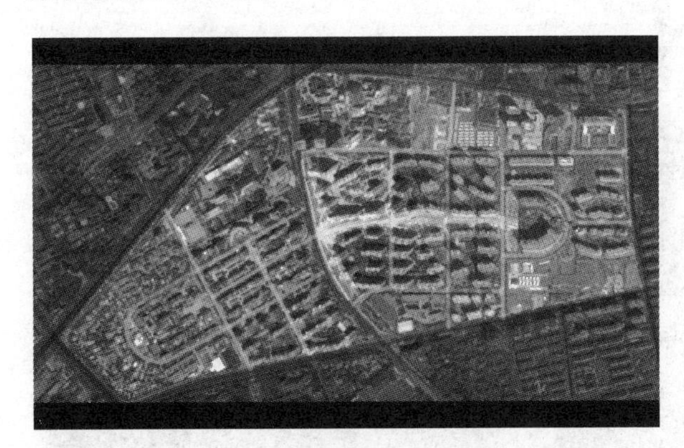

图 7-6-6　项目周边

图 7-6-7　“户外客厅”

（3）项目解析

“户外客厅”的理念通过步行商业中心得以实现。这一项目已经成为了提升各种人行活动的有效催化剂。公共步行街已成为一个日常聚会、社交、观察人及进行日常锻炼活动的场所（图 7-6-7）。

场地平均宽度为 60m，呈线性延展，衔接东部和西部入口公园，成为 35.6hm^2 综合居住项目的绿色核心（图 7-6-8、图 7-6-9）。场地被周边两条南北向的街道分成了 3 个街区，底部两层商业，上部高层住宅。步行街处于两端开放空间公园的垂直夹缝间。公园将步行街与邻近的街区连接起来，并且灌输一种“城市自然”的概念。

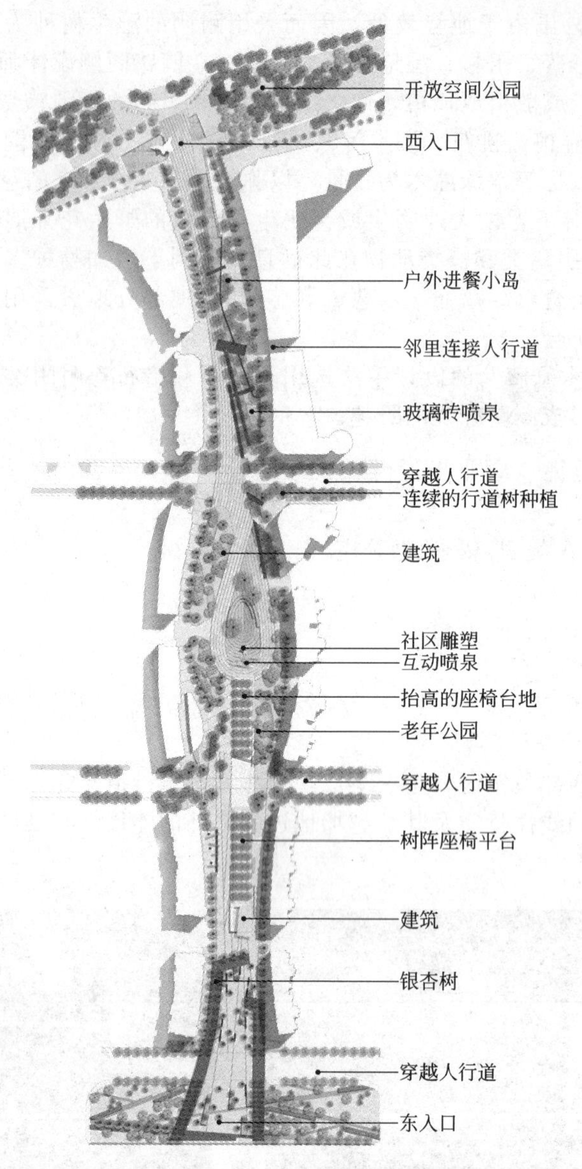

图 7-6-8　总平面图

图 7-6-9　尽头的开放公园

图 7-6-10　跨越植被洼地的人行桥

① 人行桥　跨越植被洼地的人行桥被设计成用于过滤雨水和鼓励城市生态的栖息地。功能性元素，如人行桥与具有节奏感的几何铺装的碰撞，玻璃平铺的水景，创造出步行街入口的独特特征标识（图 7-6-10、图 7-6-11）。

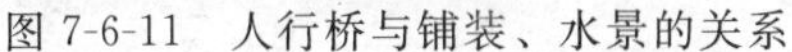

图 7-6-11　人行桥与铺装、水景的关系

图 7-6-12　中央广场区的植物配置

② 植物种植　中央广场区分层设计的樱花、杜鹃花、聚碳酸酯坐凳及互动喷泉，加强了灵活社区空间的活动（图 7-6-12）。植物设计包括引人注目的颜色、纹理和尺度，加强了步行街的线性方向感，提供充足的多孔表面材料来进行雨水径流收集及过滤（图 7-6-13）。作为整个项目的特色树种，银杏增添了整个步行街的秋色，同时其潜在的生态价值保持一种自我适应性来处理不良环境条件，如空气和土壤污染（图 7-6-14）。超过 1100 棵树种植在步行街，从而每年隔离了 5465t 二氧化碳，相当于 1100 辆汽车两个月排放的二氧化碳量。

图 7-6-13　植物加强了线性方向感

图 7-6-14　特色树种银杏

③ 景观建筑　三个建筑为行人提供各种户外相关项目，如咖啡馆、餐馆、酒吧和书店，激活开放空间的战略位置。同时，这些建筑通过在形式、材料和设计表达上的实验尝试——为整个步行街的个性标识做出贡献（图 7-6-15）。

④ 水景　项目中的特色水景，落水从各种色调的绿色玻璃上流过，玻璃的颜色从亮绿到暗绿过度，象征河流的季节性变化。步行街的标志水景在细节部分利用了垂直和水平方向的玻璃表面反射。即使水池中没有水流过，喷泉也会提供一个具有雕塑感的景观（图 7-6-16、图 7-6-17）。

图 7-6-15　标志性的景观建筑

图 7-6-16　绿色玻璃为底部的水景设计

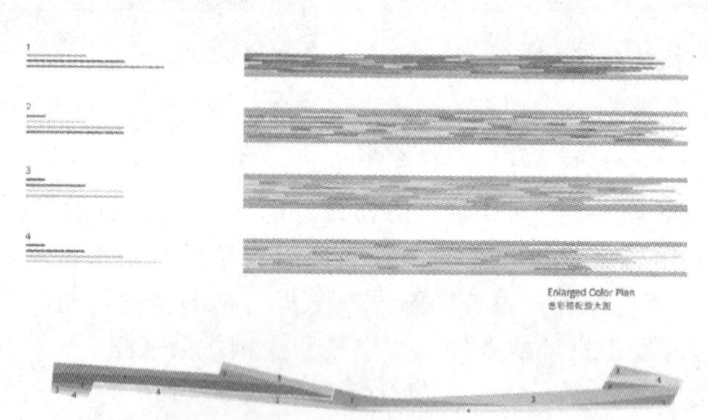

图 7-6-17　水景色彩示意图

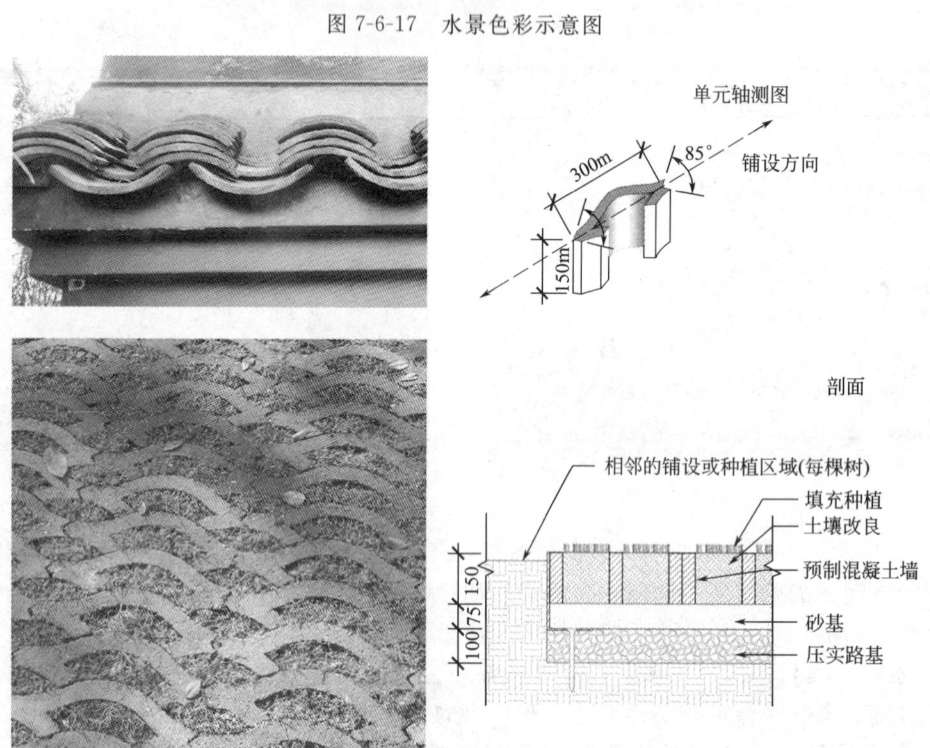

图 7-6-18　铺装的灵感来源

⑤ 铺装　步行街铺装系统的设计灵感来自古代黏土瓦片屋顶。从美学角度，抽象出来分层砖块图案，铺装系统呈现出了不同的模式。同时，强调了雨水渗透、人行循环和多功能程序。地面铺装图案与树井、卵石隐槽排水系统、长凳和种植区域搭配和谐（图 7-6-18、图 7-6-19）。

⑥ 座椅　半透明聚碳酸酯红色板凳形成一个环绕中央广场的同心环。坐凳表面可以被非常灵活地使用，作为一个地方坐、卧、站或爬行的地方。坐凳可以从内部发光，黄昏时分成为视觉上的焦点，吸引人们实用，延长晚上的使用时间（图 7-6-20）。

图 7-6-19　铺装与其它景观要素的和谐性

图 7-6-20　醒目的红色坐凳

7.6.3　丹麦哥本哈根 Superkilen

(1) 项目概况

设计师：BIG 建筑事务所、Topotek1 景观设计公司与 Superflex 艺术工作室。

项目位置：丹麦哥本哈根市 Nϕrrebro 区。

甲方：哥本哈根市政府、Realdania 慈善投资基金会。

项目规模：2.7hm^2。

年份：2008—2012 年。

(2) 项目背景

苏帕奇林是一处线型城市空间，其位于丹麦哥本哈根市中心 Nϕrrebro 区。该区于 19 世纪 80 年代作为城市新区被开发，并成为建设各类新型工业和容纳外来移民的聚集地。而今，Nϕrrebro 已然成为哥本哈根市最多民族、文化和宗教的区域，有着其特有的活力与多样性。

(3) 项目解析

Superkilen 由建筑、景观和艺术三家工作室合作构建，意将建筑、景观、艺术从概念、设计、施工等各个阶段融合在一起。其被构想为一处展示居住在该区域的市民生活元素的巨大容器，以期借此真实地反映城市生活的多样性，而非延续一座城市的僵化形象。同时，公共参与的手法也被视为该项目设计的原则之一，贯穿于整个设计过程。原有的自行车道也被设计者加以利用发挥，以期改变过去单一的交通中转功能，变成功能密集、充满活力的街区。该项目体现出新型城市的时代特点，为在当代城市发展中所遇到的问题提供了一种解决的可能性。

设计师将该公园分成 3 块个性独立的区域（图 7-6-21、图 7-6-22），这 3 个区域以红、黑、绿三种不同的颜色区分，并以不同的形式和色彩组合在一起构成展示各种日常生活元素的互动环境，分别满足文化休闲活动、聚会与大型体育活动的需要。

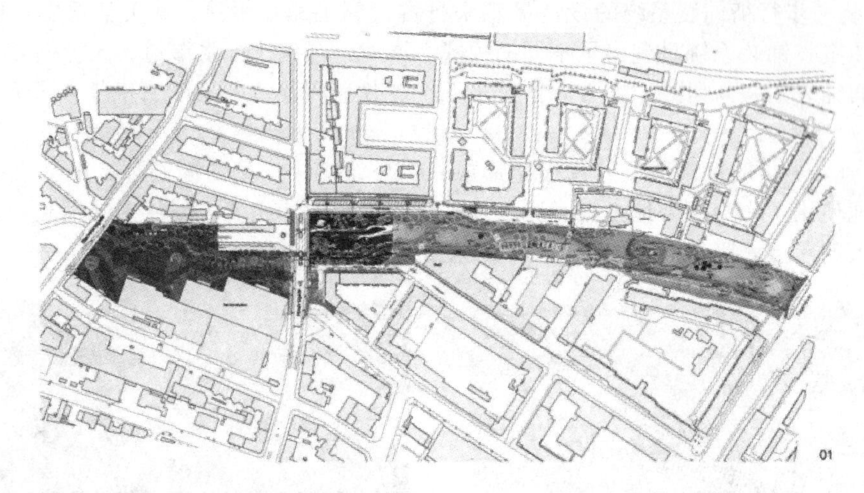

图 7-6-21　Superkilen

图 7-6-22　Superkilen 鸟瞰图

图 7-6-23　Superkilen 红色区域 1

图 7-6-24　伊拉克秋千

① 红色区域　红色广场被构想为场地内一处体育馆的外向延伸，其核心场地是现存的曲棍球场（图 7-6-23）。此外，在此还设置了多种各具特点的娱乐休闲活动设施（切尔诺贝利的滑梯、伊拉克的秋千、印度的攀登场等，图 7-6-24、图 7-6-25）。广场四周被道路、建筑和栅栏限定，因此设计师意图通过广场和建筑色彩的协调将层次不齐的边界进行整合。此外，在红色广场上除了文化和体育设施，还可形成具有弹性的跳蚤市场，吸引各地的游客

到来。

② 黑色区域　黑色广场是 Superkilen 的核心部分（图 7-6-26、图 7-6-27），是该区域市民生活的主要聚会交流场所。该区域延续多元素、多文化的特点，汇集了各种不同这里的摩洛哥喷泉、土耳其长椅、日本樱桃树作为延续空间的元素构成。大面积增加的植被绿化在这里根据不同的树种、开花季节、颜色以及区域特色，布置成不同的离岛分散在整个区域内，为社区市民提供充足的自然元素。

图 7-6-25　Superkilen 红色区域 2

图 7-6-26　Superkilen 黑色区域 1

图 7-6-27　Superkilen 黑色区域 2

③ 绿色区域　设计师按照市民的需求，将整个绿色公园全部设计为绿色——不仅保持并且增强了富于变化的曲线景观，而且将所有的自行车道、步行道都设计成了绿色。绿色公园内的柔软地面材料非常适合儿童、年轻人和家庭活动。宜人的景观和游乐场，为市民提供了草地野餐、日光浴、休憩的场所（图 7-6-28、图 7-6-29）。

图 7-6-28　Superkilen 绿色区域 1

图 7-6-29　Superkilen 绿色区域 2

7.7 建筑环境设计

7.7.1 柏林索尼中心

(1) 项目概况

设计师：彼得·沃克（Peter Walker），海默特·扬（Helmut Jahn）。

项目位置：德国，柏林。

甲方：索尼娱乐柏林有限责任公司。

项目规模：137100m^2。

年份：2000 年。

(2) 项目背景

索尼中心位于柏林中部的波茨坦广场（PotsdamerPlatz）。该广场曾是欧洲重要的枢纽和商业文化中心，于第二次世界大战时遭到摧毁，在柏林墙倒塌后再度成为该市新的形象标志与核心。在这一片新旧融合的区域，冷战后的新波茨坦广场同时承担着缝合东、西柏林分治而导致的城市空间结构的碎裂。

(3) 项目解析

柏林索尼中心由建筑师海默特·扬和景观设计师彼得·沃克共同设计。场地由 7 栋各自独立的建筑围合界定的椭圆形广场为中心，并以放射状向四周发散出一系列步行街道（图 7-7-1），形成内敛收拢的氛围，与建筑师期望形成的“城市中的绿洲”的概念相互呼应。同时，彼得·沃克又以在公共场所中运用丰富的空间变换和人性化的尺度来凸显新时代的多彩、大众化及亲切氛围等特点。

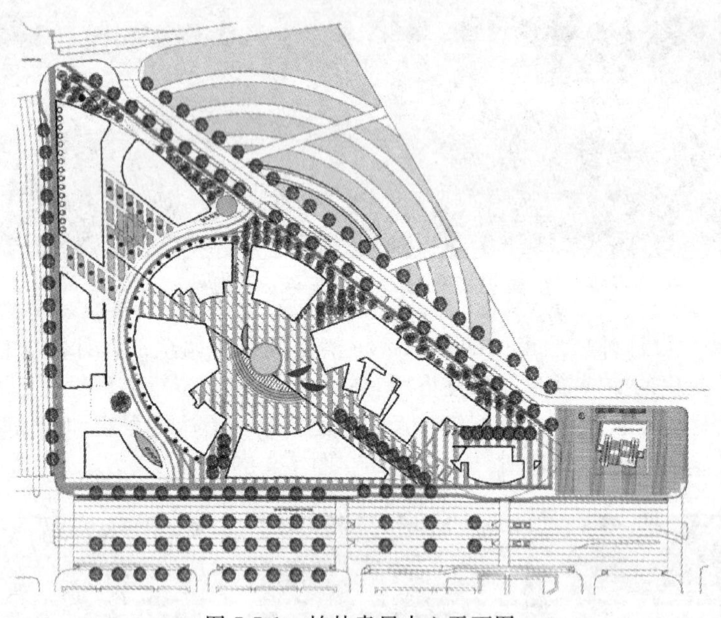

图 7-7-1 柏林索尼中心平面图

彼得·沃克在中心广场部分采用了重复构图形式的三维空间概念。广场中心有一个立体的半月形花坛穿过地面与地下层之间，同时，花坛的中心部分用玻璃覆盖而形成采光窗，为地下层提供了良好的光源（图 7-7-2）。与半月形花坛相交的是一个圆形的水池——水池大部分位于地面之上，并在水池外围建以座椅，这在达到了视觉美感的同时，也满足了人们休憩、交流和亲水性的需求（图 7-7-3、图 7-7-4）；水池另一部分悬空于采光窗之上（图 7-7-5），成为建筑地下层的透明屋檐，在楼下的酒吧里可以欣赏到水光流连带来的奇妙的光影变幻（图 7-7-6）。此外，在中心广场的沿建筑一侧则形成了几处露天咖啡吧，形成了活跃的氛围（图 7-7-7）。

图 7-7-2 半圆形花坛 1

图 7-7-3 半圆形花坛 2

图 7-7-4 圆形水池 1

图 7-7-5 圆形水池 2

图 7-7-6 地下层看水池

图 7-7-7　中心广场

在中心广场以外的部分和地面的铺装上，彼得·沃克采用简洁的直线条和流畅的曲线条勾勒出交通流线，纯粹的植栽和重复的几何阵列塑造出商业中心的现代感（图 7-7-8、图 7-7-9）。植物种类不多，大多为乡土树种，如椴树、白桦、杨树等，在不同的区域树种选择不尽相同。环境中多有工业材料如不锈钢、玻璃等的运用，与建筑互相呼应。在细部则体现为玻璃、金属材料、石材和植物的巧妙组合和衔接。

图 7-7-8　流线设计

图 7-7-9　阵列重复

7.7.2　日本中部大学镜花园

（1）项目概况

项目位置：日本，爱知县，中部大学。

项目规模：1040m^2。

年份：2004 年。

（2）项目背景

名为“镜花园”的庭院是在中部大学的 25 号楼扩建时诞生的，花园的名字来源于 Zeami 的作品《Hanakagami》在日文中“Hana”和“Kagami”分别表示花和镜子，以此作为设计的主题。

(3) 项目设计

以“花”和“形似镜面的水池”为主题，设计师希望镜花园能营造出一种宁静、舒适的氛围，为广大学生和教职工提供休息、放松和静静思考的场所（图 7-7-10、图 7-7-11）。庭院布局（图 7-7-12）。

图 7-7-10 休息与思考的场所 1

图 7-7-11 休息与思考的场所 2

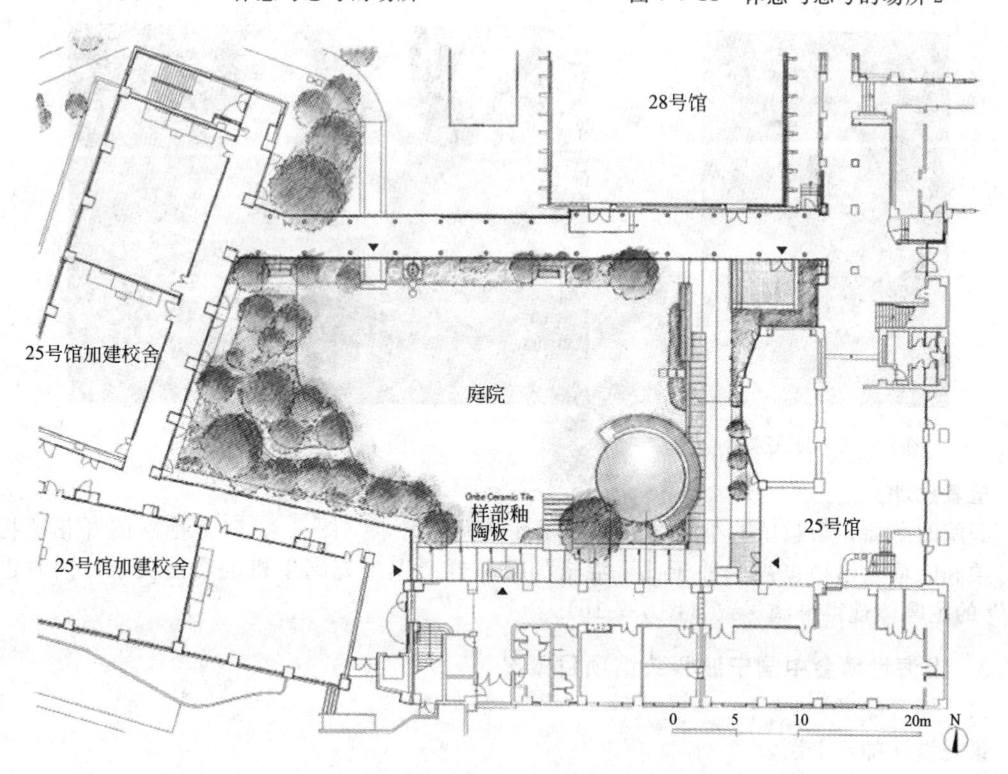

图 7-7-12 平面图

从周围环境中分离出来的这个庭院，保留了一部分树木，并把旁边的树木也纳入进来，再加上将圆形水盘设置在庭院显眼的位置，在更多地捕捉被包围空间之外的自然景致的同时，也起到了增大庭院空间感的作用。中景是一块草坪，背景是以麻栎树和柞树为中心的杂木林。为了借景外部的树林，降低了游廊的高度，使内外景观相呼应。

镜面水池（图 7-7-13）：圆形的水池放置在礼堂出入口前，水池周边包着薄薄的黄铜片，起到加固的作用。平静的水面如明镜般倒映出四周绿树和蓝天中变幻的白云，为庭院增添更丰富的景色。典型的日式水盆（图 7-7-14）被安置在水池旁边，为这座现代庭院增添了本土特色。从水盆流出的涓涓细流落在池面上，水流声更衬托出了庭院的宁静。

图 7-7-13　镜面水池

图 7-7-14　日式水盆

图 7-7-15　树林

植栽设计：

庭院的东面，新栽植的小树林环抱着原有的高大树木（图 7-7-15），艳丽的开花植物和色彩柔和的草本植物也被选种于此，混搭的植物群展现出充满生机的自然美景，同时也将“花”的主题体现得淋漓尽致（图 7-7-16）。

7.7.3　上海世博会中国宁波滕头馆项目概况

（1）项目概况

景观设计师：王澍。

项目位置：中国，上海。

图 7-7-16　开花植物

项目规模：750m²。

年份：2010 年。

(2) 项目背景

宁波滕头案例馆位于上海世博会“城市最佳实践区”的北部，总建筑面积 1500m²，为 12m 高的两层独立建筑。宁波滕头案例馆以获得“全球生态 500 佳”和“世界十佳和谐乡村”称号的宁波奉化滕头村为蓝本，围绕“城市化与生态实践”的理念，通过创造性的构思，力求体现宁波 7000 年的深厚人文底蕴，同时案例馆以“城市化的现代乡村，梦想中的宜居家园”为主题，充分展示生态和谐的现代乡村风貌。

(3) 项目设计

滕头馆全面利用了建筑的各种空间，屋顶长树，屋边绕竹，园内种稻，展馆二楼屋顶的试验田、绿色垂直生态墙，可让参观者采摘到富有宁波地方特色的果品，体验宁波乡村的迷人魅力。

“滕头馆”有两大特点，一是农民生态种植实验室区。区域内有与滕头村一样的生态农业，比如水里养鱼、田里种稻（图 7-7-17、图 7-7-18），还养着成群的鸽子。另一大特点是建筑东立面入口区的墙面进行的垂直绿化（图 7-7-19～图 7-7-21）。以滕头村普通民居为蓝本的“生态屋”，设置了家居绿化、风能太阳能发电、屋顶种植、水处理、垃圾处理等多个生态环保项目，充分展示宁波滕头人与自然和谐相处的生活方式。在“生态感受区”观众与大自然亲密接触，不仅能聆听到风声和水流声，还能看到碧绿的稻田，闻到清新的花香，体验全方位的自然美景。沿坡登上展馆二楼，在垂直绿化墙中会有水流受高压喷洒而出，在整片区域中形成水雾（图 7-7-22、图 7-7-23）。

设计致力于在更基本的层次上探讨城市共生、生态共融等构想。馆体强调在平静和谐的状态中回归自然，造型简练方正。同时，整个景观结构直接取材于中国的山水绘画。屋面直接种上了几十棵数米高的源自滕头村的大树，这种屋面植树与建筑体有机结合，集中展现了“生态归朴”的理念。

图 7-7-17　屋边绕竹

图 7-7-18　屋顶长树

图 7-7-19　稻田

图 7-7-20　鱼池

图 7-7-21　立体无土果蔬种植

图 7-7-22　垂直绿化墙 1

图 7-7-23　垂直绿化墙 2

7.7.4　米勒花园

(1) 项目概况

设计师：丹·凯利 (Dan Kiley)，沙里宁 (EeroSaarinen)。

项目位置：美国印第安纳州哥伦布市。

甲方：欧文·米勒 (J. Irwin Miller)。

年份：20 世纪 50 年代始。

（2）项目背景

丹·凯利设计的米勒庄园首次实现了古典主义与现代主义的完美结合，标志着他的现代主义风格的初步形成。

（3）项目解析

米勒庄园由建筑师与景观设计师合作设计。勒·诺特的古典主义元素——方格网、几何构图、比例关系等给了丹·凯利以新的灵感，他认为："'古典主义'简洁而直接的表现形式在很多时候是最能反映和概括空间的，古典主义用一种秩序来强调和保证空间的连续性，在简单之中蕴含变化，解释最复杂的世界"。

丹·凯利受到"古典主义"和"功能主义"的设计原则的影响，将基地分为庭院、草地和树林三个部分，并与建筑紧密结合，形成室内空间向室外空间的延续（图 7-7-24）。

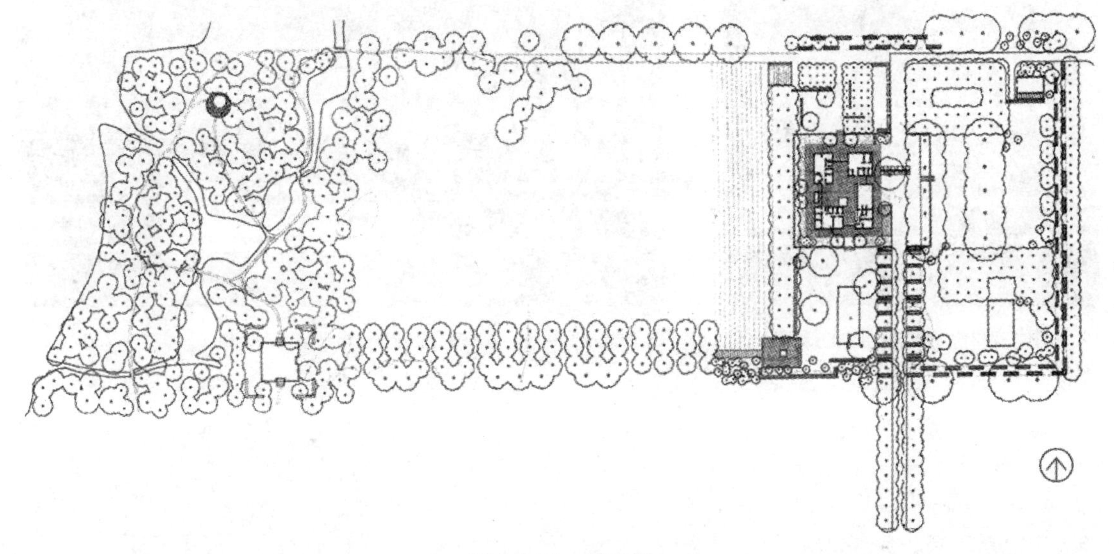

图 7-7-24　平面图

① 网格结构　在米勒庄园的设计中，沙里宁设计的建筑和丹·凯利设计的景观都以网格结构为表达空间的一种手法。凯利通过 10 立方英尺的方格网来布置树阵和绿篱，与沙里宁设计的网格结构相互错位，以将室内"开放的和连续的空间感"延伸至室外。同时，网格之中景观元素的纳入，构成了景观的整体性（图 7-7-25）。

图 7-7-25　室内外融为一体

图 7-7-26　不对称布局

② 不对称布局　不对称布局是米勒庄园设计里又一个重要的设计形式，同样也是"现

代主义”设计理念的一个重要标志。凯利期望借此打破古典主义的僵硬，不单纯地追求形式上的对称，而是更注重和谐的平衡，并使景观更赋有活力（图 7-7-26）。

③ 水平的视线　水平视线的处理同样是米勒庄园设计中的一个重要设计手法。12 英尺高的绿篱被凯利设计为“绿色墙体”，用以界定了室外空间的界限（图 7-7-27）。相同树种的规则种植则在水平线上形成了视觉上延伸感，加强了景深效果（图 7-7-28）。

图 7-7-27　限定空间的绿篱

图 7-7-28　增强景深效果

参 考 文 献

[1] 刘海燕．中外造园艺术［M］．北京：中国建筑工业出版社，2009.
[2] 周维权．中国古典园林［M］．北京：清华大学出版社，1999.
[3] 刘滨谊．现代景观规划设计［M］．南京：东南大学出版社，2010.
[4] 邱建等．景观设计初步［M］，北京：中国建筑工业出版社，2010.
[5] 俞孔坚，李迪华．景观设计：专业、学科与教育［M］，北京：中国建筑工业出版社，2003.
[6] ［英］爱德华·泰勒著．原始文化［M］．连树声译．南宁：广西师范大学出版社，2005.
[7] 潘谷西．中国建筑史［M］．北京：中国建筑工业出版社，2001.
[8] 张家骥．中国造园史［M］．哈尔滨：黑龙江人民出版社，1987.
[9] 刘滨宜．现代景观规划设计［M］．南京：东南大学出版社，1999.
[10] ［美］麦克哈格著．Design with Nature［M］．瑞经纬译．北京：中国建筑工业出版社，1992：32.
[11] ［美］保罗．拉索著．图解思考［M］．邱贤丰，刘宇光，郭建青译．北京：中国建筑工业出版社，2002.
[12] 田学哲．郭逊，建筑初步［M］．北京：中国建筑工业出版社，2010.
[13] 丁绍刚．风景园林概论［M］．北京：中国建筑工业出版社，2008.
[14] 陈植．中国造园史［M］．北京：中国建筑工业出版社，2006.
[15] 郦芷若，朱建宁．西方园林［M］．郑州：河南科学技术出版社，2001.
[16] 吴家骅．景观形态学［M］．北京：中国建筑工业出版社，1989.
[17] ［美］J. O. 西蒙兹著．大地景观［M］．程里尧译．北京：中国水利水电出版社，2008.
[18] ［美］John. L. Motloch 著．景观设计理论与技法［M］．李靖宇，李硕武，秀伟译．大连：大连理工大学出版社，2007.
[19] 王晓俊．西方园林设计［M］．南京：东南大学出版社，2000.
[20] 孔凡德．生态保护［M］．北京：中国环境科学出版社，2005.
[21] 庄宇．城市设计的运作［M］．上海：同济大学出版社，2004.
[22] ［英］西蒙．贝尔著．景观的视觉设计要素［M］．王文彤译．北京：中国建筑工业出版社，2004.
[23] ［日］芦原义信著．外部空间设计［M］．尹培彤译．北京：中国建筑工业出版社，1985.
[24] ［德］Hans-Martin Ntlte 编．最新德国景观设计［M］．丁小荣，李琴译．福州：福建科学技术出版社，2004.
[25] 刘盛璜．人体工程学与室内设计［M］．北京：中国建筑工业出版社，1997.
[26] 杨．盖尔著．何人可译．交往与空间［M］．北京：中国建筑工业出版社，2002.
[27] 钟训正．建筑画环境表现与技法［M］．北京：中国建筑工业出版社，1985.
[28] ［美］诺曼．K. 布思．风景园林设计要素［M］．曹礼昆，曹德鲲译．北京：中国建筑工业出版社，1989.
[29] 温国胜，杨京平，陈秋夏编．园林生态学［M］．北京：化学工业出版社，2007.
[30] 彭一刚．建筑空间组合论（第二版）［M］．北京：中国建筑工业出版社，2000.
[31] 刘永德等．建筑外环境设计［M］．北京：中国建筑工业出版社，2006.
[32] 张吉祥．园林植物种植设计［M］．北京：中国建筑工业出版社，2008.
[33] 王庆菊，孙新政．园林苗木繁育技术［M］．北京：中国农业大学出版社．2007.
[34] 中国百科大辞典编委会．中国百科大辞典［M］．北京：华夏出版社，1990.
[35] 陈祺．景观小品图解与施工［M］．北京：化学工业出版社，2008.
[36] 衣学慧．园林艺术［M］．北京：中国农业出版社．
[37] ［美］哈维．M. 鲁本斯坦著．建筑场地规划与景观建设指南［M］．李家坤译．大连：大连理工大学出版社，2001.
[38] 刘宏主编．建筑室内外设计表现创意与技巧［M］．合肥：安徽科学技术出版社，1999.
[39] 林玉莲，胡正凡．环境心理学［M］．北京：中国建筑工业出版．2005.
[40] 傅伯杰，陈利顶，马克明等．景观生态学原理及应用［M］．北京：科学出版社．2001.
[41] 李铮生．城市园林绿地规划与设计．北京：中国建筑工业出版社，2006.
[42] 俞孔坚，景观：文化、生态与感知［M］．北京：科学出版社，2000.
[43] 杨小波，吴庆书．城市生态学［M］．北京：科学技术出版社．2000.
[44] 王烨，王卓，董静．环境艺术设计概论［M］．北京：中国电力出版社，2008
[45] 任有华，李竹英．园林规划设计［M］．北京：中国电力出版社，2009
[46] 夏克梁．建筑画——马克笔表现［M］．南京：东南大学出版社，2001.
[47] 季富政．季富政乡土建筑钢笔画［M］．成都：四川美术出版社，2002.

[48] [美] 格兰．W. 雷德著．景观设计绘图技巧 [M]. 王俊等译．合肥：安徽科学技术出版社，1998.
[49] 建筑设计资料集编委会．建筑设计资料集 [M]. 第二版．北京：中国建筑工业出版社，2001.
[50] 葛大伟．园林制图 [M]. 徐州：中国矿业大学出版社，2004.
[51] 黄元庆，朱瑾．建筑风景钢笔画技法 [M]. 上海：华东大学出版社，2006.
[52] 华泉．形态构成学 [M]. 杭州：中国美术出版社，1999.
[53] 庄光明，余剑锋，王淑珍著．园林设计初步 [M]. 北京：中国民族摄影艺术出版社，2013.
[54] 赵春仙，周涛．园林设计基础 [M]. 北京：中国林业出版社，2006.
[55] 张建建，顾勤芳．美国现代景观设计百年回顾（下）[J]. 苏州工艺美术职业技术学院学报，2007.
[56] 孟研，冯君．感受城市景观的细部设计 [J]. 华中建筑，2007.
[57] 王向荣．生态与艺术的结合——德国景观设计师彼得．拉茨的景观设计理论与实践 [J]. 中国园林，2001.
[58] 张祖刚．世界园林发展概论——走向自然的世界园林史图说 [M]. 2003.
[59] 王晓俊．风景园林设计 [M]. 南京：江苏科学技术出版社，2009.
[60] 唐学山．园林设计 [M]. 北京：中国林业出版社，1997.